高等院校电子信息类"十四五"应用型人才培养新形态信息化教材

移动应用开发基础教程

主　编 ○ 李志军　马鸣霄　王奎奎
副主编 ○ 张文祥　杜　丽　吕美妮

西南交通大学出版社
·成都·

内容简介

本书分为 3 大模块，共 13 章。第 1 模块为基础篇，讲解 Java 编程环境及编程基础、类与对象、接口、异常和包、输入与输出等相关知识。第 2 模块为核心篇，讲解 Android 体系结构、界面设计、4 大组件、数据存储、网络编程等相关知识。第 3 模块为实战篇，以"移动校园导航"项目为例，讲解业务需求分析、系统设计、移动校园导航应用实现，重点介绍系统物理架构设计、系统功能模块设计、数据库表格设计、应用页面设计以及移动校园导航应用实现各模块对应功能。

书中所有知识点都结合具体案例进行讲解，案例代码中给出了详细的注释，可以逐步引导读者学习并掌握 Android 程序开发的知识、方法和技巧，快速提升开发技能。

本书适合作为普通高等院校计算机类、电子信息类专业和相近专业的本科生教材，也可作为初学 Android 开发技术的科技人员的参考书。

图书在版编目（CIP）数据

移动应用开发基础教程 / 李志军，马鸣霄，王奎奎
主编. 一成都：西南交通大学出版社，2022.11
高等院校电子信息类"十四五"应用型人才培养新形
态信息化教材
ISBN 978-7-5643-9021-1

Ⅰ. ①移… Ⅱ. ①李… ②马… ③王… Ⅲ. ①移动终
端 – 应用程序 – 程序设计 – 高等学校 – 教材 Ⅳ.
①TN929.53

中国版本图书馆 CIP 数据核字（2022）第 216689 号

高等院校电子信息类"十四五"应用型人才培养新形态信息化教材
Yidong Yingyong Kaifa Jichu Jiaocheng
移动应用开发基础教程

主　编／李志军　马鸣霄　王奎奎	责任编辑／刘　昕
	封面设计／何东琳设计工作室

西南交通大学出版社出版发行

（四川省成都市二环路北一段 111 号西南交通大学创新大厦 21 楼　610031）
发行部电话：028-87600564　028-87600533
网址：http://www.xnjdcbs.com
印刷：四川森林印务有限责任公司

成品尺寸　185 mm × 260 mm
印张　19　字数　475 千
版次　2022 年 11 月第 1 版
印次　2022 年 11 月第 1 次

书号　ISBN 978-7-5643-9021-1
定价　54.00 元

前　言

　　Android 是一种基于 Linux 内核的自由及开放源代码的操作系统。随着 Android 手机、平板电脑、穿戴设备、车载设备等移动设备的普及与推广，移动开发受到越来越广泛的关注。

　　随着社会的快速发展，移动开发跟紧社会发展的步伐，不断地满足着人民的生活需求。在商店、手机 App、游戏等日常设备中，移动开发都可通过程序在客户端将其功能展现出来，从而使得由移动应用开发衍生出的设备越来越受到用户的欢迎。

　　在目前市场上众多讲解 Android 基础及开发的图书中，大部分主要讲述的是 Android 系统中各种组件的使用，偏重于知识点的讲解，而实际案例较少。另外，Java 与 Kotlin 是 Android 开发的官方语言，被 Android Studio 所支持。Java 作为官方语言的时间要比 Kotlin 长，而且还被广泛应用于 Kotlin 开发之外的其他领域。关于 Android 基础开发的图书中很少有涉及 Java 编程技术的讲解。

　　本书针对高等院校教育特点，将 Java 编程技术与 Android 开发相结合，在章节和内容编排上进行精心设计，以案例为核心讲解相应的知识点，让读者在短时间内既能掌握 Java 开发的核心知识，又能掌握 Android 平台 App 开发的技能，并自主实施一定的项目开发。

　　本书分为三大模块：基础篇、核心篇、实战篇。共 13 章，各章节分布及主要内容如下。

　　第 1～5 章，通过第一模块（基础篇）的学习，使读者掌握 Java 编程环境及编程基础、面向对象的概念和相关知识，提高分析问题和解决问题的能力。读者能初步建立正确的程序设计基本思想，养成良好的编程风格，具备一定分析程序、设计程序的能力。第 1～5 章主要内容包括：

　　第 1 章，Java 概述，对 Java 进行简介，并对 Java 开发环境搭建进行详细介绍，包括 JDK 下载与安装、环境变量的配置。

　　第 2 章，介绍 Java 基础知识，主要包括标识符与关键字、代码注释和编码规范、基本数据类型、类型转换、运算符、条件选择语句、循环语句。这部分是 Java 基本语法，为后期编程开发提供语法基础。

　　第 3 章，介绍类与对象，主要内容包括类与对象的基本概念；类的结构、属性、方法，以及抽象类和抽象方法；对象的创建、使用以及比较与销毁。这部分重点介绍方法的定义和实现。

　　第 4 章，介绍接口、异常和包，主要内容包括接口的定义、实现以及继承；异常分类以及处理、抛出异常；包的概述、创建以及引用。

　　第 5 章，介绍输入与输出，主要内容包括流的概念、输入/输出流、File 类、文件输入/输出流、带缓存的输入/输出流，以及数据输入/输出流。这部分重点介绍输入与输出编码问题及其解决方法。

　　本书第 6～12 章，通过第二模块（核心篇）的学习，掌握移动终端开发的基本方法，并能够实施一定的项目组织管理，培养读者分析问题和解决问题的能力，以及适应社会可持续发展能力。第 6～12 章主要内容包括：

第 6 章，介绍 Android 发展历程、体系结构，重点介绍 Android Studio 安装、模拟器创建、创建一个 Android 应用程序以及 Android 资源管理。

第 7 章，介绍 Android 用户界面设计，主要内容包括界面基础知识、界面布局、常用 UI 组件以及 Android 4 大组件，并进行实战项目——"移动校园导航"登录界面设计。

第 8 章，介绍 Activity，主要内容包括 Activity 生命周期及使用流程、Intent、Activity 之间的跳转，重点介绍 Activity 以及 Intent，并结合本章相关知识进行实战项目——"移动校园导航"登录注册界面逻辑代码设计。

第 9 章，介绍内容提供者，简单对内容提供者进行概述，重点介绍创建内容提供者以及访问其他应用程序的数据。

第 10 章，介绍广播与服务，主要内容包括广播的概述、广播接收者、服务的概述、服务的生命周期、服务的创建以及服务的启动方式。这部分重点介绍服务的创建以及服务的两种启动方式。

第 11 章，介绍数据存储，主要内容包括文件存储、SharedPreferences 存储以及 SQLite 数据库存储。这部分重点介绍 SQLite 数据库的创建、SQLite 数据库的基本操作，并整合本章知识，进行实战项目——"移动校园导航"数据库连接。

第 12 章，介绍网络编程，主要内容包括 HTTP 协议、WebView 控件、JSON 数据解析、Handler 消息机制。这部分重点介绍实战项目"移动校园导航"的导航功能。

本书第 13 章，通过第三模块（实战篇）的训练学习，能够针对复杂的问题，设计解决方案，并能够设计满足特定需求的系统、功能模块及流程，培养学生的创新意识、提高分析问题和解决问题的能力。第 13 章主要内容如下：

第 13 章，介绍实战项目——移动校园导航设计，主要内容包括项目简介、业务需求分析、系统设计、移动校园导航应用实现，重点介绍系统物理架构设计、系统功能模块设计、数据库表格设计、应用页面设计以及移动校园导航应用，实现各模块对应功能。

本书第 1 ~ 3 章由马鸣霄（黑龙江科技大学）编写，第 4 章由王奎奎编写，第 5 章由吕美妮编写，第 6 ~ 9 章由李志军编写，第 10 ~ 11 章由杜丽编写，第 12 ~ 13 章由张文祥编写。唐鹏进行了第 13 章的代码测试。本书由李志军统稿，马鸣霄和张文祥协助统稿。书中所有代码都已经过测试。

本书在编写过程中汲取了许多国内外优秀教材、网络优秀资源的精华，参考使用了其中一些内容、例题和习题，谨向这些文献的作者们致以衷心的感谢！

由于编者水平有限，书中疏漏与欠妥之处在所难免，欢迎广大读者批评指正。

编　者

梧州学院

2022 年 6 月

课程教学大纲

目　录

基　础　篇

基 础 篇

    Android 开发的官方编程语言有 Java 和 Kotlin，Java 作为官方语言的时间比 Kotlin 要长，而且在 Kotlin 开发之外的其他领域也很流行。基础篇从初学者角度出发，通过通俗易懂的语言、丰富的案例，详细讲解了使用 Java 语言进行程序开发需要掌握的知识。

第1章 Java 概述

【教学目的与要求】

第 1 章 PPT

（1）了解 Java 语言的发展历程；
（2）了解 Java 语言的体系与特点；
（3）了解 Java 语言的主要应用领域；
（4）掌握 JDK 下载与安装；
（5）掌握环境变量的配置与测试。

【思维导图】

在当前的软件开发行业中，Java 语言已经成为了主流，被广泛地应用于各个领域。Java 语言自 Sun 公司发布初始，到被 Oracle 收购，不断改进发展壮大。Java 语句既吸收了 C++ 的许多优点，又摒除了 C++中难以理解的概念，作为面向对象的编程语言，功能变得越来越强大，并且简单易用，深受程序员们的青睐。本章的内容如图 1-1 所示。

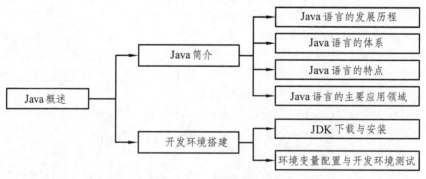

图 1-1　Java 概述内容

1.1　Java 简介

Java 程序语言是当前最热门的编程语言之一，它是一种高级的面向对象语言。Java 语言具有功能强大、简单易用的特点，吸收了 C++语言的优点，并摒弃了 C++语言中难以理解的内容。Java 语言可以跨平台使用，例如通过 Java 语言编写的应用程序可以在 Windows、Linux、Mac 不同的操作系统上运行，除了在操作系统上运行之外，还可以在计算机及支持 Java 的硬件设备上运行。

1.1.1　Java 语言的发展历程

Java 语言的发展历程如下：

1991 年，Sun 公司成立了一个项目名为"Green"的开发小组，目的是要设计一种小型的计算机语言，将其用于有线电视转换盒这类消费设备上，取名为"Java"。

1992 年，Green 项目组开发出了一个可以提供智能远程控制的产品，但是 Sun 公司不感兴趣。

1993—1994 年上半年，Green 项目组一直推销技术但无人购买，最后解散。

1994 年中期，Java 语言的开发者决定开发浏览器。

1995 年 5 月 23 日，开发者在 SunWorld'95 大会上展示了 HotJava 浏览器，这是一款采用 Java 语言编写的浏览器，瞬间引起了人们的热烈关注。

1996 年初，Sun 公司发布了第一个 Java 语言版本——Java 1.0 版本，但这个版本不能进行真正应用开发。为此，紧接着发布了 Java 1.1 版本，虽然弥补了 Java 1.0 版本中的多数缺陷与不足，但仍然有局限性。JDK1.0 开发代号为 Oak（橡树）。

1997 年 2 月，Java 1.1 版本发布。

1998 年，JavaOne 会议上发布了 Java 1.2 版本，后改名为"Java 2 标准版软件开发 1.2 版"。当时，Sun 公司不但推出了标准版 J2SE，还推出了"微型版"J2ME 和"企业版"J2EE。JDK1.2 开发代号为 Playground（操场）。

1999 年 4 月 27 日，发布了 HotSpot 虚拟机。

2000 年 5 月 8 日，发布了 J2SE1.3。JDK1.3 开发代号为 Kestrel（红隼）。

2001 年 9 月 24 日，发布了 J2EE1.3。

2002 年 2 月 26 日，发布了 J2SE1.4，提高了 Java 2 版本的性能并修复了一些 bug，成为服务器端的首选平台。JDK1.4 开发代号为 Merlin（隼）。

2004 年 9 月 30 日，发布了 J2SE1.5，在当年的 JavaOne 大会之后，版本更名为 Java SE 5.0，JDK1.5 开发代号为 Tiger（老虎）。

2005 年 6 月，JavaOne 大会上发布了 Java SE 6，将 J2EE 改名为 Java EE，J2SE 改名为 Java SE，J2ME 改名为 Java ME。

2006 年 12 月，Sun 公司发布了 Java EE6，并宣布 Java 语言作为免费软件对外发布，JDK1.6 开发代号为 Mustang（野马）。

2009 年 4 月 20 日，Sun 公司被 Oracle 收购，取得了 Java 的商标版权。

2011 年，发布了 Java SE 7，JDK1.7 开发代号是 Dolphin（海豚）。

2014 年 3 月，发布了 Java SE 8，这个版本是使用最广泛的版本，JDK1.8 开发代号是 Spider（蜘蛛）。

2017 年，发布了 Java SE 9。

2018 年 3 月 21 日，发布了 Java SE 10。

2018 年 9 月 25 日，发布了 Java SE 11。

2019 年 2 月，发布了 Java SE 12。

2019 年 9 月，发布了 Java SE 13。

2020 年 3 月 17 日，发布了 Java SE 14。

2020 年 9 月 15 日，发布了 Java SE 15。

2021 年 3 月 16 日，发布了 Java SE 16。

2021 年 9 月 14 日，发布了 Java SE 17LTS。这个版本直接支持到 2029 年 9 月.

本书将以主流的 Java 1.17 进行讲解。

1.1.2　Java 语言的体系

Java 程序设计语言和 Java 运行环境组成了 Java 的编程架构，Java 程序在 Java 平台中运行。Java 平台主要由 Java 虚拟机（Java Virtual Machine，JVM）和 Java 应用编程接口（Application Programming Interface，API）两部分构成。

Java 语言分为 3 大技术体系，分别为

（1）Java SE（Java Platform Standard Edition）：平台的标准版，具有 Java 语言的大部分功能，主要用于开发桌面程序。本书以 Java SE 平台进行讲解。

（2）Java EE（Java Platform Enterprise Edition）：平台的企业版，主要用于开发网络服务和企业级应用的程序。

（3）Java ME（Java Platform Micro Edition）：平台的微型版，主要用于开发移动设备端和嵌入式设备端的程序。

1.1.3　Java 语言的特点

Java 共有 9 大特点，分别为语法简单、支持面向对象、健壮性、安全性、可移植性、支持多线程、高性能、解释型、动态性。

（1）语法简单。

首先，Java 语言的语法规则与 C/C++语言相似，既继承了 C++语言的优点，同时又摒弃了 C++中难以理解的概念，简化了语法。此外，Java 中还提供了垃圾回收机制，简化了内存的管理。再有，Java 中有丰富的类库、API 文档以及第三方开发包，同时还有大量的开源项目和开放源代码，提供了大量的参考资源。

（2）支持面向对象。

Java 语言支持类、接口和继承等特性，为了方便，Java 只支持类之间的单继承、接口之间的多继承，以及类与接口之间的实现机制。程序设计及代码编写要按面向对象的思想。

（3）健壮性。

Java 的强类型、异常处理、垃圾回收、安全检查等机制都对 Java 程序的健壮性起着很好的保证作用。另外，编译、类型检查等都能发现早期开发中出现的错误，从而保证了 Java 程序的健壮性。

（4）安全性。

Java 具有安全机制，可防止恶意的代码攻击，还具有一些常见的安全特性，可通过分配不同的名称空间来防止本地的同名类。此外，Java 语言不支持指针，可有效地避免对内存的操作，而且在运行前要经过很多测试步骤，这些都提高了安全性。

（5）可移植性。

Java 语言具有很强的可移植性，而 Java 的虚拟机机制很好地保证了这种可移植性。一个 Java 程序可以在不同的硬件平台上或不同的操作系统中使用，而不需要重新编译，只要这些硬件平台或操作系统中搭建了 Java 虚拟机执行环境，就可以直接执行已编译的 Java 字节码。

（6）支持多线程。

多线程并行开发，能够实现同一时间处理多项任务的需求。多线程技术的使用，可以在同一时间内让一个 Java 程序做多件事情，也可以让多个线程同时做一件事情，相应的多线程同步机制，有效保证了不同的线程都能共享数据，从而提高效率，更好地进行交互响应以及实现实时行为。

（7）高性能。

高性能是和其他高级脚本语言相对而言，随着 IT(Just-In-Time) 编译器技术的发展，Java 的运行速度越来越快。Java 编译后的字节码要在解释器中运行，它的速度相对提高了很多。此外，在运行程序时，字节码被翻译成机器指令，这使得运行速度得到了进一步提升。

（8）解释型。

Java 程序在 Java 平台上运行后，会被编译成字节码文件，这些文件可在拥有 Java 解释器的环境下运行。运行时，Java 解释器会对这些字节码进行解释执行。也就是说，任何设备上移植了 Java 解释器，都可运行 Java 字节码。由此可见，字节码是独立于平台的，它自身携带了大量编译时的信息，简化了链接的过程，进而加快了开发过程。

（9）动态性。

根据需求，库中可以动态地调整新方法和实例变量，而客户端不受任何影响。在 Java 中，可简单有效地进行动态调整。

1.1.4　Java 语言的主要应用领域

自从 1995 年 Java 技术问世后，我国在运用和开发 Java 技术上得到了迅猛的发展和大范围的普及。就目前情境而言，总的来说 Java 技术主要用于企业应用开发。

根据调查显示，对不同开发领域的分布情况进行统计分析，其中 Web 开发占比为 57.9%；JavaME 移动或嵌入式应用占比为 15%；C/S 应用占比为 11.7%；系统编程占比为 15.4%。从统计数据中可以看出，利用 Java 技术进行 C/S 应用和系统编程的占比接近 30%。桌面应用方面，尽管 Java 的 GUI 有许多不如人意的地方，但仍然有许多开发者在系统平台的桌面上应用。Java 技术的主要应用领域有如下几个。

1. 服务器程序

多数情况下，Java 技术用来开发服务器端。但一般没有前端，只有服务器端。通常是上一级服务器接收数据，处理完成后发向下一级服务器进行处理。

比如 Java 技术被非常广泛地应用在金融服务业中，像高盛投资、花旗集团、巴克莱银行等许多跨国投资银行，都使用 Java 技术来编写前台和后台的电子交易系统、结算和确认系统、数据处理项目以及其他项目。

2. 嵌入式领域

在嵌入式领域，Java 技术具有巨大的发展空间，只需 130 kB 就能在智能卡或者传感器上使用 Java 技术。Java 程序具有可移植性，"一次写入，随便畅游"，可被设计用于嵌入式设备。

3. 大数据技术

Java 技术可用于 Hadoop 以及其他大数据处理技术，但是 Java 技术在此领域空间有限，不过 Java 技术还是有一定的潜力占据这个市场的一部分。

4. 网站领域

在电子商务领域和网站开发领域，Java 技术占据着大部分席位。运用 SpringMVC、Struts2.0、Frameworks 等框架创建 web 项目，即便使用简单的 Servlet、JSP 这些以 Struts 为基础开发的网站，在企事业项目中也很受欢迎。例如，医疗救护、保险、教育、国防以及其他不同部门网站都是以 Java 技术为基础开发的。

总之，随着 Java 技术的迅速发展，Java 技术的应用将会更加广泛，必将促进 IT 行业的快速发展。

1.2 Java 开发环境搭建

运用 Java 语言编写程序之前，需先进行开发环境的搭建。开发环境的搭建包括两个步骤：JDK 的下载与安装、环境变量的配置。本书以 Windows 操作系统作为 Java 语言运行的平台，介绍 Java 语言在此平台上的安装与环境配置。

1.2.1 JDK 下载与安装

JDK（Java Development Kit）指的是 Java 语言的软件开发工具包，即 Java 开发的工具，里面包含编译工具软件，可对 Java 的源程序进行编译，还包含解释执行工具，可用来运行 Java 字节码程序。因此，在编写 Java 程序前需先下载和安装 JDK。

1. JDK 下载

Java 的 JDK 又称为 Java SE，由于 Oracle 收购了 Sun 公司，所以 Oracle 公司的官网可以

下载 JDK，JDK 的具体下载步骤如下：

（1）在浏览器的地址栏中输入"https://www.oracle.com/java/technologies/downloads/#jdk17-windows"，点击回车，进入如图 1-2 所示 Java 下载页面。

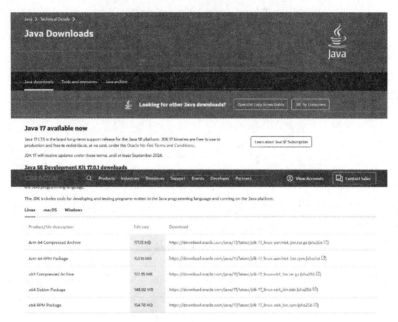

图 1-2　Java 下载页面

（2）由于平台为 Windows 操作系统，因此在 Linux、macOS、Windows 中要选择 Windows，进入如图 1-3 所示 Windows 版本下载页面，选择 x64Installer，单击"https://download.oracle.com/java/17/latest/jdk-17_windows-x64_bin.exe(sha256)"下载 JDK，弹出如图 1-4 所示保存文件界面。

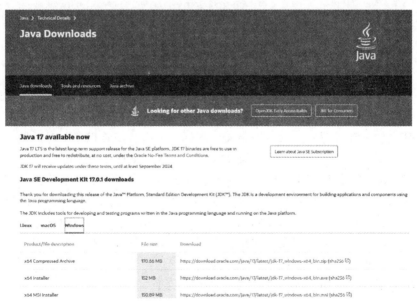

图 1-3　Windows 版本下载页面

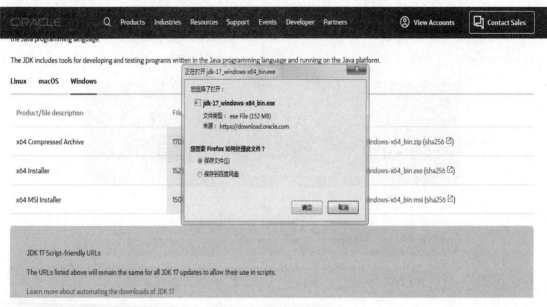

图 1-4　保存文件页面

（3）单击"确定"，进行保存即可得到如图 1-5 所示"jdk-17_windows-x64_bin"安装文件。

jdk-17_windows
-x64_bin

图 1-5　jdk-17_windows-x64_bin **安装文件**

2. JDK 的安装

jdk-17_windows-x64_bin 安装文件下载完成后，即可进行安装，JDK 安装的具体步骤如下。

（1）安装文件下载成功后，双击安装文件图标，弹出"安装程序"对话框，如图 1-6 所示。单击"下一步"按钮，弹出"目标文件夹"对话框，如图 1-7 所示。

（2）在"目标文件夹"对话框中，可选择默认安装，直接单击"下一步"按钮即可。也可选择指定路径安装，单击"更改..."，弹出如图 1-8 所示"更改文件夹"对话框，在"文件夹名"处填写安装路径，本安装路径为"D:\Java\jdk-17.0.1\"，如图 1-9 所示。

（3）设置完成后，单击"确定"按钮，返回"目标文件夹"对话框。单击"下一步"按钮，进入安装并显示安装进度，JDK 安装完成后，弹出"完成"对话框，如图 1-10 所示。

（4）最后，单击"关闭"按钮即完成了 JDK 的安装。

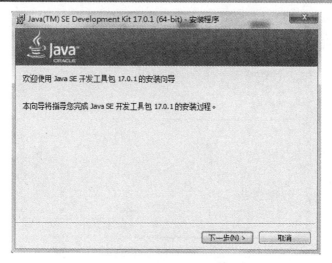

图 1-6　安装程序对话框

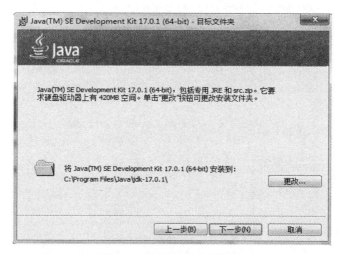

图 1-7　目标文件夹对话框

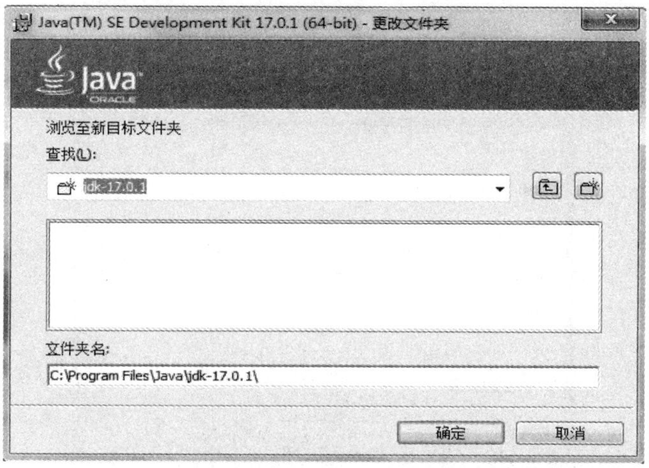

图 1-8　更改文件夹对话框

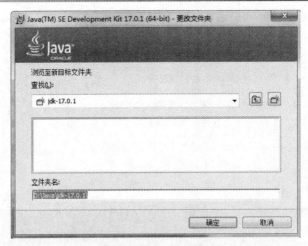

图 1-9　更改安装路径

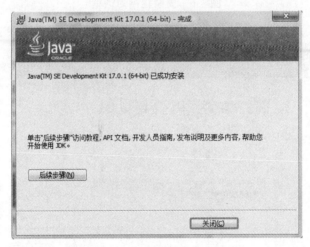

图 1-10　安装完成对话框

JDK 安装完成后，要验证一下是否安装成功，验证具体步骤如下。

（1）单击桌面左下角的"开始"按钮，弹出"开始"菜单，然后在文本框中输入"cmd"，如图 1-11 所示。

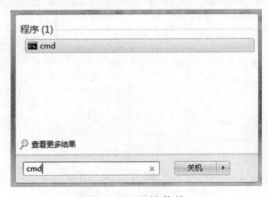

图 1-11　开始菜单

（2）按回车，进入"命令提示符"窗口，如图 1-12 所示。

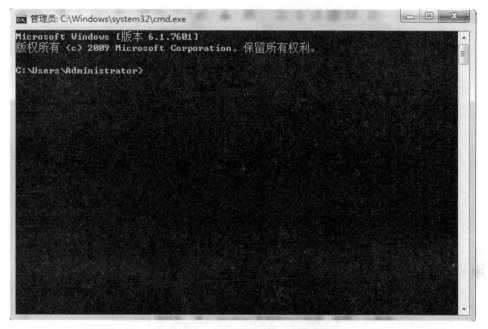

图 1-12　"命令提示符"窗口

（3）在"命令提示符"窗口中的命令提示符后输入 Java 命令："java -version"。

需要注意的是，在上面的命令中"java"和"-"之间有一个空格。回车后，出现如图 1-13 所示信息，说明 JDK 安装成功。

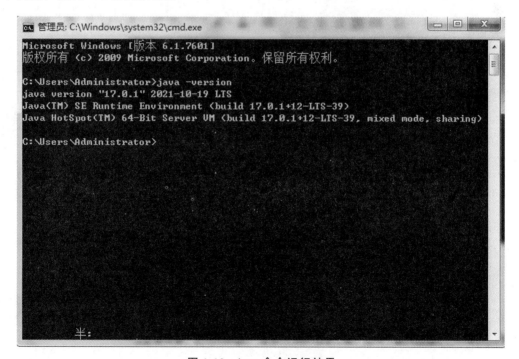

图 1-13　java 命令运行结果

1.2.2　环境变量配置与开发环境测试

如果在"命令提示符"窗口中输入"java -version"命令后提示错误，表明 Java 并未完全安装成功。此时不要担心，只需配置环境变量即可解决问题，环境变量的具体配置步骤如下。

1. 环境变量配置

JDK 在完成安装后，为了能在"命令提示符"窗口中使用 JDK 的编译器 javac.exe、执行程序 java.exe 等各项工具程序，此时要对系统内相关路径的环境变量进行修改或设置。

（1）在"计算机"图标上单击鼠标右键，得到如图 1-14 所示的快捷菜单选项。在弹出的快捷菜单中选择"属性"命令，进入如图 1-15 所示"属性"对话框。在"属性"对话框中，单击左侧"控制面板主页"下的"高级系统设置"，弹出如图 1-16 所示"系统属性"对话框。

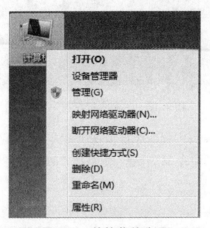

图 1-14　快捷菜单选项

图 1-15　"属性"对话框

图 1-16　"系统属性"对话框

（2）单击"系统属性"对话框下方的"环境变量（N)..."按钮，进入如图 1-17 所示"环境变量"对话框，单击"系统变量"栏下的"新建（W)..."按钮，创建新的系统变量。

图 1-17　"环境变量"对话框

（3）在弹出的"新建系统变量"对话框中，分别输入变量名"JAVA_HOME"和变量值（即 JDK 的安装路径），读者需根据自己的 JDK 安装路径进行修改，如图 1-18 所示。单击"确定"按钮，关闭"新建系统变量"。

（4）在图 1-19 所示"环境变量"对话框中双击 Path 变量对其进行修改，在原变量值最前端添加".;%JAVA_HOME%\bin;"变量值（需要注意的是，最后的";"不能丢掉，它用于分割不同的变量值），如图 1-20 所示。单击"确定"按钮，完成"环境变量"的设置。

图 1-18　"新建系统变量"对话框

图 1-19　"环境变量"对话框

图 1-20　"编辑系统变量"对话框

2. 开发环境测试

环境变量配置完成后，要验证环境变量配置是否正确，具体验证步骤如下。

（1）单击桌面左下角的"开始"按钮，弹出"开始"菜单，然后在文本框中输入"cmd"，按回车后，进入"命令提示符"窗口。在"命令提示符"窗口中的命令提示符后输入 Java 命令"java -version"。

按回车后，显示如图 1-21 所示提示信息。

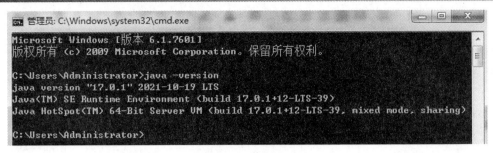

图 1-21　提示信息

（2）在命令提示符后输入 Javac 命令："Javac"。

按回车后，显示如图 1-22 所示 JDK 的编译器信息，其中包括修改命令的语法和参数选项等信息，说明 JDK 环境搭建成功。

```
Microsoft Windows [版本 6.1.7601]
版权所有 (c) 2009 Microsoft Corporation。保留所有权利。

C:\Users\Administrator>javac
用法: javac <options> <source files>
其中, 可能的选项包括:
  @<filename>                  从文件读取选项和文件名
  -Akey[=value]                传递给注释处理程序的选项
  --add-modules <模块>(,<模块>)*
                               除了初始模块之外要解析的根模块;如果 <module>
                               为 ALL-MODULE-PATH,则为模块路径中的所有模块。
  --boot-class-path <path>, -bootclasspath <path>
                               覆盖引导类文件的位置
  --class-path <path>, --classpath <path>, -cp <path>
                               指定查找用户类文件和注释处理程序的位置
  -d <directory>               指定放置生成的类文件的位置
  -deprecation                 输出使用已过时的 API 的源位置
  --enable-preview             启用预览语言功能。要与 -source 或 --release 一起
使用。
  -encoding <encoding>         指定源文件使用的字符编码
  -endorseddirs <dirs>         覆盖签名的标准路径的位置
  -extdirs <dirs>              覆盖所安装扩展的位置
  -g                           生成所有调试信息
  -g:{lines,vars,source}       只生成某些调试信息
  -g:none                      不生成任何调试信息
  -h <directory>               指定放置生成的本机标头文件的位置
  --help, -help, -?            输出此帮助消息
  --help-extra, -X             输出额外选项的帮助
  -implicit:{none,class}       指定是否为隐式引用文件生成类文件
  -J<flag>                     直接将 <标记> 传递给运行时系统
  --limit-modules <模块>(,<模块>)*
        限制可观察模块的领域
  --module <模块>(,<模块>)*, -m <模块>(,<模块>)*
        只编译指定的模块, 请检查时间戳
  --module-path <path>, -p <path>
        指定查找应用程序模块的位置
  --module-source-path <module-source-path>
        指定查找多个模块的输入源文件的位置
  --module-version <版本>       指定正在编译的模块版本
```

图 1-22　JDK 的编译器信息

思考与练习

（1）Java 语言有哪 3 大技术体系，并进行说明。

（2）Java 语言具有哪些特点？

（3）如何进行 JDK 环境变量的配置？

（4）如何验证 JDK 环境变量配置成功？

第 1 章思考与
练习答案

第 2 章　Java 基础知识

【教学目的与要求】

（1）掌握标识符和关键字的使用；

（2）掌握代码注释的使用；

（3）掌握编码规则；

（4）掌握常量和变量的概念及声明；

（5）掌握基本数据类型的使用；

（6）掌握 Java 中常用的转义字符；

（7）掌握类型转换的方法与使用；

（8）掌握运算符的使用；

（9）掌握条件选择语句的使用；

（10）掌握循环语句的使用。

第 2 章 PPT

【思维导图】

Java 语言有自己的语法结构，如标识符、关键字、代码注释、编码规则、常量和变量的概念、基本数据类型、类型转换、运算符、流程控制语句等，这些都是 Java 语言的基础知识，本章将对这些内容进行详细介绍。Java 基础知识内容如图 2-1 所示。

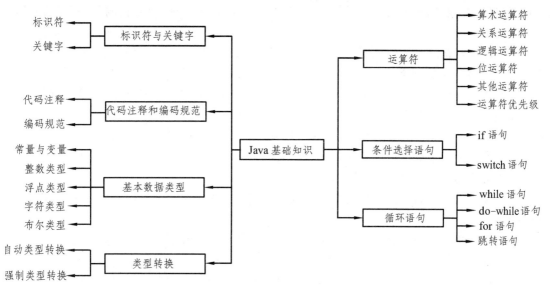

图 2-1　Java 基础知识内容

2.1　标识符与关键字

Java 语言的编程设计中，离不开标识符和关键字，它们是 Java 语言编程的基础。标识符的命名规则和对关键字的理解对编写程序有很大的帮助。程序中大量的类、对象、方法和变量都需要使用标识符和关键字，下面就针对标识符和关键字进行详细讲解。

2.1.1　标识符

在 Java 语言中，对于类、对象、变量、方法、类型、数组、文件等的命名，都要使用标识符来标识，即用标识符对这些内容进行命名，标识符可以有一个或多个字符，它是一个有效的字符序列。

Java 语言中规定了标识符的命名规则，标识符是由字母"A-Z"和"a-z"、数字"0-9"、下划线"_"、美元符号"$"组成，在使用标识符进行命名时首先要注意以下几点：

（1）标识符的首字母可以是字母、下划线，或美元符号，但不能是数字。这一点需要注意，也就是说数字不能作为标识符的首字母。

（2）Java 语言是区分字母大小写的，所以标识符 Test 与 test 是不同的。

（3）在标识符的命名中不能使用 Java 语言中的关键字和保留字，但名字的命名可以包含关键字和保留字。

（4）在标识符的命名中不能含有空格。

（5）在标识符的命名中不能出现规定以外的字符，如 I'm、minAge!、text.com。

（6）在标识符的命名中只能包含美元符号，而不能包含"@""#"等其他特殊字符。虽然在标识符的命名规则中允许使用美元"$"符号，但在进行 Java 语言编程时不建议使用，因为它易带来混淆。

为了让标识符能够更好地服务于 Java 编程语言，做好 Java 语言的维护和扩展工作，在命名标识符时，要赋予标识符一定的意义。

初始使用标识符来进行命名时，可能出现使用较为简单的字母或符号的情况，而没有赋予具体的意义。这样就会因为程序中字符命名的内容较多，回头再看此处标识符时会分不清其具体代表什么含义。因此，在学习标识符的初期，就要养成良好的习惯，命名时要赋予标识符一定的意义，最好能使用简短而具有含义的英文单词来表示。

使用标识符进行命名的具体规则如下：

（1）标识符在命名时，可用几个连接的单词表示，来表明这个标识符所代表的含义，如 studentName。

（2）使用标识符命名类时，命名中的每个单词的首字母都要大写，其余字母都小写，如 StudentInfo。

（3）使用标识符命名方法或变量时，命名中的第一个单词的首字母要小写，其余单词的首字母都要大写，如 getStudentName()、getStudentlnfo。

（4）使用标识符命名常量时，命名中的每一个单词的所有字母都要大写，若用多个单词进行命名时，要用下划线"_"将单词分隔开，如 PI（π）、MAX_VALUE。

（5）使用标识符命名包时，命名中的每一个单词的所有字母都要小写，如 text.example1。

2.1.2　关键字

Java 语言中的关键字是系统事先定义、保留使用的标识符。关键字是被赋予为某一特定含义的标识符，只能在特定的地方使用，因此关键字不能用来命名类、变量、常量、方法、参数、包等。

在 Java 语言中，关键字对于 Java 编译器来说是具有特殊含义的字符串，用于表示某种数据类型，或者程序结构，编程人员通过关键字告知 Java 编译器其声明的变量类型、类、方法特性等信息。Java 语言中常用的关键字如表 2-1 所示。

表 2-1　Java 语言中常用关键字

abstract	boolean	break	byte	case	catch	char	class	const	continue
default	do	double	else	extends	final	finally	float	for	goto
if	implements	import	instanceof	int	interface	long	native	new	package
private	protected	public	return	short	static	strictfp	super	switch	synchronized
this	throw	throws	transient	try	void	volatile	while	assert	enum

从表 2-1 中可以看出关键字的标识符都是用小写字母来进行标识的，按照关键字用途的不同，可将其分为以下 4 组。

（1）用于数据类型。

用于数据类型的关键字有 boolean、byte、char、double、float、int、long、new、short、void、instanceof。

（2）用于语句。

用于语句的关键字有 break、case、catch、continue、default、do、else、for、if、return、switch、try、while、finally、throw、this、super。

（3）用于修饰。

用于修饰的关键字有 abstract、final、native、private、protected、public、static、synchronized、transient、volatile。

（4）用于方法、类、接口、包和异常。

用于方法、类、接口、包和异常的关键字有 class、extends、implements、interface、package、import、throws。

除了以上这些关键字外，还有些是 Java 保留的没有意义的关键字，如 future、generic、operator、outer、rest、var 等。

另外，true、false 和 null 虽然不属于关键字，但都被 Java 特殊定义，不能作为标识符使用。goto、const 为 Java 的保留字，所谓保留字就是还未被 Java 作为关键字使用的文字。它们现在还不是关键字，但是可能在未来的 Java 版本中会被作为关键字使用，因此也不能作为标识符使用。

2.2　代码注释和编码规范

在 Java 语言编写过程中，为了能有效地提高程序的可读性和可维护性，需要在程序中适当地添加注释。因为若未添加注释或注释不够清晰明确，后期在阅读程序的过程中会产生困难。此外在编写 Java 程序时要养成良好的编码规范，好的编码规范可以使程序便于阅读和易于理解。这一节主要介绍 Java 中的 3 种代码注释和编码规范。

2.2.1　代码注释

代码注释在程序设计者和程序阅读者之间架起了一座通信的桥梁，在代码注释中添加了程序的信息，更加有利于程序的阅读和理解，有效地提高了团队合作的效率。

代码注释可以添加到 Java 程序中的任意位置，由于 Java 编译器不对注释中的文字进行编译，因此注释中的文字不会对程序产生影响。在 Java 语言中，主要有 3 种添加注释的方法，分别为单行注释、多行注释和义档注释。

1. 单行注释

单行注释的标记为"//"，注释内容为从符号"//"到换行之间的所有内容，编译器不对此部分内容进行编译。

例如为声明的 char 型变量添加注释：

char name ; //定义 char 型变量用于保存姓名信息

2. 多行注释

多行注释的标记为"/* ......*/"，注释内容为符号"/*"与"*/"之间的所有内容，同样编译器不对此部分内容进行编译，并且注释中的内容可以换行。

具体语法格式如下：

```
/*
    注释内容 1
    注释内容 2
    ...
    */
```

在这里需要注意的是，多行注释中可嵌套单行注释，但多行注释中不可以嵌套多行注释。下面的例子是在一个多行注释中嵌套一个单行注释，是合法的。

```
/*
    程序名称：Hello Java    //开发时间:2021-12-26
*/
```

下面给出的例子是多行注释中嵌套多行注释，这种注释形式是非法的。

```
/*
    程序名称：Hello Java
```

```
    /*开发时间：2021-12-26
      作者：王女士
    */
 */
```

3. 文档注释

文档注释的标记为"/**……*/"，注释内容为符号"/**"与"*/"之间的所有内容。文档注释一般用于类和方法，出现在类声明、成员变量声明、成员方法声明等前时，会生成 Java 文档注释，此部分内容并不是很重要，了解即可。

具体语法格式如下：

```
/**
  *注释内容 1
  *注释内容 2
  ...
  */
```

例如：

```
public class Text{
      /**
      *文档注释部分
      *main 是一个方法，程序的执行总是从这个方法开始
      *@author alice（作者信息)
      */
      public static void main(String[] args){
            System.out.println（"Java 是一门面相对象的编程语言！"）;
      }
}
```

在 Java 语言的编程过程中，为了做到"可读性第一，效率第二"，编程人员要养成良好的编码习惯,在程序中加入适量的代码注释,一般添加的代码注释要占总程序代码量的 20%~50%，从而有效提高程序的可读性和可维护性。

2.2.2　编码规范

在 Java 语言编写程序的过程中，为了方便程序后期的开发和日后的维护，编程人员要养成规范编码的习惯。编码规则如下：

（1）程序代码中的每条语句要单独占一行，并用分号表示结束。

需要注意的是，程序代码中的分号必须是英文状态下的";"，不能是中文状态下的"；"，若写成中文下的分号，在编译器处会报错，显示"illegal character（非法字符)"。

（2）程序代码声明变量时，为了方便添加注释，要让每个变量的声明都单独占一行。如果多个变量具有相同的数据类型，这时也要让每个变量的声明单独占一行。对于局部变量而

言，变量声明的同时还要进行初始化。

（3）程序代码中，如果关键字与关键字之间有多个空格，那么会被视作只有一个空格。例如："Public　　class Text1"就等价于"Public class Text1"。过多的空格并不具有任何的意义，编程时要注意控制好空格的数量，有益于程序的阅读和理解。

（4）编写程序代码时，要使用简单、易懂的语句和技术，这是因为后期的维护人员和程序的开发人员是不同的人员，为了方便后期的维护，不要使用难懂、易混淆的语言和难度太高的技术。

（5）编写程序时要在关键方法的后面添加注释，这样有助于程序代码结构的阅读与理解。

2.3　基本数据类型

Java 语言在声明基本数据类型时，会先为其分配内存空间。基本数据类型中有 8 种数据类型，分别为 byte（字节型）、short（短整型）、int（整型）、long（长整型）、float（单精度型）、double（双精度型）、boolean（布尔型）及 char（字符型），用来存储数值、字符和布尔值，基本数据类型的分类关系，如图 2-2 所示。

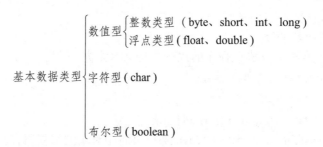

图 2-2　基本数据类型的分类关系

2.3.1　常量与变量

Java 程序采用常量和变量这两种常见的形式来表示要处理的数据。下面分别对常量和变量进行介绍。

1. 常量的概念及声明

常量是指在程序执行过程中，值不发生变化的数据。常量一旦被初始化后，它的值就不能再改动，也就是说常量只能被赋值一次，代码程序只能对它进行访问，而不能修改或重新赋值这个常量。

在 Java 语言中，使用声明来创建一个常量，具体语法格式如下：

```
final 数据类型　常量名称[=常量值];
```

由语法格式可看出，在声明一个常量时，除了要定义常量的数据类型外，还必须要在前面加上 final 关键字。此处需要注意的是 final 关键字不仅可以修饰常量，还可以用来修饰引用对象和方法。常量名称通常用大写字母表示，但不是必须的，若常量名称由多个单词组成，则用下划线 "_" 分隔单词。通过常量名称就可以快速地找到它的存储数据，即为常量值，也就是在声明常量时，就要对这个常量赋值。

例如：

final float PI =3.14F; //声明一个 float 类型常量 PI，并初始化为 3.14

上例中，在声明常量的同时也初始化了常量，除了上面的声明方法外，还也可以分两步进行常量的声明：先声明常量，再初始化。例如：

final float PI; //声明一个 float 类型常量

PI =3.14F; //初始化为 3.14

当同一数据类型的常量需要声明多个的话，其具体的语法格式如下：

final 数据类型　常量名称 1，常量名称 2，常量名称 3，... ；

final 数据类型　常量名称 1=常量值 1，常量名称 2=常量值 2，常量名称 3=常量值 3，...；

由上面的语法格式可看出，第一种是直接声明对应数据类型的常量，第二种是在声明对应数据类型的常量同时初始化常量值。

例如：

final float PI,HEIGHT,LENGTH; //声明 3 个 float 类型的常量

final float PI=3.14F,HEIGHT=158.96F,LENGTH=23.69F;

//声明 3 个 float 类型的常量，并同时初始化常量

Java 语言中，通过程序代码直接指定的值称为直接量，常量就是直接量。并不是所有的数据类型都可以定义直接量，通常而言，int、long、float、double、boolean、char、String、null 这 8 种数据类型支持直接量的定义。

【案例 2-1】演示输出常量。

（1）创建 "TestJava 2" 项目。在桌面上找到 Eclipse 快捷图标并双击，打开软件后，在菜单栏中选择 "File/New/Java Project" 命令，弹出 "New Java Project" 对话框，在 "Project name" 处设置项目名为 TestJava 2，如图 2-3 所示。单击 "Finish" 按钮，即可创建 "TestJava 2" 项目，如图 2-4 所示。

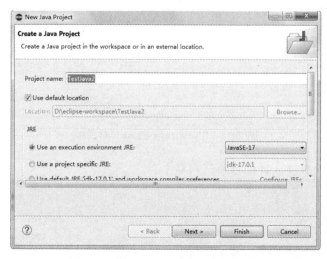

图 2-3　"New Java Project" 对话框

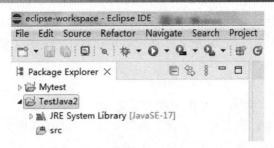

图 2-4 创建"TestJava 2"项目

（2）在"TestJava 2"项目下创建"TestJava 2_1.java"。选中"TestJava 2"项目中的"src"，单击鼠标右键，在弹出的菜单中执行"New/Class"命令，弹出"New Java Class"对话框，如图 2-5 所示。在"New Java Class"对话框中的"name"处设置类名为"TestJava 2_1"，并选中"public static void main(String[] args)"。单击"Finish"按钮，生成 Java 文件"TestJava 2_1.java"。

图 2-5 "New Java Class"对话框

（3）TestJava 2_1.java 文件的具体代码如下。

```
[1]   public class TestJava 2_1{
[2]       public static void main(String[] args) {
[3]           // TODO Auto-generated method stub
[4]           final int AAA=68;
```

```
[5]         final float BBB =25.6f;
[6]         final double CCC =48.7;
[7]         final boolean DDD = true;
[8]         final boolean EEE = false;
[9]         final char FFF = 'a';
[10]        final String GGG = "Hello" + "China!";
[11]        System.out.println("整数类型常量 AAA 的值是:" + AAA);
[12]        System.out.println("单精度浮点类型常量 BBB 的值是:" + BBB);
[13]        System.out.println("双精度浮点类型常量 CCC 的值是:" + CCC);
[14]        System.out.println("布尔类型常量 DDD 的值是:" + DDD);
[15]        System.out.println("布尔类型常量 EEE 的值是:" + EEE);
[16]        System.out.println("字符类型常量 FFF 的值是:" + FFF);
[17]        System.out.println("字将串型常量 GGG 的值是:" + GGG);
[18]    }
[19] }
```

第 4～10 行代码声明常量 AAA、BBB、CCC、DDD、EEE、FFF、GGG 的数据类型,并同时初始化常量。

第 11～17 行代码实现输出常量的值。

程序代码编写完成后,执行菜单中的"File/Save"命令,保存 Java 文件"TestJava 2_1.java"。执行菜单栏中的"Run/Run"命令(快捷键为 Ctrl+F11),对代码进行编译和运行。程序代码运行结果如图 2-6 所示。

```
整数类型常量 AAA 的值是:68
单精度浮点类型常量 BBB 的值是:25.6
双精度浮点类型常量 CCC 的值是:48.7
布尔类型常量 DDD 的值是:true
布尔类型常量 EEE 的值是:false
字符类型常量 FFF 的值是:a
字将串型常量 GGG 的值是:HelloChina!
```

图 2-6　程序代码运行结果

2. 变量的概念及声明

变量是指在程序执行过程中,值可发生变化的数据。在声明变量时,系统为这个变量分配了一个存储空间,变量名实质上指的是这个内存单元,通过变量名就可找到这个内存单元中存储的数据。

在 Java 语言中,每个变量必须先声明,再赋值,然后才能使用。声明变量的具体语法格式如下:

数据类型　变量名称[=变量值];

由语法格式可看出,在声明一个变量时,要先定义变量的数据类型,此处的数据类型可以是基本数据类型（数值型、字符型、布尔型），也可以是引用数据类型（类、接口、数组）。

对于变量名称的具体命名规则如下：

（1）变量名称要以字母、下划线（＿）、美元符号（＄）或人民币符号（￥）为首字母。

（2）变量名称由数字、字母（大小写）、下划线、美元符号、人民币符号以及所有在十六进制 0xc0(192) 前的 ASCII 码组成。

（3）变量名称不能使用关键字、保留字、运算符及其他特殊字符。

（4）变量名称区分大小写，通常以小写的英文字母开头。若变量由多个单词命名，第一个单词首字母小写，后面单词的首字母大写。

（5）变量名称最长有 255 个字符。

（6）变量名称在同一有效范围内不能重名，在不同的有效范围内，可以重名。

通过以上的介绍，可看出变量和常量的主要区别，就看在程序运行的过程中值是否发生改变。

可以在声明变量的同时初始化变量，例如：

String studentName ="张明明";//声明一个 String 类型的变量，并初始化

int studentAge =15;//声明 一个 int 类型的变量，并初始化

也可以先声明变量，需要时再初始化变量，例如：

String studentName;//声明一个 String 类型的变量

int studentAge;//声明一个 int 类型的变量

studentName ="张明明";//变量初始化赋值

studentAge =15;//变量初始化赋值

当声明多个变量为同一类型时，可以同时声明对应数据类型的变量，需要时再初始化变量值；还可以同时声明对应数据类型的变量，并同时初始化变量值。

例如：

String studentNane,studentPassWord;//声明两个 String 类型的变量

String studentNane="张明明",studentPassWord="20121226";//声明两个 String 型的变量并初始化

在程序中，可以改变变量的变量值，例如：

String studentName="张明明";//声明一个 String 类型的变量,并赋初值"张明明"

studentName="于甜甜";//改变变量 studentName 的值为"于甜甜"

在 Java 编程语言中，变量是有使用范围的，只有在使用范围内的变量才可以被调用。根据变量的使用范围不同，将变量分为成员变量、局部变量、方法参数变量、异常处理变量。下面对这几种变量分别加以介绍。

成员变量是指在类中被定义的变量，成员变量的作用范围是在类中有效，又可分为静态变量和实例变量。

例如，声明静态变量和实例变量的程序代码如下：

```
public class Test{
    int x=60;//声明一个 int 类型的变量，并初始化，x 为实例变量
    static int y=80;//声明一个 int 类型的变量，并初始化，y 为静态变量
}
```

由上例可看出，静态变量和实例变量声明的区别是在变量的数据类型前加 static，这里需要注意的是，静态变量的使用范围是可以跨类的，甚至可以在整个应用程序中使用。静态变量在定义它的类中可直接进行存取，在其他类中可通过"类名.静态变量"的形式进行使用。

【案例 2-2】演示输出成员变量。

（1）在"TestJava 2"项目下创建"TestJava 2_2.java"。选中"TestJava 2"项目中的"src"，单击鼠标右键，在弹出的菜单中执行"New/Class"命令，弹出"New Java Class"对话框，在"New Java Class"对话框中的"name"处设置类名为"TestJava 2_2"，并选中"public static void　main(String[] args)"。单击"Finish"按钮，生成 Java 文件"TestJava 2_2.java"。

（2）TestJava 2_2.java 文件的具体代码如下。

```
[1]    public class TestJava 2_2{
[2]        String name="张明明";
[3]        int age=15;
[4]        public static void main(String[] args) {
[5]            // TODO Auto-generated method stub
[6]            TestJava2_2 testJava= new TestJava2_2();
[7]            System.out.println("姓名："+testJava.name);
[8]            System.out.println("年龄："+testJava.age);
[9]        }
[10]   }
```

第 2～3 行代码声明变量 name 和 age 的数据类型，并赋初值。

第 6 行代码声明实例对象。

第 7～8 行代码实现输出变量。

保存并运行，结果如图 2-7 所示。

姓名：张明明
年龄：15

图 2-7　程序代码运行结果

局部变量是指在方法内部定义的变量，也就是方法"{"和"}"之间定义的变量。局部变量的使用范围仅限于当前方法中有效。

【案例 2-3】演示局部变量的使用。

（1）在"TestJava 2"项目下创建"TestJava 2_3.java"。选中"TestJava 2"项目中的"src"，单击鼠标右键，在弹出的菜单中执行"New/Class"命令，弹出"New Java Class"对话框，在"New Java Class"对话框中的"name"处设置类名为"TestJava 2_3"，并选中"public static void　main(String[] args)"。单击"Finish"按钮，生成 Java 文件"TestJava 2_3.java"。

（2）TestJava 2_3.java 文件的具体代码如下。

```
[1]    public class TestJava 2_3{
[2]        public static void main(String[] args) {
[3]            // TODO Auto-generated method stub
[4]            int i=3;
[5]            if (i==3){
[6]                int j=5;
[7]                System.out.println("j="+j);
[8]            }
```

```
[9]        }
[10]   }
```

第 4 行代码在 main()方法中声明局部变量 i 的数据类型并赋值。

第 5 行代码在 if 语句中调用变量 i。

保存并运行，结果如图 2-8 所示。

方法参数变量是指在方法参数中定义的变量。

j=5

图 2-8　程序代码运行结果

【案例 2-4】演示输出方法参数变量。

（1）在"TestJava 2"项目下创建"TestJava 2_4.java"。选中"TestJava 2"项目中的"src"，单击鼠标右键，在弹出的菜单中执行"New/Class"命令，弹出"New Java Class"对话框，在"New Java Class"对话框中的"name"处设置类名为"TestJava 2_4"，并选中"public static void　main(String[] args)"。单击"Finish"按钮，生成 Java 文件"TestJava 2_4.java"。

（2）TestJava 2_4.java 文件的具体代码如下。

```
[1]    public class TestJava 2_4{
[2]        public void Method1(int i){
[3]            System.out.println("输出参数变量：i="+i);//输出参数变量
[4]        }
[5]        public static void main(String[] args) {
[6]            // TODO Auto-generated method stub
[7]            TestJava2_4 test=new TestJava2_4();
[8]            test.Method1(5);
[9]        }
[10]   }
```

第 2~4 行代码声明 Method1 方法参数变量 i，并实现参数变量 i 的输出。

第 7 行代码声明实例对象。

第 8 行代码给方法参数变量 i 赋值。

保存并运行，结果如图 2-9 所示。

输出参数变量：i=5

图 2-9　程序代码运行结果

异常处理参数变量是在异常参数中定义的变量，是为异常处理服务的，只能在异常处理程序中使用。

【案例 2-5】演示异常处理参数变量的使用。

（1）在"TestJava 2"项目下创建"TestJava 2_5.java"。选中"TestJava 2"项目中的"src"，单击鼠标右键，在弹出的菜单中执行"New/Class"命令，弹出"New Java Class"对话框，在"New Java Class"对话框中的"name"处设置类名为"TestJava 2_5"，并选中"public static void　main(String[] args)"。单击"Finish"按钮，生成 Java 文件"TestJava 2_5.java"。

（2）TestJava 2_5.java 文件的具体代码如下。

```
[1]    import java.util.Scanner;
[2]    public class TestJava 2_5{
[3]        public static void main(String[] args) {
[4]            double record=0;
[5]            Scanner input1=new Scanner(System.in );
```

```
[6]              try {
[7]                  System.out.println("学生成绩：");
[8]                  record= input1.nextDouble();
[9]              }catch(Exception e){
[10]                 System.out.println("输入有误，请重新输入！");
[11]             }
[12]         }
[13]     }
```

第 6~11 行代码为异常处理，当输入符合 double 类型时，可输出学生成绩；当输入不符合 double 类型时会发生异常，此时抛出异常信息"输入有误，请重新输入！"，其中 e 为异常处理参数变量。

学生成绩：

as

输入有误，请重新输入！

图 2-10　程序代码运行结果

保存并运行，结果如图 2-10 所示。

2.3.2　整数类型

在 Java 语言中，整数类型是存取整数数值的类型，数值中不含有小数部分，可为正数也可为负数，默认为 int 型。根据进制不同，整数类型分为八进制、十进制、十六进制 3 种形式。八进制整数是以"0"作为开头表示，十六进制是以"0X"和"0x"作为开头表示，十进制整数没有前缀。根据所占内存大小不同，整数类型分为 byte（字节型）、short（短整型）、int（整型）、long（长整型）4 种类型，具体情况如表 2-2 所示。

表 2-2　Java 中的整数类型

数据类型	关键字	占用空间（1 字节为 8 位）	取值范围
字节型	byte	1 个字节	− 128 ~ 127
短整型	short	2 个字节	− 32 768 ~ 32 767
整型	int	4 个字节	− 2 147 483 648 ~ 2 147 483 647
长整型	long	8 个字节	− 9 223 372 036 854 775 808 ~ 9 223 372 036 854 775 807

从表中可知，不同的整型类型所占用的空间不同，使用时要选择满足要求、合适的整型类型，不能选择超出取值范围的整型类型。需要注意的是为 long 类型常量或变量赋值时，若赋的数值范围超过了 int 型的取值范围，要在赋的数值后面加上"L"（或"l"）；若未超出 int 型的取值范围，则赋的数值后面可省略"L"（或"l"）。

【案例 2-6】演示输出整数类型变量。

（1）在"TestJava 2"项目下创建"TestJava 2_6.java"。选中"TestJava 2"项目中的"src"，单击鼠标右键，在弹出的菜单中执行"New/Class"命令，弹出"New Java Class"对话框，在"New Java Class"对话框中的"name"处设置类名为"TestJava 2_6"，并选中"public static void　main(String[] args)"。单击"Finish"按钮，生成 Java 文件"TestJava 2_6.java"。

（2）TestJava 2_6.java 文件的具体代码如下。

```
[1]    public class TestJava 2_6{
[2]        public static void main(String[] args) {
[3]            // TODO Auto-generated method stub
[4]            byte byte1=108; //声明 byte 型变量并赋值
[5]            short short2=31952; //声明 short 型变量并赋值
[6]            int int3=1956423580; //声明 int 型变量并赋值
[7]            long long4=56483215975026L; //声明 long 型变量并赋值
[8]            long result = byte1+ short2+ int3+ long4; //获得各数相加后的结果
[9]            System.out.println("求和结果为:"+result); //将以上变量相加的结果输出
[10]       }
[11]   }
```

第 4~8 行代码声明变量的整数类型并赋值。

第 9 行代码输出求和结果。

保存并运行，结果如图 2-11 所示。

求和结果为:56485172430666

图 2-11　程序代码运行结果

2.3.3　浮点类型

通过上面的介绍可知，对于整数值可用整数类型来进行存取。那么，除了整数外，还存在小数，对于小数的数值，要用浮点类型来进行存取。浮点型主要包括 float 型（单精度浮点型）和 double 型（双精度浮点型）两种类型。浮点数有两种表现形式，一种是十进制数形式，为简单的浮点数表示，如 6.18、9.57，也就是数值中必须包含一个小数点；第二种是科学记数法形式，科学记数法只用来表示浮点类型的数值，如 62 000 为一个 int（整数类型）数值，用浮点类型可表示为 62E3。浮点类型具体情况如表 2-3 所示。

表 2-3　Java 中的浮点类型

数据类型	关键字	占用空间（1 字节为 8 位）	取值范围
单精度型	float	4 字节	3.4E-38~3.4E+38
双精度型	double	8 字节	1.7E-308~1.7E+308

保存小数的数值时，要用浮点类型来声明。其中为 float 类型赋值时，所赋的数值后面要添加字母"F"（或小写"f"），若不添加字母"F"（或小写"f"），系统将默认为 double 类型，需要注意的是不能将 double 类型的数值赋给 float 类型。为 double 类型赋值时，所赋的数值后面可添加字母"D"（或小写"d"），也可不添加，默认为 double 类型。需要说明的一点是，给浮点型赋的数值可以是小数也可以是整数，例如：

float a =95.8F;//声明一个 float 类型的变量，并赋值

double b =5791.23D;//声明一个 double 类型的变量，并赋值

float c =98;//声明一个 float 类型的变量，并赋整数值

double d =180;//声明一个 double 类型的变量，并赋整数值

【案例 2-7】演示输出浮点类型变量。

（1）在"TestJava 2"项目下创建"TestJava 2_7.java"。选中"TestJava 2"项目中的"src"，单击鼠标右键，在弹出的菜单中执行"New/Class"命令，弹出"New Java Class"对话框，在"New Java Class"对话框中的"name"处设置类名为"TestJava 2_7"，并选中"public static void   main(String[] args)"。单击"Finish"按钮，生成 Java 文件"TestJava 2_7.java"。

（2）TestJava 2_7.java 文件的具体代码如下。

```
[1]    public class TestJava 2_7{
[2]        public static void main(String[] args) {
[3]            // TODO Auto-generated method stub
[4]            float a =95.8F;
[5]            double b =61.23D;
[6]            float c =98;
[7]            double d =180;
[8]            System.out.println("单精度浮点型变量 a 的值是:"+a);
[9]            System.out.println("双精度浮点型变量 b 的值是:"+b);
[10]           System.out.println("单精度浮点型变量 c 的值是:"+c);
[11]           System.out.println("双精度浮点型变量 d 的值是:"+d);
[12]       }
[13]    }
```

第 4~7 行代码声明变量 a、b、c、d 的浮点类型并赋值。

第 8~11 行代码输出浮点类型变量的值。

保存并运行，结果如图 2-12 所示。

单精度浮点型变量 a 的值是:95.8
双精度浮点型变量 b 的值是:61.23
单精度浮点型变量 c 的值是:98.0
双精度浮点型变量 d 的值是:180.0

图 2-12 程序代码运行结果

2.3.4 字符类型

在 Java 中，字符类型用于存储字符，用关键字"char"表示，存储的是单个字符，用单引号括起来表示，如 'm'。此处需要注意区分字符和字符串表示的区别，单引号括起来的单个字符，表示的是一个字符，如 'm'；双引号括起来的单个字符或多个字符，表示的是一个字符串，如"m""cat"。字符类型的具体内容如表 2-4 所示。

表 2-4 Java 中的字符类型

数据类型	关键字	占用空间（1 字节为 8 位）	取值范围
字符类型	char	2 字节	\u0000 ~ \uFFFF

使用 char 关键字定义字符类型的赋值方式如下：

char x='A';//声明一个 char 类型的变量，用来存储 'A'

Java 语言中的字符属于 Unicode 编码，几乎可以处理所有国家的语言文字。可以给字符类型赋值一个整数，用整数的形式输出字符类型；也可以赋值一个字符，用字符的形式输出整数类型。

【案例 2-8】演示输出字符类型变量。

（1）在"TestJava 2"项目下创建"TestJava 2_8.java"。选中"TestJava 2"项目中的"src"，单击鼠标右键，在弹出的菜单中执行"New/Class"命令，弹出"New Java Class"对话框，在"New Java Class"对话框中的"name"处设置类名为"TestJava 2_8"，并选中"public static void main(String[] args)"。单击"Finish"按钮，生成 Java 文件"TestJava 2_8.java"。

（2）TestJava 2_8.java 文件的具体代码如下。

```
[1]    public class TestJava 2_8{
[2]        public static void main(String[] args) {
[3]            // TODO Auto-generated method stub
[4]            char a1= 'a';
[5]            char a2=97;
[6]            int b1= 'b';
[7]            int b2=98;
[8]            System.out.println(a1);
[9]            System.out.println(a2);
[10]           System.out.println(b1);
[11]           System.out.println(b2);
[12]       }
[13]   }
```

第 4～5 行代码声明字符型变量。

第 6～7 行代码声明整型变量。

第 8～11 行代码输出变量的值。

保存并运行，结果如图 2-13 所示。

Unicode 编码中，有些字符不可见，并且不能从键盘输入，这时，需使用转义字符的形式来表示。转义字符用反斜杠"\"开头，后跟一个或多个字符。Java 中常用的转义字符如表 2-5 所示。

```
a
a
98
98
```

图 2-13　程序代码运行结果

表 2-5　Java 中常用的转义字符

转义字符	描　　述
\0x	八进制字符
\u	十六进制 Unicode 字符
\'	单引号字符
\"	双引号字符
\\	反斜杠
\r	回车
\n	换行
\f	走纸换页
\t	横向跳格
\b	退格

【**案例 2-9**】演示输出转义字符。

（1）在"TestJava 2"项目下创建"TestJava 2_9.java"。选中"TestJava 2"项目中的"src"，单击鼠标右键，在弹出的菜单中执行"New/Class"命令，弹出"New Java Class"对话框，在"New Java Class"对话框中的"name"处设置类名为"TestJava 2_9"，并选中"public static void　main(String[] args)"。单击"Finish"按钮，生成 Java 文件"TestJava 2_9.java"。

（2）TestJava 2_9.java 文件的具体代码如下。

```
[1]  public class TestJava 2_9{
[2]      public static void main(String[] args) {
[3]          // TODO Auto-generated method stub
[4]          char char1='\"';
[5]          char char2='\u2606';
[6]          System.out.println("输出 char1 为："+char1);
[7]          System.out.println("输出 char2 为："+char2);
[8]      }
[9]  }
```

第 4 ~ 5 行代码将转义字符赋值给变量 char1 和 char2。

第 6 ~ 7 行代码实现输出变量结果。

保存并运行，结果如图 2-14 所示。

输出 char1 为： "

输出 char2 为： ☆

图 2-14　程序代码运行结果

2.3.5　布尔类型

在 Java 语言中，布尔类型用来存储逻辑值，用于两个数的比较，用关键字 boolean 来表示，取值只有两个，分别为 true（真）和 false（假），这里的 true 不等于 1，false 也不等于 0，若未赋值，则默认为 false。需要注意的是布尔类型不能与其他类型进行转换。布尔类型通常用于关系运算和流程控制中，作为判断条件。Java 中布尔类型的具体情况如表 2-6 所示。

表 2-6　Java 中的布尔类型

数据类型	关键字	占用空间（1 字节为 8 位）	取值范围
布尔类型	boolean	1 字节	true/false

声明布尔类型的语法如下：

```
boolean buer1= true;//声明一个 boolean 类型的变量，初始值为 true
buer1= false;//改变 buer1 变量的值为 false
```

【**案例 2-10**】演示输出布尔类型。

（1）在"TestJava 2"项目下创建"TestJava 2_10.java"。选中"TestJava 2"项目中的"src"，单击鼠标右键，在弹出的菜单中执行"New/Class"命令，弹出"New Java Class"对话框，在"New Java Class"对话框中的"name"处设置类名为"TestJava 2_10"，并选中"public static void　main(String[] args)"。单击"Finish"按钮，生成 Java 文件"TestJava 2_10.java"。

（2）TestJava 2_10.java 文件的具体代码如下。

```
[1]    public class TestJava 2_10{
[2]        public static void main(String[] args) {
[3]            // TODO Auto-generated method stub
[4]            boolean flag;
[5]            flag =78>56;
[6]            System.out.println("判断 78>56 为："+ flag);
[7]            flag =78<56;
[8]            System.out.println("判断 78<56 为："+ flag);
[9]        }
[10]   }
```

第4~8行代码声明布尔类型变量 flag，将"78>56"和"78<56"的结果赋给 flag 并输出。
保存并运行，结果如图 2-15 所示。

判断 78>56 为：true
判断 78<56 为：false

图 2-15　程序代码运行结果

2.4　类型转换

类型转换就是把一种数据类型转换成另一种数据类型。在 Java 语言中，会出现混合运算
等情况，进行不同数据类型量之间的运算，这时就需要将不同数据类型的量转化成相同类型
的量再进行运算，此时就要用到类型转换。类型转换有两种方法，分别为自动类型转换和强
制类型转换。

2.4.1　自动类型转换

自动类型转换是将取值范围小的数据类型向取值范围大的数据类型转换。在基本数据类
型中，除了 boolean 类型外，其他数据类型均可进行转换，支持自动类型转换的数据类型关
系如图 2-16 所示。

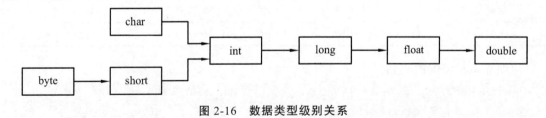

图 2-16　数据类型级别关系

图中箭头左侧的数据类型的取值范围要小于箭头右侧数据类型的取值范围，也就是箭头
左侧的数据类型值可以自动转换为箭头右侧的数据类型值，例如：
int a =45;//声明 int 型变量 a，并初始化
float b = a;//将 a 赋值给 b

执行语句后，会得到 b 的结果为 45.0。

自动类型的转换也要遵循一定的规则，以解决在什么情况下将哪种类型的数据转换成另一种类型的数据。如表 2-7 所示列出了各种数据类型转换的一般规则。

表 2-7　自动类型转换规则

操作数 1 的数据类型	操作数 2 的数据类型	转换后的数据类型
byte、short、char	int	int
byte、short、char、int	long	long
byte、short、char、int、long	float	float
byte、short.char、int、long、float	double	double

从表中可知，操作数 1 中的数据类型值可自动赋值给操作数 2 的数据类型，转换后的数据类型和操作数 2 的数据类型一致。

【案例 2-11】演示自动类型转换。

（1）在"TestJava 2"项目下创建"TestJava 2_11.java"。选中"TestJava 2"项目中的"src"，单击鼠标右键，在弹出的菜单中执行"New/Class"命令，弹出"New Java Class"对话框，在"New Java Class"对话框中的"name"处设置类名为"TestJava 2_11"，并选中"public static void　main(String[] args)"。单击"Finish"按钮，生成 Java 文件"TestJava 2_11.java"。

（2）TestJava 2_11.java 文件的具体代码如下。

```
[1]     public class TestJava 2_11{
[2]         public static void main(String[] args) {
[3]             // TODO Auto-generated method stub
[4]             byte byte1=125;//定义 byte 型变量 byte1，并赋值
[5]             int int1=136; //定义 int 型变量 int1，并赋值 136
[6]             float float1=382.57F;//定义 float 型变量 float1，并赋值
[7]             char char1=15; //定义 char 型变量 char1，并赋值
[8]             double double1=62.84267;//定义 double 型变量 double1，并赋值
[9]             /*将运算结果输出*/
[10]            System.out.println("byte 型与 float 型数据进行运算结果为:"+(byte1+ float1));
[11]            System.out.println("byte 型与 int 型数据进行运算结果为:"+ byte1*int1);
[12]            System.out.println("byte 型与 char 型数据进行运算结果为:"+ byte1/char1);
[13]            System.out.println("double 型与 char 型数据进行运算结果为:"
[14]                +(double1+ char1));
[15]        }
[16]    }
```

第 4~8 行代码声明变量类型并赋值。

第 10~14 行代码输出不同类型变量运算结果。

保存并运行，结果如图 2-17 所示。

byte 型与 float 型数据进行运算结果为:507.57

byte 型与 int 型数据进行运算结果为:17000

byte 型与 char 型数据进行运算结果为:8

double 型与 char 型数据进行运算结果为:77.84267

图 2-17　程序代码运行结果

2.4.2　强制类型转换

强制类型转换是将取值范围大的数据类型向取值范围小的数据类型转换。这种转换不能自动转换，要强制进行。强制类型转换的语法格式如下：

（目标数据类型）数据值 | 变量

强制类型转换是以 "()" 作为运算符，括号中的 "目标数据类型"，就是强制要转换成的数据类型，"数据值 | 变量" 表示要转换的数据值或变量。

【案例 2-12】演示强制类型转换。

（1）在 "TestJava 2" 项目下创建 "TestJava 2_12.java"。选中 "TestJava 2" 项目中的 "src"，单击鼠标右键，在弹出的菜单中执行 "New/Class" 命令，弹出 "New Java Class" 对话框，在 "New Java Class" 对话框中的 "name" 处设置类名为 "TestJava 2_12"，并选中 "public static void main(String[] args)"。单击 "Finish" 按钮，生成 Java 文件 "TestJava 2_12.java"。

（2）TestJava 2_12.java 文件的具体代码如下。

```
[1]    public class TestJava 2_12{
[2]        public static void main(String[] args) {
[3]            // TODO Auto-generated method stub
[4]            int x = (int)69.53;
[5]            long y = (long)752.15F;
[6]            int z = (int)'r';
[7]            System.out.println("输出 x 为：" +x);
[8]            System.out.println("输出 y 为：" +y);
[9]            System.out.println("输出 z 为：" +z);
[10]       }
[11]   }
```

第 4～6 行代码将不同类型变量进行强制转换。

第 7～9 行代码输出变量结果。

保存并运行，结果如图 2-18 所示。

输出 x 为：69

输出 y 为：752

输出 z 为：114

图 2-18　程序代码运行结果

2.5　运算符

运算符是一些具有特殊意义的符号，通常用于数学函数、赋值语句和逻辑比较等。在 Java

程序中会用到大量的运算符，如算术运算符、位运算符、关系运算符、逻辑运算符等，本节将对这些运算符进行详细介绍。

2.5.1 算术运算符

算术运算符主要用在数学运算中，如"+""－""×""÷"等。Java 中的这些算术运算符的用法和功能，与在数学中传统的用法与和功能相同。需要注意的是"+"，除了表示数值加运算外，还可以用于"字符串串接"功能。算术运算符主要分为基本运算符、取余运算符、自增或自减运算符，具体说明如表 2-8 所示。

表 2-8　Java 中的算术运算符

算术运算符	名　称	举　例	结　果
+	加	3+5	8
－	减	9－6	3
*	乘	2*8	16
/	除	81/9	9
%	取余	7%4	3
++	自增（前）	a=5；b=++a	a=6，b=6
++	自增（后）	a=5；b=a++	a=6，b=5
－－	自减（前）	a=5；b=－－a	a=4，b=4
－－	自减（后）	a=5；b=a－－	a=4，b=5

1. 基本运算符

在算术运算符中，基本运算符包括加、减、乘、除这 4 种运算符最简单也是最常用的算术运算符，被广泛使用。

【案例 2-13】演示输出基本运算符运算结果。

（1）在"TestJava 2"项目下创建"TestJava 2_13.java"。选中"TestJava 2"项目中的"src"，单击鼠标右键，在弹出的菜单中执行"New/Class"命令，弹出"New Java Class"对话框，在"New Java Class"对话框中的"name"处设置类名为"TestJava 2_13"，并选中"public static void main(String[] args)"。单击"Finish"按钮，生成 Java 文件"TestJava 2_13.java"。

（2）TestJava 2_13.java 文件的具体代码如下。

```
[1]    public class TestJava 2_13{
[2]        public static void main(String[] args) {
[3]            // TODO Auto-generated method stub
[4]            int a=156;
[5]            int b=4;
[6]            double x=12;
[7]            int c=a-b;
[8]            int d=a+b;
```

```
[9]          int e=a*b;
[10]         int f=a/b;
[11]         double y=x/0;
[12]         System.out.println("输出 a 为： "+a);
[13]         System.out.println("输出 b 为： "+b);
[14]         System.out.println("输出 x 为： "+x);
[15]         System.out.println("输出 c 为： "+c);
[16]         System.out.println("输出 d 为： "+d);
[17]         System.out.println("输出 e 为： "+e);
[18]         System.out.println("输出 f 为： "+f);
[19]         System.out.println("输出 y 为： "+y);
[20]     }
[21] }
```

第 4~11 行代码声明变量的数据类型并赋值。

第 12~19 行代码输出变量结果。

保存并运行，结果如图 2-19 所示。

可以看出，对于分母为零的情况，Java 程序中的运算与数学中的运算不同。在数学运算中，分母不能为零，如果分母为零，则无意义；而在 Java 程序中，变量 x 被声明为 double 类型时，执行语句 "double y=x/0;"，经编译执行后输出 "Infinity"，表明分母可以为零，结果为无穷大。

```
输出 a 为：156
输出 b 为：4
输出 x 为：12.0
输出 c 为：152
输出 d 为：160
输出 e 为：624
输出 f 为：39
输出 y 为：Infinity
```

图 2-19　程序代码运行结果

2. 取余运算符

取余运算符用 "%" 表示，用来进行除法运算中的求余运算，如 16%3，表示取 16÷3 的余数为 1，而不是商 5。

【案例 2-14】演示输出取余运算结果。

（1）在 "TestJava 2" 项目下创建 "TestJava 2_14.java"。选中 "TestJava 2" 项目中的 "src"，单击鼠标右键，在弹出的菜单中执行 "New/Class" 命令，弹出 "New Java Class" 对话框，在 "New Java Class" 对话框中的 "name" 处设置类名为 "TestJava 2_14"，并选中 "public static void main(String[] args)"。单击 "Finish" 按钮，生成 Java 文件 "TestJava 2_14.java"。

（2）TestJava 2_14.java 文件的具体代码如下。

```
[1]  public class TestJava 2_14{
[2]      public static void main(String[] args) {
[3]          // TODO Auto-generated method stub
[4]          //求余数
[5]          int a=16%5;
[6]          int b=-16%-5;
[7]          int c=16%-5;
[8]          int d=-16%5;
```

```
[9]         System.out.println("a=16%5 的余数为："+a);
[10]        System.out.println("b=-16%-5 的余数为：" +b);
[11]        System.out.println("c=16%-5 的余数为："+c);
[12]        System.out.println("d=-16%5 的余数为："+d);
[13]     }
[14]   }
```

第 5～8 行代码声明变量的数据类型并赋值。

第 9～12 行代码输出变量的余数结果。

保存并运行，结果如图 2-20 所示。

a=16%5 的余数为：1

b=-16%-5 的余数为：-1

c=16%-5 的余数为：1

d=-16%5 的余数为：-1

图 2-20　程序代码运行结果

3. 自增自减

自增自减运算符用"++"和"－－"表示，它们的作用是使变量自加 1 或自减 1。自增自减运算符可以放在变量的前面也可以放在变量的后面，两者是有区别的。当自增自减运算符放在变量的前边，在执行时，变量先自加 1 或自减 1，然后再将改变后的变量值带入表达式中进行运算；当自增自减运算符放在变量的后边，在执行时，先将原变量值带入表达式中进行计算，然后变量再自加 1 或自减 1，例如：

++a; //表示在使用变量 a 之前，先使 a 的值加 1

－－a; //表示在使用变量 a 之前，先使 a 的值减 1

a++; //表示在使用变量 a 之后，使 a 的值加 1

a－－; //表示在使用变量 a 之后，使 a 的值减 1

其中，"++a"和"a++"相当于 a=a+1；"－－a"和"a－－"相当于 a=a－1，只是执行先后有区别。

【案例 2-15】演示输出自增自减运算结果。

（1）在"TestJava 2"项目下创建"TestJava 2_15.java"。选中"TestJava 2"项目中的"src"，单击鼠标右键，在弹出的菜单中执行"New/Class"命令，弹出"New Java Class"对话框，在"New Java Class"对话框中的"name"处设置类名为"TestJava 2_15"，并选中"public static void　main(String[] args)"。单击"Finish"按钮，生成 Java 文件"TestJava 2_15.java"。

（2）TestJava 2_15.java 文件的具体代码如下。

```
[1]   public class TestJava 2_15{
[2]      public static void main(String[] args) {
[3]         // TODO Auto-generated method stub
[4]         int a=50;
[5]         int b=60;
[6]         //数据的自增与自减
[7]         System.out.println("a++值为："+ a++) ;
[8]         System.out.println("此时 a 的值为："+ a) ;
[9]         System.out.println("++a 值为："+ ++a) ;
[10]        System.out.println("此时 a 的值为："+ a) ;
[11]        System.out.println("b--值为："+ b--) ;
```

[12]	System.out.println("此时 b 的值为: " + b);
[13]	System.out.println("--b 值为: " + --b);
[14]	System.out.println("此时 b 的值为: " + b);
[15]	}
[16]	}

第 4 ~ 5 行代码声明变量的数据类型并赋值。

第 7 ~ 14 行代码输出变量的自增自减运算结果。

保存并运行,结果如图 2-21 所示。

在程序中,a++是先运行程序后自加 1,++a 是先自加 1 后运行程序,b－－是先运行程序后自减 1,－－b 是先自减 1 后运行程序。

```
a++值为: 50
此时 a 的值为: 51
++a 值为: 52
此时 a 的值为: 52
b--值为: 60
此时 b 的值为: 59
--b 值为: 58
此时 b 的值为: 58
```

图 2-21　程序代码运行结果

2.5.2　关系运算符

关系运算符用于两个数值或变量之间的比较,运算结果为 boolean 类型,当比较关系成立时,结果为 true(真),否则为 false(假),关系运算符的具体情况如表 2-9 所示。

表 2-9　关系运算符

运算符	含义	表达式	操作数据	运算结果
>	大于	6>2	整型、浮点型、字符型	true
<	小于	'h'<'d'	整型、浮点型、字符型	false
>=	大于或等于	7.8>=4.6	整型、浮点型、字符型	true
<=	小于或等于	'a'>=97	整型、浮点型、字符型	true
==	等于	'a'=97	基本数据类型、引用型	true
!=	不等于	'a'!=97	整型、浮点型、字符型	false

【案例 2-16】演示输出关系运算结果。

(1)在"TestJava 2"项目下创建"TestJava 2_16.java"。选中"TestJava 2"项目中的"src",单击鼠标右键,在弹出的菜单中执行"New/Class"命令,弹出"New Java Class"对话框,在"New Java Class"对话框中的"name"处设置类名为"TestJava 2_16",并选中"public static void main(String[] args)"。单击"Finish"按钮,生成 Java 文件"TestJava 2_16.java"。

(2)TestJava 2_16.java 文件的具体代码如下。

[1]	public class TestJava 2_16{
[2]	public static void main(String[] args) {
[3]	// TODO Auto-generated method stub
[4]	int a =32; //声明 int 型变量 a
[5]	int b =16; //声明 int 型变量 b
[6]	/*依次将变量 a 与变量 b 的比较结果输出*/

```
[7]          System.out.println("a>b 返回值为:"+(a>b));
[8]          System.out.println("a<b 返回值为:"+(a<b));
[9]          System.out.println("a>=b 返回值为:"+(a>=b));
[10]         System.out.println("a<=b 返回值为:"+(a<=b));
[11]         System.out.println("a==b 返回值为:"+(a==b));
[12]         System.out.println("a!=b 返回值为:"+(a!=b));
[13]      }
[14]   }
```

第 4 ~ 5 行代码声明变量的数据类型并赋值。

第 7 ~ 12 行代码输出变量的关系运算结果。

保存并运行，结果如图 2-22 所示。

```
a>b 返回值为:true
a<b 返回值为:false
a>=b 返回值为:true
a<=b 返回值为:false
a==b 返回值为:false
a!=b 返回值为:true
```

图 2-22　程序代码运行结果

2.5.3　逻辑运算符

逻辑运算符主要用于两个表达式或布尔类型变量的比较，多用于进行判断，其结果与关系运算符的结果一样都为 boolean 类型。若判断结果为真则值为 true，可用数字 "1" 表示；若判断结果为假则值为 false，可用数字 "0" 表示，Java 中的逻辑运算符如表 2-10 所示。

表 2-10　逻辑运算符

类　型	说　明
&&	与（AND）
‖	或（OR）
∧	异或（XOR）
!	非（NOT）

逻辑运算符在 Java 程序中进行逻辑运算时，常用到的逻辑运算符结果如表 2-11 所示。

表 2-11　常用逻辑运算符运算结果

A	B	A&&B	A‖B	A∧B	!A
false	false	false	false	false	true
false	true	false	true	true	true
true	false	false	true	true	false
true	true	true	true	false	false

从表 2-11 中可知，对于 "A&&B"，只有当 "A" 和 "B" 都为 "true" 时，结果才为 "true"；只要 "A" 和 "B" 中有一个为 "false"，结果就为 "false"。对于 "A‖B"，只有当 "A" 和 "B" 都为 "false" 时，结果才为 "false"；只要 "A" 和 "B" 中有一个为 "true"，结果就为 "true"。对于 "A∧B"，只有当 "A" 和 "B"，一个为 "true"，另一个为 "false" 时，结果才

为"true";当"A"和"B"同时为"true",或同时为"false"时,结果就为"false"。对于"!A",若"A"为"true",结果就为"false";若"A"为"false",结果就为"true"。

【案例 2-17】演示输出逻辑运算结果。

(1)在"TestJava 2"项目下创建"TestJava 2_17.java"。选中"TestJava 2"项目中的"src",单击鼠标右键,在弹出的菜单中执行"New/Class"命令,弹出"New Java Class"对话框,在"New Java Class"对话框中的"name"处设置类名为"TestJava 2_17",并选中"public static void　main(String[] args)"。单击"Finish"按钮,生成 Java 文件"TestJava 2_17.java"。

(2)TestJava 2_17.java 文件的具体代码如下。

```
[1]    public class TestJava 2_17{
[2]        public static void main(String[] args) {
[3]            // TODO Auto-generated method stub
[4]            int a=15;
[5]            int b=27;
[6]            System.out.println("(a>10)&&(b<20）的结果为："+(a>10&&b<20));
[7]            System.out.println("(a>10)||(b<20）的结果为："+(a>10||b<20));
[8]            System.out.println("(a>10)^(b<20）的结果为："+(a>10^b<20));
[9]            System.out.println("a!=b 的结果为："+(a!=b));
[10]       }
[11]   }
```

第 4～5 行代码声明变量的数据类型并赋值。

第 6～9 行代码输出变量的逻辑运算结果。

保存并运行,结果如图 2-23 所示。

```
(a>10)&&(b<20)的结果为：false
(a>10)||(b<20)的结果为：true
(a>10)^(b<20)的结果为：true
a!=b的结果为：true
```

图 2-23　程序代码运行结果

2.5.4　位运算符

位运算符是针对位进行操作的运算符,操作时以二进制为单位进行运算,也就是说,先将操作数转换成二进制,然后按位进行布尔运算,得到二进制结果后,再将二进制转换成整数结果输出。Java 语言中的位运算符主要有 6 个,如表 2-12 所示。

表 2-12　位运算符

位运算符	说　明
~	按位取反
&	按位与
		按位或
^	按位异或
>>	右移
<<	左移

1. 按位与

"&"是按位与的运算符，是对两个二进制数进行"与"操作，运算规则是若两个二进制数都为 1，则运算结果就为 1；若两个二进制数中，有一个为 0，则运算结果就为 0，可表示为 1&1=1，0&1=0，1&0=0，0&0=0。

【案例 2-18】演示输出按位与运算结果。

（1）在"TestJava 2"项目下创建"TestJava 2_18.java"。选中"TestJava 2"项目中的"src"，单击鼠标右键，在弹出的菜单中执行"New/Class"命令，弹出"New Java Class"对话框，在"New Java Class"对话框中的"name"处设置类名为"TestJava 2_18"，并选中"public static void　main(String[] args)"。单击"Finish"按钮，生成 Java 文件"TestJava 2_18.java"。

（2）TestJava 2_18.java 文件的具体代码如下。

```
[1]    public class TestJava 2_18{
[2]        public static void main(String[] args) {
[3]            // TODO Auto-generated method stub
[4]            int a=24;
[5]            int b=8;
[6]            int c=a & b;
[7]            System.out.println(c);//输出结果为 8
[8]        }
[9]    }
```

第 4～5 行代码声明变量的数据类型并赋值。

第 6～7 行代码将变量 a 和 b 进行与运算，并输出变量的逻辑运算结果。

保存并运行，结果如图 2-24 所示。

8

图 2-24　程序代码运行结果

在程序中，"a=24"的二进制表示为 0000000000011000，"b=8"的二进制表示为 0000000000001000。运算过程如下：

```
  0000000000011000
& 0000000000001000
```
————————————————
```
  0000000000001000(为十进制 8 的二进制表示)
```
所以输出结果为 8。

2. 按位或

"｜"是按位或的运算符，是对两个二进制数进行"或"操作，运算规则是只要两个二进制数中有一个为 1，则运算结果就为 1；若两个二进制数都为 0，则运算结果为 0，可表示为 0｜1=1，1｜0=1，1｜1=1，0｜0=0。

【案例 2-19】演示输出按位或运算结果。

（1）在"TestJava 2"项目下创建"TestJava 2_19.java"。选中"TestJava 2"项目中的"src"，单击鼠标右键，在弹出的菜单中执行"New/Class"命令，弹出"New Java Class"对话框，

在"New Java Class"对话框中的"name"处设置类名为"TestJava 2_19",并选中"public static void main(String[] args)"。单击"Finish"按钮,生成 Java 文件"TestJava 2_19.java"。

(2)TestJava 2_19.java 文件的具体代码如下。

```
[1]    public class TestJava 2_19{
[2]        public static void main(String[] args) {
[3]            // TODO Auto-generated method stub
[4]            int a=24;
[5]            int b=8;
[6]            int c=a | b;
[7]            System.out.println(c);//输出结果为 24
[8]        }
[9]    }
```

第 4~5 行代码声明变量的数据类型并赋值。

第 6~7 行代码将变量 a 和 b 进行或运算,并输出变量的逻辑运算结果。

保存并运行,结果如图 2-25 所示。

运算过程如下:

```
  0000000000011000
| 0000000000001000
```
———————————————
```
  0000000000011000(为十进制 24 的二进制表示)
```
所以输出结果为 24。

24

图 2-25 程序代码运行结果

3. 按位异或

"^"是按位异或的运算符,是对两个二进制数进行"异或"操作,运算规则是只要两个二进制数不同,即一个为 0,一个为 1,则运算结果就为 1;若两个二进制数相同,即同为 1,或同为 0,则运算结果为 0,可表示为 $0\^1=1$, $1\^0=1$, $0\^0=0$, $1\^1=0$。

【案例 2-20】演示输出按位异或运算结果。

(1)在"TestJava 2"项目下创建"TestJava 2_20.java"。选中"TestJava 2"项目中的"src",单击鼠标右键,在弹出的菜单中执行"New/Class"命令,弹出"New Java Class"对话框,在"New Java Class"对话框中的"name"处设置类名为"TestJava 2_20",并选中"public static void main(String[] args)"。单击"Finish"按钮,生成 Java 文件"TestJava 2_20.java"。

(2)TestJava 2_20.java 文件的具体代码如下所示。

```
[1]    public class TestJava 2_20{
[2]        public static void main(String[] args) {
[3]            // TODO Auto-generated method stub
[4]            int a=24;
[5]            int b=8;
[6]            int c=a ^ b;
[7]            System.out.println(c);//输出结果为 16
```

```
[8]        }
[9]   }
```

第 4～5 行代码声明变量的数据类型并赋值。

第 6～7 行代码将变量 a 和 b 进行异或运算，并输出变量的逻辑运算结果。

保存并运行，结果如图 2-26 所示。

运算过程如下：

16

图 2-26　程序代码运行结果

```
    0000000000011000
^   0000000000001000
    ————————————————
    0000000000010000(为十进制 16 的二进制表示)
```

所以输出结果为 16。

4. 按位取反

"~"是按位取反的运算符，是对一个二进制数进行"取反"操作，运算规则是若这个二进制数为 1，则运算结果为 0；若这个二进制数为 0，则运算结果为 1，可表示为~0=1，~1=0。

【案例 2-21】演示输出按位取反运算结果。

（1）在"TestJava 2"项目下创建"TestJava 2_21.java"。选中"TestJava 2"项目中的"src"，单击鼠标右键，在弹出的菜单中执行"New/Class"命令，弹出"New Java Class"对话框，在"New Java Class"对话框中的"name"处设置类名为"TestJava 2_21"，并选中"public static void main(String[] args)"。单击"Finish"按钮，生成 Java 文件"TestJava 2_21.java"。

（2）TestJava 2_21.java 文件的具体代码如下。

```
[1]   public class TestJava 2_21{
[2]       public static void main(String[] args) {
[3]           // TODO Auto-generated method stub
[4]           int a=8;
[5]           System.out.println(~a) ;//输出结果为-9
[6]       }
[7]   }
```

第 4 行代码声明变量的数据类型并赋值。

第 5 行代码将变量 a 进行取反运算，并输出变量的结果。

保存并运行，结果如图 2-27 所示。

-9

图 2-27　程序代码运行结果

在程序中，"a=8"的二进制表示为 0000000000001000，其运算过程如下：

```
~ 0000000000001000
  ————————————————
  1111111111110111(为十进制-9 的二进制表示)（负数等于原数取反加 1）
```

所以输出结果为 - 9。

5. 左移位

"<<"是左移位的运算符，是将二进制数全部数位向左移动指定位数，"<<"的左边为操作数，

即为要移位的数据，"<<"的右边为左移的位数，执行操作时，左侧移出舍弃，右侧空位补0。

【案例2-22】演示输出左移运算结果。

（1）在"TestJava 2"项目下创建"TestJava 2_22.java"。选中"TestJava 2"项目中的"src"，单击鼠标右键，在弹出的菜单中执行"New/Class"命令，弹出"New Java Class"对话框，在"New Java Class"对话框中的"name"处设置类名为"TestJava 2_22"，并选中"public static void main(String[] args)"。单击"Finish"按钮，生成Java文件"TestJava 2_22.java"。

（2）TestJava 2_22.java文件的具体代码如下。

```
[1]    public class TestJava 2_22{
[2]        public static void main(String[] args) {
[3]            // TODO Auto-generated method stub
[4]            int a=8;
[5]            System.out.println(a<<2) ;//输出结果为32
[6]        }
[7]    }
```

第4行代码声明变量的数据类型并赋值。

第5行代码将变量a左移两位，并输出变量的结果。

保存并运行，结果如图2-28所示。

32

图2-28　程序代码运行结果

在程序中，"a=8"的二进制表示为0000000000001000。a<<2的运算过程如下：

0000000000001000<<2
——————————————
0000000000100000(为十进制32的二进制表示)

所以输出结果为32。

6. 右移位

">>"是右移位的运算符，是将二进制数全部数位向右移动指定位数，同样，">>"的左边为操作数，即为要移位的数据，">>"的右边为右移的位数，执行操作时，右侧移出舍弃，左侧根据原数的符号进行补位，若原数为正数则补0，若原数为负数则补1。

【案例2-23】演示输出右移运算结果。

（1）在"TestJava 2"项目下创建"TestJava 2_23.java"。选中"TestJava 2"项目中的"src"，单击鼠标右键，在弹出的菜单中执行"New/Class"命令，弹出"New Java Class"对话框，在"New Java Class"对话框中的"name"处设置类名为"TestJava 2_23"，并选中"public static void main(String[] args)"。单击"Finish"按钮，生成Java文件"TestJava 2_23.java"。

（2）TestJava 2_23.java文件的具体代码如下。

```
[1]    public class TestJava 2_23{
[2]        public static void main(String[] args) {
[3]            // TODO Auto-generated method stub
[4]            int a= – 8;
[5]            System.out.println(a>>2) ;//输出结果为-2
[6]        }
[7]    }
```

第 4 行代码声明变量的数据类型并赋值。

第 5 行代码将变量 a 右移两位，并输出变量的结果。

保存并运行，结果如图 2-29 所示。

在程序中，"a= – 8"的二进制表示为 1111111111111000。a>>2 的运算
过程如下：

1111111111111000>>2

1111111111111110（十进制 – 2 的二进制表示）（负数等于原数取反加 1）

所以输出结果为 – 2。

2.5.5　其他运算符

1．赋值运算符

赋值运算符用 "=" 表示，也就是数学算式中的等于号，作用是将右侧的常量、变量、
表达式赋值给左侧的操作数。在 Java 语言中可将赋值语句连着一起，进行一连串的赋值，例如：

x=y=z*7;

执行时，先从最右侧 "=" 开始，也就是先将 z*7 的值赋给变量 y，再将变量 y 的值赋给
变量 x。除此之外，为了提高编程效率，Java 语言中还提供了复合赋值运算符，如表 2-13 所示。

表 2-13　复合赋值运算符

运算符	含　义	表达式
+=	a+=b	a=a+b
– =	a – =b	a=a – b
*=	a*=b	a=a*b
/=	a/=b	a=a/b
%=	a%=b	a=a%b

【案例 2-24】演示输出赋值运算结果。

（1）在 "TestJava 2" 项目下创建 "TestJava 2_24.java"。选中 "TestJava 2" 项目中的 "src"，
单击鼠标右键，在弹出的菜单中执行 "New/Class" 命令，弹出 "New Java Class" 对话框，
在 "New Java Class" 对话框中的 "name" 处设置类名为 "TestJava 2_24"，并选中 "public static
void　main(String[] args)"。单击 "Finish" 按钮，生成 Java 文件 "TestJava 2_24.java"。

（2）TestJava 2_24.java 文件的具体代码如下。

```
[1]    public class TestJava 2_24{
[2]        public static void main(String[] args) {
[3]            // TODO Auto-generated method stub
[4]            int a=15;
[5]            int b=4;
[6]            System.out.println("执行 a+=b 后的 a 值为：  "+(a+=b));
```

```
[7]        System.out.println("执行 a-=b 后的 a 值为："+(a-=b));
[8]        System.out.println("执行 a*=b 后的 a 值为："+(a*=b));
[9]        System.out.println("执行 a/=b 后的 a 值为："+(a/=b));
[10]       System.out.println("执行 a%=b 后的 a 值为："+(a%=b));
[11]    }
[12]  }
```

第 4～5 行代码声明变量的数据类型并赋值。

第 6~10 行代码将变量 a 进行赋值运算，并输出变量的结果。

保存并运行，结果如图 2-30 所示。

```
执行 a+=b 后的 a 值为：19
执行 a-=b 后的 a 值为：15
执行 a*=b 后的 a 值为：60
执行 a/=b 后的 a 值为：15
执行 a%=b 后的 a 值为：3
```

图 2-30　程序代码运行结果

2. 三元运算符

三元运算符的语法结构为

逻辑表达式?表达式 1:表达式 2

三元运算符的运算规则：若逻辑表达式的值为 true，则三元运算的值为表达式 1 的值；若逻辑表达式的值为 false，则二元运算的值为表达式 2 的值。

【案例 2-25】演示输出三元运算结果。

（1）在"TestJava 2"项目下创建"TestJava 2_25.java"。选中"TestJava 2"项目中的"src"，单击鼠标右键，在弹出的菜单中执行"New/Class"命令，弹出"New Java Class"对话框，在"New Java Class"对话框中的"name"处设置类名为"TestJava 2_25"，并选中"public static void　main(String[] args)"。单击"Finish"按钮，生成 Java 文件"TestJava 2_25.java"。

（2）TestJava 2_25.java 文件的具体代码如下。

```
[1]   public class TestJava 2_25{
[2]      public static void main(String[] args) {
[3]         // TODO Auto-generated method stub
[4]         int x=15;
[5]         int y=49;
[6]         boolean z;
[7]         z=x>y?true:false;
[8]         System.out.println(z);
[9]      }
[10]  }
```

第 4~6 行代码声明变量的数据类型并赋值。

第 7~8 行代码进行三元运算，并输出变量的结果。

保存并运行，结果如图 2-31 所示。

false

图 2-31　程序代码运行结果

2.5.6　运算符优先级

在 Java 语言中，表达式是通过运算符连接起来的。在表达式中，执行过程中运算符有先后顺序，这是由运算符的优先级来决定。运算符的优先级由高到低的一般顺序：自增和自减运算>算术运算>关系运算>逻辑运算>赋值运算。

若两个运算符的优先级为同级，那么要先处理左边的表达式，运算符的优先级顺序如表 2-14 所示。

表 2-14　运算符的优先级顺序

优先级	运算符	Java 运算符
1	分隔符	. [] () {} , ;
2	单目运算符	++ −− ~ !
3	强制类型转换运算符	(type)
4	乘法/除法/求余	* / %
5	加法/减法	+ −
6	移位运算符	<< >> >>>
7	关系运算符	< <= >= > instanceof
8	等价运算符	== !=
9	按位与	&
10	按位异或	^
11	按位或	
12	条件与	&&
13	条件或	||
14	三元运算符	?:
15	赋值	= += −= *= /= &= = ^= %= <<= >>= >>>=

2.6　条件选择语句

条件选择语句是通过判断不同的条件，根据条件值来选择不同的执行语句。在 Java 程序中利用条件选择语句，程序员可根据需要选择指定的语句执行，从而有效控制程序流程。条件选择语句主要包括 if 语句和 switch 语句，本节将对这两种语句进行详细介绍。

2.6.1　if 语句

if 语句是通过判断关键字 if 后的条件表达式值，来选择执行语句，从而告知程序，在哪个条件成立的情况下执行哪条语句。if 语句主要分为简单的 if 语句、if-else 语句、if-else-if 语句。

1. 简单的 if 语句

简单的 if 语句是一种最常用的判断语句，其语法格式如下：

```
if（条件表达式）{
一条或多条语句//条件成立后执行

}
```

语法格式中的条件表达式为布尔表达式，其返回值必须是布尔类型。若条件表达式的值为 true（真），则执行 "{}" 内的一条或多条语句；若条件表达式的值为 false（假），则跳过 if 语句，执行 if 语句后的代码。在简单的 if 语句中，如果 "{}" 内只有一个语句，则 "{}" 可省略，但为了程序的可读性，最好不要省略。

【案例 2-26】演示输出 if 语句结果。

（1）在 "TestJava 2" 项目下创建 "TestJava 2_26.java"。选中 "TestJava 2" 项目中的 "src"，单击鼠标右键，在弹出的菜单中执行 "New/Class" 命令，弹出 "New Java Class" 对话框，在 "New Java Class" 对话框中的 "name" 处设置类名为 "TestJava 2_26"，并选中 "public static void main(String[] args)"。单击 "Finish" 按钮，生成 Java 文件 "TestJava 2_26.java"。

（2）TestJava 2_26.java 文件的具体代码如下。

```
[1]    public class TestJava 2_26{
[2]        public static void main(String[] args) {
[3]            // TODO Auto-generated method stub
[4]            int a =76; //声明一个 int 型变量 a
[5]            int b =25; //声明一个 int 型变量 b
[6]            if((a < b)){ //进行判断
[7]            System.out.println("a 小于 b"); //执行语句

[8]                }

[9]            if((a > b)){
[10]            System.out.println("a 大于 b"); //执行语句

[11]                }

[12]        }

[13]    }
```

第 4~5 行代码声明变量的数据类型并赋值。

第 6~11 行代码进行 if 语句判断，并输出结果。

保存并运行，结果如图 2-32 所示。

a 大于 b

图 2-32　程序代码运行结果

2. if-else 语句

在简单的 if 语句中，只有在条件表达式成立时才执行语句，而当条件表达式不成立时，会跳出 if 语句，语句具有一定的局限性。当要求条件表达式不成立时也有执行语句时，此时就不能用简单的 if 语句，可以选择使用 if-else 语句。if-else 语句是在简单的 if 语句基础上加了一条 else 语句，又被称为双分支选择结构，其语法格式如下：

```
if（条件表达式）{
语句块 1
}else{
语句块 2

}
```

同样，语法格式中的条件表达式为布尔表达式，其返回值必须是布尔类型。若条件表达式的值为 true（真，则执行语句块 1，否则执行语句块 2。

【案例 2-27】演示输出 if-else 语句结果。

（1）在"TestJava 2"项目下创建"TestJava 2_27.java"。选中"TestJava 2"项目中的"src"，单击鼠标右键，在弹出的菜单中执行"New/Class"命令，弹出"New Java Class"对话框，在"New Java Class"对话框中的"name"处设置类名为"TestJava 2_27"，并选中"public static void　main(String[] args)"。单击"Finish"按钮，生成 Java 文件"TestJava 2_27.java"。

（2）TestJava 2_27.java 文件的具体代码如下。

```
[1]    public class TestJava 2_27{
[2]        public static void main(String[] args) {
[3]            // TODO Auto-generated method stub
[4]            int a =76; //声明一个 int 型变量 a
[5]            int b =25; //声明一个 int 型变量 b
[6]            if((a < b)){ //进行判断
[7]                System.out.println("a 小于 b"); //执行语句
[8]            }else {
[9]                System.out.println("a 大于 b"); //执行语句
[10]           }
[11]       }
[12]   }
```

第 4～5 行代码声明变量的数据类型并赋值。

第 6～10 行代码进行 if-else 语句判断，并输出结果。

保存并运行，结果如图 2-32 所示。

3. if-else-if 语句

if-else-if 语句是针对某一事件进行多个条件判断的处理语句，又被称为多分支选择语句，是在 else 的后面加了一个 if，语法格式如下：

```
if（条件表达式 1){
语句块 1
}else if（条件表达式 2){
语句块 2
}
...
else if（条件表达式 n) {
语句块 n

}
//对其他条件进行判断
else{
语句块 n+1

}
```

同样，语法格式中的条件表达式为布尔表达式，其返回值必须是布尔类型。在 if-else-if 语句中，依次判断条件表达式的值，若条件表达式 1 的值为 true（真），则执行语句块 1；若条件表达式 2 的值为 true（真），则执行语句块 2。以此类推，哪个条件表达的值为 true（真），就执行那条"{}"中的语句块。若以上条件表达式都不成立，则执行 else 中的"语句块 n+1"。

【案例 2-28】演示输出 if-else-if 语句结果。

（1）在"TestJava 2"项目下创建"TestJava 2_28.java"。选中"TestJava 2"项目中的"src"，单击鼠标右键，在弹出的菜单中执行"New/Class"命令，弹出"New Java Class"对话框，在"New Java Class"对话框中的"name"处设置类名为"TestJava 2_28"，并选中"public static void main(String[] args)"。单击"Finish"按钮，生成 Java 文件"TestJava 2_28.java"。

（2）TestJava 2_28.java 文件的具体代码如下。

```
[1]   public class TestJava 2_28{
[2]       public static void main(String[] args) {
[3]           // TODO Auto-generated method stub
[4]           int score=86;//声明成绩变量并赋值
[5]           if(score>=90){ //对变量进行判断
[6]               System.out.println("成绩为：优");//执行语句
[7]           } else if(score>=80){ //对变量进行判断
[8]               System.out.println("成绩为：良");//执行话句
[9]           }else if(score>=70){ //对变量进行判断
[10]              System.out.println("成绩为：中");//执行话句
[11]          }else if(score>=60){ //对变量进行判断
[12]              System.out.println("成绩为：及格"); //执行语句
[13]          }else{ //判断都不成立
[14]              System.out.println("成绩为：不及格"); //执行语句
[15]          }
[16]      }
[17]  }
```

第 4 行代码声明变量的数据类型并赋值。

第 5~15 行代码进行 if-else-if 语句判断，并输出结果。

保存并运行，当程序运行到"score>=80"时，执行"System.out.println("成绩为：良");"语句，输出结果如图 2-33 所示。

成绩为：良

图 2-33　程序代码运行结果

2.6.2　switch 语句

在 Java 语言中，当需要对多个条件进行判断并执行对应语句时，用 if 语句来实现，程序会显得比较冗重，而用 switch 语句来实现会更加直观。switch 语句是一种多分支语句，其语法格式如下：

switch（表达式){

case 数值 1:语句块 1;

```
                    [break;]
case 数值 2:语句块 2;
                    [break;]
case 数值 3:语句块 3;
                    [break;]
        ...
default:语句块 n;
                    [break;]
    }
```

语法格式中表达式的结果类型为 byte、short、int、char 类型。执行 switch 语句时，若表达式的值与 case 后的某个数值相等时，则执行这条 case 语句后的若干语句块，直到遇到 break 语句为止；若 case 后面的数值没有与表达式相对应的值，则执行 default 中的语句块 n。需要注意的是如果 case 语句中没有 break 语句，则将执行其后的每一条语句，直到遇到 break 为止。default 语句的末尾可以放置一个 break，也可以省略，此处的 break 没有实际用处。

【案例 2-29】演示输出 switch 语句结果。

（1）在"TestJava 2"项目下创建"TestJava 2_29.java"。选中"TestJava 2"项目中的"src"，单击鼠标右键，在弹出的菜单中执行"New/Class"命令，弹出"New Java Class"对话框，在"New Java Class"对话框中的"name"处设置类名为"TestJava 2_29"，并选中"public static void main(String[] args)"。单击"Finish"按钮，生成 Java 文件"TestJava 2_29.java"。

（2）TestJava 2_29.java 文件的具体代码如下。

```
[1]    public class TestJava 2_29{
[2]        public static void main(String[] args) {
[3]            // TODO Auto-generated method stub
[4]            int month=3;
[5]            switch(month) {
[6]            case1:System.out.println("当前月份是：January");
[7]                    break;
[8]            case2:System.out.println("当前月份是：February");
[9]                    break;
[10]           case3:System.out.println("当前月份是：March");
[11]                   break;
[12]           case4:System.out.println("当前月份是：April");
[13]                   break;
[14]           case5:System.out.println("当前月份是：May");
[15]                   break;
[16]           default:System.out.println("抱歉，我不知道！");
[17]           }
[18]       }
[19]   }
```

第 4 行代码声明变量的数据类型并赋值。

第 5~17 行代码进行 switch 语句判断，并输出结果。

保存并运行，输出结果如图 2-34 所示。

当前月份是：March

图 2-34　程序代码运行结果

switch 语句与 if 语句类似，都是多分支语句，但两者是有区别的，switch 语句中表达式的值只能是整型或字符型，并且 switch 语句只能进行等值判断，但这些对于 if 语句没有过多的限制。switch 语句中要注意 break 的使用，最好在每条 case 语句中都加上 break。一般，若超过 3 个条件分支，就考虑使用 switch 语句。

2.7　循环语句

循环语句是在满足条件表达式的情况下，执行循环程序的语句，反复执行相同或类似的操作，可简化程序。Java 语言中主要有三种循环语句，分别为 while、do-while、for，下面将对其进行详细介绍。

2.7.1　while 语句

在 Java 语言中，当循环次数不确定时，程序员可使用 while 语句来进行循环。while 语句也被称为条件判断语句，它在执行时有一个特点，就是先要对条件表达式进行判断，然后再执行，其语法格式如下：

```
while（条件表达式){
执行语句
}
```

语法格式中的 while 为关键字，条件表达式为布尔表达式，若返回值为 true（真），则执行"{}"内的执行语句，直到条件表达式的值为 false（假）时，才跳出循环。

【案例 2-30】演示输出 while 语句结果。

（1）在"TestJava 2"项目下创建"TestJava 2_30.java"。选中"TestJava 2"项目中的"src"，单击鼠标右键，在弹出的菜单中执行"New/Class"命令，弹出"New Java Class"对话框，在"New Java Class"对话框中的"name"处设置类名为"TestJava 2_30"，并选中"public static void　main(String[] args)"。单击"Finish"按钮，生成 Java 文件"TestJava 2_30.java"。

（2）TestJava 2_30.java 文件的具体代码如下。

```
[1]    public class TestJava 2_30{
[2]        public static void main(String[] args) {
[3]            // TODO Auto-generated method stub
[4]            int i=1;//定义循环变量 i，并初始化
[5]            int sum=0;
[6]            while(i<=20){
[7]                sum=sum+i;
```

```
[8]                i++;
[9]            }
[10]           System.out.println("sum="+sum);
[11]           System.out.println("i="+i);
[12]       }
[13]   }
```

第 4~5 行代码声明变量的数据类型并赋值。

第 6~11 行代码执行 while 语句，并输出结果。

保存并运行，输出结果如图 2-35 所示。

```
sum=210
i=21
```

图 2-35 程序代码运行结果

程序中 i 为一个定义的循环变量，初始化为 1。while 后的条件表达式 "i<=20" 是循环条件，只有当 i 小于等于 20 时，执行 "{}" 内语句，否则跳出循环。i++改变循环变量 i 的值，每执行一次循环，i 自加 1，当 i=21 时，条件表达式不成立，跳出循环。在 while 语句中，若没有改变循环变量的语句，则程序会进入 "死循环"，一直执行下去也不会跳出循环。因此一定要在循环语句中加入改变循环变量的语句，避免出现 "死循环"。

2.7.2 do-while 语句

do-while 语句与 while 语句类似，但它们是有区别的，不论 do-while 语句中的条件表达式是否成立，循环语句都会先执行一次，这也是 do-while 语句的特点：先执行后判断，其语法格式如下：

```
do{
执行语句
}while（条件表达式）;
```

语法格式中的 do 和 while 为关键字，不论条件表达式是否成立，都先执行 do 后面 "{}" 中的执行语句，然后再对 while 后面的条件表达式进行判断。条件表达式为布尔表达式，若返回值为 true（真），则再次执行 do 后面 "{}" 中的执行语句；若返回值为 false（假），则结束循环。do-while 语句中还有一点需要注意：while（条件表达式）后有 ";"。

【案例 2-31】演示输出 do-while 语句结果。

（1）在 "TestJava 2" 项目下创建 "TestJava 2_31.java"。选中 "TestJava 2" 项目中的 "src"，单击鼠标右键，在弹出的菜单中执行 "New/Class" 命令，弹出 "New Java Class" 对话框，在 "New Java Class" 对话框中的 "name" 处设置类名为 "TestJava 2_31"，并选中 "public static void main(String[] args)"。单击 "Finish" 按钮，生成 Java 文件 "TestJava 2_31.java"。

（2）TestJava 2_31.java 文件的具体代码如下。

```
[1]   public class TestJava 2_31{
[2]      public static void main(String[] args) {
[3]          // TODO Auto-generated method stub
[4]          int sum=0;
[5]          int i=1;
```

```
[6]              do {
[7]                  sum=sum+i;
[8]                  i=i+1;
[9]              }while(i<=50);
[10]             System.out.println("1 加到 50 的值为: "+sum);
[11]         }
[12]     }
```

第 4~5 行代码声明变量的数据类型并赋值。

第 6~10 行代码执行 do-while 语句，并输出结果。

保存并运行，输出结果如图 2-36 所示。

1 加到 50 的值为：1275

图 2-36　程序代码运行

2.7.3　for 语句

在 Java 语言中，已知循环次数时，程序员可使用 for 语句进行循环，其语法格式如下：

```
for（初始化表达式；条件表达式；迭代语句){
循环体语句
}
```

语法格式中 for 为关键字，初始化表达式用于对某一变量进行初始化；条件表达式是一个布尔表达式，用于指定循环条件；迭代语句用于改变循环变量的值，从而改变循环条件。for 语句执行时，首先执行初始化表达式，给某一变量初始化；然后判断条件表达式的值，若为 true（真），则执行循环体语句，若为 false（假），则结束循环；接着执行迭代语句，一般为自增或自减等运算，用于增加或减少循环变量。

【案例 2-32】演示输出 for 语句结果。

（1）在"TestJava 2"项目下创建"TestJava 2_32.java"。选中"TestJava 2"项目中的"src"，单击鼠标右键，在弹出的菜单中执行"New/Class"命令，弹出"New Java Class"对话框，在"New Java Class"对话框中的"name"处设置类名为"TestJava 2_32"，并选中"public static void main(String[] args)"。单击"Finish"按钮，生成 Java 文件"TestJava 2_32.java"。

（2）TestJava 2_32.java 文件的具体代码如下。

```
[1]   public class TestJava 2_32{
[2]       public static void main(String[] args) {
[3]           // TODO Auto-generated method stub
[4]           int x=1;
[5]           for(int i=0;i<=10;i++) {
[6]               x=x+i;
[7]           }
[8]           System.out.println("x 输出值为: "+x);
[9]       }
[10]  }
```

第 4 行代码声明变量的数据类型并赋值。

第 5~8 行代码执行 for 语句，并输出结果。

保存并运行，输出结果如图 2-37 所示。

x 输出值为：56

图 2-37　程序代码运行结果

在程序中先对循环变量 i 赋初值 0；然后判断条件表达式 i<=10 的值，若为 true，则执行"x=x+i;"，若为 false，就结束循环；接着执行"i++"，循环变量自加 1，更新循环变量。当 i=11 时，条件表达式不成立，此时结束循环。

2.7.4　跳转语句

在 Java 语言程序中，为了能够更好地控制循环语句中的流程跳转，需要用到跳转语句。跳转语句主要包括 break、continue 和 return。

1. break 语句

break 语句在前面介绍的 switch 语句中接触过，其作用是跳出本层循环，继续执行后面的语句。同样，在循环语句中，break 语句的作用也是停止当前的循环，并继续执行循环后面的语句。

根据使用的不同，break 语句分为无标号退出循环和有标号退出循环。

无标号退出循环的功能是直接退出循环，在循环语句中，当遇到 break 就退出当前循环，继续执行循环后的语句，无标号退出循环 break 语句的语法格式如下：

```
break;
```

【案例 2-33】演示输出 break 语句（无标号退出循环）结果。

（1）在"TestJava 2"项目下创建"TestJava 2_33.java"。选中"TestJava 2"项目中的"src"，单击鼠标右键，在弹出的菜单中执行"New/Class"命令，弹出"New Java Class"对话框，在"New Java Class"对话框中的"name"处设置类名为"TestJava 2_33"，并选中"public static void main(String[] args)"。单击"Finish"按钮，生成 Java 文件"TestJava 2_33.java"。

（2）TestJava 2_33.java 文件的具体代码如下。

```
[1]    public class TestJava 2_33{
[2]        public static void main(String[] args) {
[3]            // TODO Auto-generated method stub
[4]            for(int i=0;i<10;i++) {
[5]                if(i==5) {
[6]                    break;
[7]                }
[8]                System.out.println("i="+i);
[9]            }
[10]       }
[11]   }
```

第 4 ~ 9 行代码执行 break 语句（无标号退出循环），并输出结果。

保存并运行，输出结果如图 2-38 所示。

在程序中当"i==5"时，执行 if 语句"{}"中的 break 语句，终止循环。

有标号退出循环用在嵌套语句中，要在循环语句前加一个标号，使用 break 语句时，采用 break 后加循环标号的形式，退出这个标号所在的循环，有标号退出循环 break 语句的语法格式如下：

```
i=0
i=1
i=2
i=3
i=4
```

图 2-38　程序代码运行结果

```
break 标号；
```

【案例 2-34】演示输出 break 语句（有标号退出循环）结果

（1）在"TestJava 2"项目下创建"TestJava 2_34.java"。选中"TestJava 2"项目中的"src"，单击鼠标右键，在弹出的菜单中执行"New/Class"命令，弹出"New Java Class"对话框，在"New Java Class"对话框中的"name"处设置类名为"TestJava 2_34"，并选中"public static void main(String[] args)"。单击"Finish"按钮，生成 Java 文件"TestJava 2_34.java"。

（2）TestJava 2_34.java 文件的具体代码如下。

```
[1]    public class TestJava 2_34{
[2]        public static void main(String[] args) {
[3]            // TODO Auto-generated method stub
[4]            out:for(int i=0;i<10;i++) {
[5]                System.out.println("i="+i);
[6]                for(int j=0;j<10;j++) {
[7]                    if(j==5) {
[8]                        break out;
[9]                    }
[10]                   System.out.println("j="+j);
[11]               }
[12]           }
[13]       }
[14]   }
```

第 4 ~ 12 行代码执行 break 语句（有标号退出循环），并输出结果。

保存并运行，输出结果如图 2-39 所示。

程序中"out"为外层 for 循环语句的标号，在外层 for 循环语句中定义了 int 型变量 i，并赋初值为 0；条件表达式为"i<10"，表明只要 i<10，就执行外层 for 循环中的语句，否则跳出循环；每执行一次循环，变量 i 都自加 1。在内层 for 循环中定义了 int 型变量 j，并赋初值为 0；条件表达式为"j<10"，表明只要 j<10，就执行内层 for 循环中的语句，否则跳出循环；每执行一次循环，变量 j 都自加 1。在 if 条件语句中设置了条件表达式为"j==5"，表明当 j=5 时执行"break out;"

```
i=0
j=0
j=1
j=2
j=3
j=4
```

图 2-39　程序代码运行结果

语句，其功能就是退出外层 for 循环语句。

2. continue 语句

continue 语句和 break 语句都是跳出循环，但两者不同，break 语句是跳出一个循环，并不再判断这个循环的条件是否成立；而 continue 语句是跳过本次循环，然后判断这个循环的条件是否成立，接着执行这个循环的下一次循环语句。continue 语句的语法格式如下：

```
continue;
```

【案例 2-35】演示输出 continue 语句结果。

（1）在"TestJava 2"项目下创建"TestJava 2_35.java"。选中"TestJava 2"项目中的"src"，单击鼠标右键，在弹出的菜单中执行"New/Class"命令，弹出"New Java Class"对话框，在"New Java Class"对话框中的"name"处设置类名为"TestJava 2_35"，并选中"public static void main(String[] args)"。单击"Finish"按钮，生成 Java 文件"TestJava 2_35.java"。

（2）TestJava 2_35.java 文件的具体代码如下。

```
[1]    public class TestJava 2_35{
[2]        public static void main(String[] args) {
[3]            // TODO Auto-generated method stub
[4]            int i;//定义循环变量 i
[5]            for(i=1;i<5;i++){//循环语句，初始化 i 的值为 1；当 i<5 时，循环继续
[6]                if(i==2) continue;//当 i=2 时 continue 跳过本次循环
[7]                System.out.println(i);
[8]            }
[9]        }
[10]    }
```

第 5~8 行代码执行 continue 语句，并输出结果。

保存并运行，输出结果如图 2-40 所示。

在程序中，当 i=2 时，continue 语句跳过本次循环，继续执行后面循环，所以结果中没有 i=2。

```
i=1
i=3
i=4
```

图 2-40 程序代码运行结果

3. return 语句

return 语句是终止程序当前所在的方法，并且可以返回方法的值，这个值可以是变量值，也可以是表达式结果，但需要注意的是返回值的数据类型要和声明的数据类型一致。return 语句的语法格式如下：

```
return 变量或表达式;
```

【案例 2-36】演示输出 return 语句结果。

（1）在"TestJava 2"项目下创建"TestJava 2_36.java"。选中"TestJava 2"项目中的"src"，单击鼠标右键，在弹出的菜单中执行"New/Class"命令，弹出"New Java Class"对话框，在"New Java Class"对话框中的"name"处设置类名为"TestJava 2_36"，并选中"public static void main(String[] args)"。单击"Finish"按钮，生成 Java 文件"TestJava 2_36.java"。

（2）TestJava 2_36.java 文件的具体代码如下。

```
[1]     public class TestJava 2_36{
[2]         public static void main(String[] args) {
[3]             // TODO Auto-generated method stub
[4]             int total;
[5]             total=sum(5);
[6]             System.out.println("1 到 5 的和 total="+total);
[7]         }
[8]         static int sum(int n) {
[9]             int sum=0;
[10]            for(int i=1;i<=n;i++) {
[11]                sum=sum+i;
[12]            }
[13]            return sum;
[14]        }
[15]    }
```

第 4~5 行代码声明变量并调用 sum 方法。

第 8~14 行代码定义 sum 方法并执行 return 语句。

保存并运行，输出结果如图 2-41 所示。

1 到 5 的和 total=15

图 2-41　程序代码运行结果

程序中定义了一个"sum(int n)"有参方法，其中 n 为 int 型参数。主程序中对这个方法进行了调用"total=sum(5);"，并给出了参数值 n=5。sum 方法通过"return sum;"返回 sum 值给主程序中的 total。

思考与练习

（1）在使用标识符进行命名时需注意哪几点？

（2）使用标识符进行命名的具体规则是什么？

（3）按关键字用途的不同，关键字分为哪 4 组？

（4）说明 3 种添加注释的方法。

（5）编码的规则有哪些？

（6）说明常量和变量的概念及声明的语法格式。

（7）说明变量的命名规则。

（8）根据使用范围的不同，变量分为哪几种？说明它们的使用范围。

（9）根据内存大小的不同，整数分为哪四种类型？说明它们的关键字、占用空间、取值范围。

（10）浮点主要包括哪两种类型？说明它们的关键字、占用空间、取值范围。

（11）说明字符类型的关键字、占用空间、取值范围。

（12）Java 中常用的转义字符有哪些？

第 2 章思考与
练习答案

（13）布尔类型的值只能取哪两个？

（14）说明自动类型转换规则。

（15）说明强制转换的语法格式。

（16）说明 "++" 和 " -- " 的含义。

（17）说明 "&&" 和 " ‖ " 的含义。

（18）if 语句主要分为哪 3 种？分别用在什么情况？

（19）switch 语句和 if 语句的区别是什么？

（20）循环语句主要有哪 3 种？分别用在什么情况？

（21）跳转语句主要包括哪 3 种？分别用在什么情况？

（22）编程设计圆的面积和周长。

（23）编程实现 float 类型到 int 类型、char 类型到 int 类型的转换。

（24）用布尔类型编程实现两个数的比较输出。

（25）用 if-else 语句编程实现：若成绩<60 分输出 "成绩不及格！"；否则输出 "成绩及格了！"

（26）用 switch 语句编程实现：若表达式值为 1 输出 "星期一"；若表达式值为 2 输出 "星期二"；若表达式值为 3 输出 "星期三"；若表达式值为 4 输出 "星期四"；若表达式值为 5 输出 "星期五"；若表达式值为 6 输出 "星期六"；若表达式值为 7 输出 "星期日"；否则输出 "输入数据不在范围内！"。

（27）用 for 语句编程实现 1 到 100 之间所有奇数之和。

第 3 章　类与对象

第 3 章 PPT

【教学目的与要求】

（1）了解类和对象的相关概念；
（2）掌握类的声明；
（3）掌握类的属性和方法；
（4）掌握权限修饰符 public、private、protected；
（5）掌握抽象类和抽象方法；
（6）掌握对象的创建和使用。

【思维导图】

　　类与对象是 Java 程序的核心，必须在 Java 语言的学习中掌握，这样有利于对面向对象开发模式理念的理解，更好地掌握 Java 编程思想和编程方式，便于程序的划分。本章内容如图 3-1 所示，将对类和对象进行详细介绍。

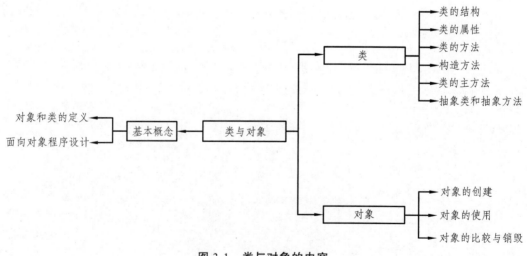

图 3-1　类与对象的内容

3.1　基本概念

Java 是一门面向对象的程序设计语言，其核心是类与对象。由于面向对象程序设计具有更好的可重用性、可扩展性、可维护性，弥补了结构化编程语言的不足，已成为当今主流程序，它通常具有封装、继承、多态 3 种特性。对象是对现实世界实体的模拟，可认为是把属性和方法封装在一起的实体，而将具有相同属性和方法的对象的抽象就是类，也就是对象的抽象是类，类的具体化是对象。

3.1.1　对象和类的定义

1. 对　象

现实生活中"万物皆对象"，所有的事物都可视为对象，对象是对事物实体的描述。描述事物通常用到两种方式，一种是内部状态描述，一种是外部行为描述。其中内部状态描述的是事物具有的静态特征，也称为"属性"，如一辆汽车，它的颜色、大小、车型等；外部行为描述的是事物具有的行为特征或功能实现部分，也称为"方法"，如汽车可以开动、加速、转向、停止等。

若要用程序设计语言来描述对象，对象需要进行抽象化，使用程序代码描述对象的属性、方法、事件。其中属性是描述对象的静态外观，也就是对对象的静态特征进行描述；方法是指对象中的响应方式，对象的行为模式和功能实现；事件是指对象对于外部事件做出的响应。在软件开发过程中，方法可以改变对象内部的状态，还可以进行对象间的相互调用。

2. 类

类是同一事物的总称，前面将现实生活中的单一事物抽象为了对象，类就是这种同类对象的统称，如鸟类、鱼类、人类等。类为构造对象提供了依据，如一辆车有车轮并且可以行驶，基本上所有的车辆都有车轮这个特征以及行驶这个行为功能，具有相同特征和行为的这样一类事物就统称为类，此例可将具有相同特征和行为的对象车统称为车辆类。

通过以上的介绍可知类与对象之间的关系，对象是类的实例，类是对象的抽象。面对实际问题可通过实例化类对象进行解决。如解决车辆行驶的问题，只能指定一辆车作为对象来进行处理。

类是具有相同属性和行为模式的一类实体，将对象的属性和行为进行了封装，如车辆类封装了所有车的共同属性和行为。类定义完成后，可从中抽取出一个实体对象，通过这个实体对象来处理相关问题。

在 Java 语言中，对象的属性是以成员变量的形式定义的，成员的行为是以方法的形式定义的，类包括对象的属性和方法。

3.1.2　面向对象程序设计

面向对象程序设计具有可重用性、可扩展性、可管理性 3 个优点。其中可重用性是面向对象程序设计的核心，类中封装了属性和方法，可作为一个独立实体，其代码可以重复使用，面向对象程序设计的4大特点都围绕着这个核心。可扩展性便于程序的修改，如某个类具有某种功能，若想扩充功能，不用重新写程序，只要在此类的基础上进行功能扩充即可，从而减少多余代码、扩展代码功能、提高编程效率。可管理性是指将功能与数据结合，便于管理。

面向对象程序设计具有抽象、继承、封装、多态4大特点。

1. 抽 象

抽象指的是概括出同一类事物的共同特点的过程，在面向对象程序设计中，抽象是只对数据和程序进行定义的过程，不显示实现的细节，通过类实现对象状态和行为的抽象。

2. 继 承

继承指的是两种或两种以上类之间的关系，是子类自动继承父类的数据结构和方法的机制。在Java中定义或实现类时，可以在已存在的父类基础上进行定义或实现，可直接使用此父类中已定义的内容，并可在此基础上添加新的内容。

继承通常使用对象之间的共同属性，如矩形和平行四边形具有共同的属性，都是对边平行且相等，矩形可以被看作是平行四边形的延伸，矩形继承了平行四边形所有的属性和行为，同时添加了矩形独有的属性和行为，如有一个角为直角。

处于继承体系中的类，它既可以是父类，为其他类提供属性和方法，也可以是子类，继承父类的属性和方法。

3. 封 装

封装是将对象的属性和行为封装在类中，类作为其载体，编程时只需通过类给出的信息进行操作即可，而不需了解对象的具体行为操作、运行、实现等细节。

封装将代码及其处理的数据绑定在了一起，保证了类内部数据结构的完整性，这种机制使程序和数据得到了保护，避免了外部操作对内部数据的影响，保护了信息，提高了程序的可维护性。

4. 多 态

多态指的是将父类对象应用于子类特征，也就是子类继承父类中定义的属性和方法后，可以具有不同的数据类型或表现行为，使得同一个属性或方法在父类及子类中具有不同的含义。

多态性允许使用统一的编写风格，是通过父类来实现的，根据父类的统一风格来进行处理，实例化子类的对象，后期只需维护或调整父类方法即可，降低了维护的难度，节省了时间。

多态主要依赖于抽象类和接口。其中通常将父类定义为抽象类，不能实例化对象，在抽象类中只给出方法的标准，而不给出实现的具体流程，并且这个方法也是抽象的，如图形类可代表所有的图形，因此作为父类可被定义为一个抽象类，里面有一个绘制图形的方法，因为只提供了绘制图形的标准，而没有提供具体的实现流程，所以此方法为抽象方法。接口指的是由抽象方法组成的集合，如定义一个接口，接口中的抽象方法为绘制图形，当使用图形类实现这个接口时，实现绘制图形抽象方法，根据具体要求继承图形类并重写绘制图形方法。

3.2　类

通过前面的介绍，可知类是封装对象属性和方法的载体，对象的属性以成员变量的形式存在，对象的方法以成员方法的形式存在。

3.2.1　类的结构

Java 语言中构成程序的基本要素是类，程序是由类组成的，类的结构主要由类的声明和类的主体两个部分组成。

程序中定义类时涉及相关部分内容的命名规则如下。

（1）类和接口命名：名称的第一个单词的首字母要大写，若名称由两个或多个单词组成时，每个单词的首字母都要大写，如 Teacher、TeacherName。

（2）成员变量与成员方法命名：名称的第一个单词的首字母小写，若名称由两个或多个单词组成时，第一个单词的首字母小写，后面每个单词的首字母要大写，其余都小写，如 setName。

（3）程序包命名：名称的所有单词全部小写，如：java.io、java.lang.math。

（4）常数命名：名称的所有单词全部大写，若名称由两个或多个单词组成时，要用下划线 "_" 将单词连接起来，如 PI、MIN_VALUE。

1. 类的声明

类的声明基本形式是由关键字 class、类的名称、"{}" 中的内容组成的，语法格式如下：

```
class 类的名称{
//属性、构造器和方法声明
}
```

其中，class 为关键字，类的名称第一个单词的首字母要大写，用来标识一个类，"{}" 中主要对属性、构造器、方法进行声明，例如：

```
class Bird{
//属性、构造器和方法声明
}
```

类声明中，可通过在关键字 class 前面加类修饰符的形式来实现对类访问的控制，具体语法格式如下：

```
[类修饰符] class 类的名称{
//属性、构造器和方法声明
}
```

上面语法格式中的类修饰符为可选项，可以为 public、private、protected、abstract 和 final 等，用于表示其他类是否可以访问本类，并且限制能够访问哪些内容，其中用修饰符 public 声明的类可以被 Java 的所有软件包使用。例如：

```
public class Birds{
//属性、构造器和方法声明
```

}

若声明的类继承了父类，则可在上述基本形式类声明的语法格式上，指明类的父类名称，也就是指明本类继承于哪个父类的名称，此时可在类的名称后面加上关键字 extends 和父类名称来实现，具体语法格式如下：

[类修饰符] class 类的名称[extends 父类名称]{

//属性、构造器和方法声明

}

若声明的类要实现接口，则在上面语法格式的基础上，指明类实现接口的名称，可在类的名称后面加上关键字 implements 和接口名称来实现，若继承了父类，则实现接口要写在继承父类的后面，具体语法格式如下：

[类修饰符] class 类的名称[extends 父类名称][implements 接口名称]{

//属性、构造器和方法声明

}

类声明中涉及主要部分具体说明如下：

（1）修饰符。

用于限定类的存取权限，对类中的属性和方法进行保护，可以是 public、abstract、default、protected 等。

（2）类名。

即类的名称，通常首字母要大写，类的名称最好具有一定的含义，一般用符合所声明类的作用进行命名。

（3）父类（超类）名。

即父类名称或超类名称，由关键字 extends 加父类名称或超类名称组成，表明此类继承于哪个父类或超类，一个类只能继承一个父类或超类。父类（超类）名同样要符合 Java 的命名规则，通常首字母大写。

（4）被此类实现的接口列表。

即此类实现的接口名称，由关键字 implements 加实现接口列表组成，表示此类实现哪些接口，当实现多个接口时，可使用"，"将接口名称分隔开，一个类可以实现多个接口。

2. 类的主体

类的主体指的是"{}"中的内容，包括构造器、属性声明、方法声明，其中构造器用于初始化对象，属性声明用于表示类及其对象的状态，方法声明用于实现类及其对象的行为。

3.2.2 类的属性

类的成员变量也就是类的属性，给出了成员的相关信息。由于变量在程序中所处的位置不同，相应的它们的作用也不同，因此根据变量在程序中的不同位置，将变量分为多种类型：字段、局部变量、参数等，下面对变量的这些类型进行说明。

（1）字段。

指的是程序中处于一个类中的成员变量。

（2）局部变量。

指的是程序中处于一个方法中或代码块中的变量。

（3）参数。

指的是程序中处于一个方法声明中的变量。

此处主要对类的属性进行说明，也就是对类中的成员变量——字段进行说明，字段的声明由修饰符、数据类型、变量名称、初始值 4 部分组成，具体语法格式如下：

[修饰符]数据类型　变量名称[=初始值];

例如：

public String name; //代表姓名

public int age; //代表年龄

public String hobby; //代表爱好

上例用代码定义了 3 个字段，分别声明了 Person 类中的 3 个属性：姓名、年龄、爱好。其中 Person 类的 3 个字段分别被命名为：name、age、hobby。关键字 public 用于限定权限，说明这些字段是公共成员，可以被访问此类的任何对象访问。

1. 权限修饰符

Java 语言中常用的权限修饰符有 public、private、protected，主要用于对类、类的成员变量、类的方法进行访问控制。其中若用权限修饰符 public 修饰一个类的成员变量或方法时，这个成员变量或方法可在本类、子类、其他包的类中被使用。若用权限修饰符 private 修饰一个类的成员变量或方法时，这个成员变量或方法只可在本类中被使用，而在子类、其他包的类中不可被使用。若用权限修饰符 protected 修饰一个类的成员变量或方法时，这个成员变量或方法只可在本包中的子类或其他类被使用，而在其他包中的类或子类中不可被使用。表 3-1 给出了 Java 语言中常用的权限修饰符说明。

表 3-1　常用的权限修饰符说明

访问包位置	修饰符		
	public	private	protected
本类	可被使用	可被使用	可被使用
本包子类或其他类	可被使用	不可被使用	可被使用
其他包的类或子类	可被使用	不可被使用	不可被使用

public 修饰公有成员如下：

```
public class Worker {
    public String name;//姓名
    public int num;//编号
    public double wages;//工资
    public void say(){
        System.out.println(num+name+"的工资是： "+wages);
    }
}
```

上例定义了 3 个公有变量,分别为 Worker 类的 name、num、wages,有一个公有方法 say(),用于显示哪一个编号工人的工资信息。

private 修饰私有成员如下:

```
private class Rec{
    private int len;//长
    private int wid;//宽
    public void setLen(int len1,int wid1){
        len=len1;
        wid=wid1;
    }
}
```

上例定义了两个私有成员变量,分别为 Rec 类的 len、wid,有一个公有方法 setLen(int len1,int wid1),用于设置长和宽的值。

protected 修饰保护成员如下:

```
public class Line{
    protected int linelength;
}
```

上例定义了一个保护成员变量 linelength。

2. 其他修饰符

在 Java 语言中,除了上述 3 种权限修饰符外,还有其他修饰符,其具体说明如下:

(1)默认修饰符。

若在声明类时,未设置权限修饰符,则此类使用默认修饰符,类中的成员变量和方法只能被本类或本包中的类使用。

(2)static。

static 修饰的成员变量为静态变量,而 static 修饰的方法为静态方法,这个静态变量可以被本类中创建的对象使用。

(3)final。

final 修饰的成员变量为常量,因为这个成员变量为常量,所以其值不能更改。

(4)transient。

transient 只能修饰非静态的变量。

(5)volatile。

volatile 只能修饰变量。

(6)abstract。

abstract 可修饰类和成员方法,被 abstract 修饰的类称为抽象类,被 abstract 修饰的成员称为抽象方法。

(7)synchronized。

synchronized 只能修饰方法,不能修饰类和变量。

类中的成员变量要有一个类型,可以是基本的数据类型,如 int、float、boolean 等,也可以是引用类型,如字符串、数组或对象,可根据成员变量被定义的数据类型给成员变量赋初始值。

类声明中的类名称、变量名称、方法名称、参数名称等都要遵循 Java 标识符的命名规则。但需要注意的是类名称的首字母要大写,而方法名称的第一个单词一般为动词。

3.2.3 类方法

通过前面的介绍可知,类是对具有相同属性和共同行为的实体进行抽象,方法是类或对象行为特征的抽象,用来完成某个功能操作,声明类方法的具体语法格式如下:

```
[修饰符]返回类型方法名称(参数类型参数名){
    方法主体;//方法体语句
    [return 返回值;]
}
```

类方法语法格式"{}"中的内容为方法体,当调用方法时,可通过方法名称实现方法的调用,若方法具有返回值时,则必须使用关键字 return 返回值,否则省略关键字 return 语句。方法名称的命名要符合 Java 命名规则,必须以字母、下画线或"$"开头,可包含数字但不能以数字开头。

1. 修饰符

声明类方法中的修饰符可以为 public、private、protected、static、final、abstract,其中 public、private、protected 三者中只能出现一个;abstract 和 final 两者中只能出现一个,它们都可以与 static 组合共同修饰方法,此外修饰符还可以省略。关于声明类方法中 static 和 final 修饰符的说明如表 3-2 所示。

表 3-2 类方法中 static 和 final 修饰符说明

修饰符	说　明
static	使用 static 声明的类方法,类可直接对其进行调用
final	使用 final 声明的类方法,只能在本类中调用,不能被覆盖

2. 返回类型

声明类方法中的返回类型指的是后面 return 返回值的数据类型,可以是基本类型也可以是引用类型,只要是 Java 语言允许的数据类型即可。若在类方法中声明了返回类型,则在方法体中必须有一条与之对应的 return 语句,这条返回语句可以返回一个变量也可以返回一个表达式,需要注意的是返回的变量或表达式的数据类型必须与类方法中声明的返回类型一致。若类方法中未声明返回类型,即表示无返回值,用 void 来声明没有返回值,此时方法体中不写 return 语句。

例如:

```
//定义一个 int 型返回值的方法
public int getWeight( ){
    ...
```

```
    return 50;
    }
//定义一个无返回值的方法
public void wang(){
        System.out.println（"我 16 岁了！"）;

    }
```

需要注意的是若返回值的数据类型与类方法声明中的数据类型不一致时，会导致编译错误。

3. 方法名称

声明类方法中的方法名称是对此方法进行命名，名称要符合 Java 语言的命名规则，通常方法名称的第一个单词应为动词，方法名称可以是一个动词或多个单词组成的名称，当为一个动词时，需要小写这个动词，当为多个单词组成时，第一个单词要小写，其余单词的首字母要大写。例如：

say

showName

getTeacherName

getData

setData

isNull

4. 参数类型和参数名

声明类方法 "()" 中的数据类型指的是传递给方法的参数的数据类型，可以为 int、double 等数据类型。声明类方法 "()" 中的参数名指的是传递给方法的参数的变量名称。

声明类方法 "()" 中的内容主要用来说明此方法可接收的参数及参数的数据类型，参数列表中可以没有参数，也可以是单组或多组 "参数类型 参数名" 形式，当参数列表中有多组 "参数类型 参数名" 时，可通过英文 ","隔开，而参数类型和参数名之间通过英文空格隔开。若声明类方法 "()" 中的数据类型被指定，则后期调用此方法时，传入参数值的数据类型要和定义的数据类型一致。

【案例 3-1】演示声明类方法 "()" 中的参数类型和参数名。

（1）创建 "TestJava 3" 项目。打开 Eclipse 软件，单击菜单栏中的 "File/New/Java Project"命令，在弹出的 "New Java Project"对话框中的 "Project Name"处，将项目名称设置为 "TestJava 3"，选中 "Use default location" 前面的对号，其他选项使用默认设置即可，单击 "Finish"按钮，就创建了一个 "TestJava 3" 项目。

（2）在 "TestJava 3" 项目下创建 "TestJava 3_1.java"。选中 "TestJava 3" 项目中的 "src"，单击鼠标右键，在弹出的菜单中执行 "New/Class" 命令，弹出 "New Java Class" 对话框，在 "New Java Class" 对话框中的 "name" 处设置类名为 "TestJava 3_1"，并选中 "public static void main(String[] args)"。单击 "Finish" 按钮，生成 Java 文件 "TestJava 3_1.java"。

（3）TestJava 2_1.java 文件的具体代码如下。

```
[1]  public class TestJava 3_1{
[2]      public static void meth(int a,int b){
[3]          int temp = a;
[4]          a = b;
[5]          b = temp;
[6]          System.out.println("方法中的 a="+a);
[7]          System.out.println("方法中的 b="+b);
[8]      }
[9]      public static void main(String[] args) {
[10]         // TODO Auto-generated method stub
[11]         int a=36;
[12]         int b=29;
[13]         meth(a,b);
[14]         System.out.println("交换结束后参数 a="+a);
[15]         System.out.println("交换结束后参数 b="+b);
[16]     }
[17] }
```

第 2～8 行代码声明带参数的 meth(int a,int b) 方法，指定两个 int 型参数变量 a 和 b，实现变量 a 和 b 值的交换。

第 9～16 行代码主方法调用 meth()方法并赋值，输出结果。

保存并运行，结果如图 3-2 所示。

方法中的 a=29

方法中的 b=36

交换结束后参数 a=36

交换结束后参数 b=29

图 3-2　程序代码运行结果

5. 调用类方法

在面向对象语言中，因为方法是被封装在对象中的，所以在调用方法时，需要指明要调用的是哪个对象的方法，当找到对应对象的方法时，程序会转到声明方法的第一条语句，并按顺序执行方法体中的语句，直到遇到 return 语句或 "}" 为止。

【案例 3-2】演示调用类方法。

（1）在"TestJava 3"项目下创建"TestJava 3_2.java"。选中"TestJava 3"项目中的"src"，单击鼠标右键，在弹出的菜单中执行"New/Class"命令，弹出"New Java Class"对话框，在"New Java Class"对话框中的"name"处设置类名为"TestJava 3_2"，并选中"public static void　main(String[] args)"。单击"Finish"按钮，生成 Java 文件"TestJava 3_2.java"。同样创建"Worker.java"。

（2）Worker.java 文件的具体代码如下。

```
[1]  public class Worker {
[2]      public int num;
[3]      public String name;
[4]      public String sex;
[5]      public double wages;
[6]      public void show() {
```

```
[7]              System.out.println(num+name+"\r"+"性别："+sex+"\r"+"工资:"+wages);
[8]          }
[9]      }
```

第 2～8 行代码声明 Worker 类成员及方法。

（3）TestJava 3_2.java 文件的具体代码如下。

```
[1]    public class TestJava 3_2{
[2]        public static void main(String[] args) {
[3]            // TODO Auto-generated method stub
[4]            Worker worker =new Worker();
[5]            worker.num=220001;
[6]            worker.name="张晓艳";
[7]            worker.sex="女";
[8]            worker.wages=7852.46;
[9]            worker.show();
[10]        }
[11]    }
```

第 4～9 行代码调用 Worker 类成员及方法。

保存并运行，结果如图 3-3 所示。

220001 张晓艳
性别：女
工资:7852.46

图 3-3　程序代码运行结果

程序中声明类方法 show()时，只涉及简单的输出，而没有返回值，所以返回类型为 void，并且本方法中不涉及参数，因此参数列表为空，但"()"不能省略。在调用 show()方法时，要在对象 work 名后面通过加"."运算符来对其方法进行调用，如"work.show();"。在调用方法时，主程序会暂停，转而执行 show 方法中的代码，直到执行完毕，再回到主程序继续执行后面的语句。

在 Java 语言中变量分为局部变量和全局变量，若程序中局部变量和全局变量的数据类型和名称相同时，全局变量将会被隐藏并且不能被使用，若要解决这一问题，可通过使用关键字 this 对全局变量进行访问。关键字 this 有两种语法格式，具体形式如下：

```
this.成员变量名
this.成员方法名()
```

【案例 3-3】演示关键字 this 用法。

（1）在"TestJava 3"项目下创建"TestJava 3_3.java"。选中"TestJava 3"项目中的"src"，单击鼠标右键，在弹出的菜单中执行"New/Class"命令，弹出"New Java Class"对话框，在"New Java Class"对话框中的"name"处设置类名为"TestJava 3_3"，并选中"public static void main(String[] args)"。单击"Finish"按钮，生成 Java 文件"TestJava 3_3.java"。

（2）TestJava 3_3.java 文件的具体代码如下。

```
[1]    public class TestJava 3_3{
[2]        public String color="红色";//定义全局变量
[3]        public void coloring(){//定义一个方法
[4]            String color="橙色";//定义局部变量
```

72

```
[5]            System.out.println("局部变量的颜色是：  "+color);//此处应用了局部变量
[6]            System.out.println("全局变量的颜色是：  "+this.color);//此处应用了全局变量
[7]        }
[8]     public static void main(String[] args) {
[9]         // TODO Auto-generated method stub
[10]            TestJava 3_2a=new TestJava 3_2();
[11]            a.coloring();
[12]        }
[13]    }
```

第 2 ~ 7 行代码定义变量及方法。

第 8 ~ 12 行代码在主方法中调用定义的方法。

保存并运行，结果如图 3-4 所示。

局部变量的颜色是：橙色
全局变量的颜色是：红色

图 3-4　程序代码运行结果

Java 语言中的关键字 this 总是指向调用的对象，作为对象的
默认引用 this 有两种情形：一种是方法中引用调用该方法的对象，一种是在构造器中引用该
构造器执行初始化的对象。

6. 方法重载

Java 语言中允许在类中定义多个具有相同名称的方法，但要求它们的参数个数或参数类型
不同，称之为方法的重载，编译器通过方法签名来区分这些方法，用于增加程序的可读性。也就
是说在一个类中，可以有多个方法具有相同的名称，可通过它们所具有的不同参数列表进行区分。

例如有一个类，它可以通过方法输出不同类型的数据，通常编程时会为每一个方法都起
一个新的名称，这样会比较麻烦，而这些方法在操作上基本是相似的，此时可采用方法重载，
为方法起相同的名称，通过为每个方法传递不同的参数列表进行方法的区分，例如：

```
public class Test3_1{
       ...
public void get(String s){ //声明获取字符串的方法
          ...
}
public void get (int i){ //声明获取整数的方法
...
}
public void get (double f){ //声明获取双精度小数的方法
...
}
public void get (int i , double f){//声明获取一个整数和一个小数的方法
...
}
}
```

通过上例可看出，方法重载是通过传递给方法不同的参数数量和数据类型来进行方法的区分。

3.2.4 构造方法

在 Java 的类中还存在一种特殊的方法就是构造方法，通常用来实现对象的初始化，类每实例化一个对象，都会自动调用构造方法，声明构造方法的语法格式与声明类方法的语法格式类似，具体形式如下：

```
[修饰符] 方法名称（参数列表){
//方法体
...
}
```

在声明构造方法的语法格式中修饰符可以是 public、private、protected，并且可以省略。方法名称要符合 Java 语言的命名规则，并且必须与类名称一致。参数列表与声明类方法 "()" 中参数类型和参数名的形式相同。需要注意的是构造方法没有返回值，并且不能使用 void。

例如：

```
public class Test3_2{
    int a,b;
    Test3_2()
    {
            a=6;
            b=15;
    }
    Test3_2(int i,int j)
    {
            a=i;
            b=j;
    }
}
```

3.2.5 类的主方法

类的主方法定义了类程序的入口，也就是程序的开始处，并对程序的流向进行控制，与此同时程序的执行也是编译器通过主方法来执行的，类的主方法语法格式如下：

```
public static void main(String[] args){
//方法体
}
```

从上面类的主方法语法格式可看出主方法是静态的，被定义为 "static"，当在主方法中直接调用其他方法时，被调用的这个方法也必须是静态的。类的主方法被定义为 "void" 型，因此无返回值。类的主方法中形参为数组，被定义为 "String[] args" 形式，args[0] ~ args[n] 分别表示程序的第一个参数到第 n 个参数，参数的个数可通过 args.length 来获取。

【案例 3-4】演示类的主方法。

（1）在"TestJava 3"项目下创建"TestJava 3_4.java"。选中"TestJava 3"项目中的"src"，单击鼠标右键，在弹出的菜单中执行"New/Class"命令，弹出"New Java Class"对话框，在"New Java Class"对话框中的"name"处设置类名为"TestJava 3_4"，并选中"public static void　main(String[] args)"。单击"Finish"按钮，生成 Java 文件"TestJava 3_4.java"。

（2）TestJava 3_4.java 文件的具体代码如下。

```
[1]    public class TestJava 3_4{
[2]        public static void main(String[] args) {
[3]            // TODO Auto-generated method stub
[4]            for(int i=0;i<args.length;i++){    //根据参数个数做循环操作
[5]                System.out.println("args["+i+"]="+args[i]);    //循环打印参数内容
[6]            }
[7]        }
[8]    }
```

第 2 ~ 7 行代码在主方法中根据参数个数打印参数内容。

（3）参数设置。这段程序要在 Eclipse 中运行，在包资源管理器的 TestJava 3_4 项目名称上单击右键，在弹出的快捷菜单中执行"Run As/Run Configurations..."命令，弹出"Run Configurations"对话框。在"Run Configurations"对话框中选择"Arguments"选项卡，在"Program arguments"文本框中输入对应的参数，每个参数用"Enter"键隔开，如图 3-5 所示，单击"Run"按钮即可完成参数设置。

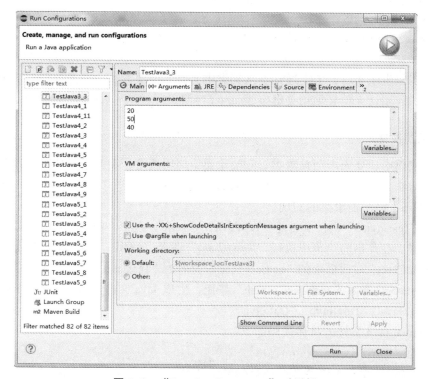

图 3-5　"Run Configurations"对话框

保存并运行，结果如图 3-6 所示。

```
args[0]=20
args[1]=50
args[2]=40
```

图 3-6　程序代码运行结果

3.2.6　抽象类和抽象方法

抽象类是一种特殊的类，是 Java 类的高级特性，可提供更高级的类型抽象。在开发程序的过程中，通常要构建一系列的类及其相对应的继承关系，此时会将具有共同特性的类抽取出来，创建一个包含这些共同特性的抽象类，由这个抽象类可派生出更具体、更多实现的子类，形成类的层次体系。

抽象类中可包含抽象方法，也可不包含抽象方法，包含非抽象方法。抽象类不能使用 new 运算符创建抽象类的实例对象，但可以派生子类。

1. 抽象类

抽象类可使用关键字 abstract 来进行声明，关键字 abstract 放在 class 的前面，声明抽象类的语法格式如下：

```
abstract class 类名称{
    //类体
}
```

若类中包含抽象方法，则这个类必须用关键字 abstract 声明为抽象类，例如：

```
public abstract class Birds{
    //声明字段
    //声明非抽象方法
    abstract void fly( );    //声明抽象方法
}
```

由抽象类派生子类时，子类通常实现父类中所有的抽象方法，若子类没有实现父类中所有的抽象方法，则这个类必须用关键字 abstract 声明。

2. 抽象类实例

抽象类实例中，要先声明抽象类，在抽象类中声明所有子类共享的成员变量和方法，以及一些抽象方法，这些方法可被子类以不同的方式实现。

【案例 3-5】演示抽象类的实现。

（1）在"TestJava 3"项目下创建"TestJava 3_5.java"。选中"TestJava 3"项目中的"src"，单击鼠标右键，在弹出的菜单中执行"New/Class"命令，弹出"New Java Class"对话框，在"New Java Class"对话框中的"name"处设置类名为"TestJava 3_5"，并选中"public static void main(String[] args)"。单击"Finish"按钮，生成 Java 文件"TestJava 3_5.java"。同样创建"Animal.java""Dog.java""Cat.java"。

（2）Animal.java 文件的具体代码如下。

```
[1]    public abstract class Animal{
[2]        //声明所有子类共享的成员变量
```

```
[3]      private String name;
[4]      private int age;
[5]      //声明所有子类共享的成员方法
[6]      public String getName(){
[7]          return name;
[8]      }
[9]      public int getAge(){
[10]         return age;
[11]     }
[12]     //声明抽象方法，由各个子类具体实现
[13]     public abstract void eat();
[14]     public abstract void bark();
[15] }
```

第 3～4 行代码声明所有子类共享的成员变量，分别为名称（name）和年龄（age）。

第 6～11 行代码声明所有子类共享的成员方法，分别为获取名称 getName()和获取年龄getAge()。

第 13～14 行代码声明抽象方法，分别为吃 eat()和叫 bark()，由各个子类具体实现。

程序中定义了抽象的动物类，可通过实例具体的动物继承 Animal 类，此子类中必须要实现 eat()和 bark()方法。

（3）Dog.java 文件的具体代码如下。

```
[1]  public class Dog extends Animal{
[2]      //在子类中实现父类中声明的抽象方法，提供具体的实现
[3]      public void eat (){
[4]          System.out.println("小狗爱吃骨头！");
[5]      }
[6]      public void bark () {
[7]          System.out.println("小狗叫起来"汪汪汪"！");
[8]      }
[9]  }
```

第 1～9 行代码声明 Dog 类，是抽象类 Animal 的子类，具体实现父类中声明的抽象方法。

（4）Cat.java 文件的具体代码如下。

```
[1]  public class Cat extends Animal{
[2]      //在子类中实现父类中声明的抽象方法，提供具体的实现
[3]      public void eat (){
[4]          System.out.println("小猫爱吃鱼！");
[5]      }
[6]      public void bark () {
[7]          System.out.println("小猫叫起来"喵喵喵"！");
[8]      }
[9]  }
```

第1～9行代码声明 Cat 类，是抽象类 Animal 的子类，具体实现父类中声明的抽象方法。

程序中 Dog 类和 Cat 类都是 Animal 类的子类，都要实现抽象方法 eat()和 bark()，但它们实现的方式不同，由此可看出抽象类提供统一的对外接口，而子类完成抽象方法的具体实现。

（5）TestJava 3_5.java 文件的具体代码如下。

```
[1]   public class TestJava 3_5{
[2]       public static void main(String[] args) {
[3]           // TODO Auto-generated method stub
[4]           Animal a = new Dog();
[5]           a.setName("旺旺");
[6]           a.setAge(2);
[7]           System.out.println(a.getName()+"是一只小狗!"+"它的年龄是："+a.getAge()+"岁");
[8]           a.eat();
[9]           a.bark();
[10]          Animal b = new Cat();
[11]          b.setName("喵咪");
[12]          b.setAge(3);
[13]          System.out.println(b.getName()+"是一只小猫!"+"它的年龄是："+b.getAge()+"岁");
[14]          b.eat();
[15]          b.bark();
[16]      }
[17]  }
```

第4～15行代码在主方法中调用类中定义的变量和方法。

保存并运行，结果如图3-7所示。

3. 抽象类的类成员

抽象类可以有静态字段和静态方法，用关键字 static 定义，可直接使用抽象类名称后加"."运算符来引用静态成员。

【案例3-6】演示抽象类的类成员。

旺旺是一只小狗!它的年龄是：2岁
小狗爱吃骨头!
小狗叫起来"汪汪汪"!
喵咪是一只小猫!它的年龄是：3岁
小猫爱吃鱼!
小猫叫起来"喵喵喵"!

图3-7　程序代码运行结果

（1）在"TestJava 3"项目下创建"TestJava 3_6.java"。选中"TestJava 3"项目中的"src"，单击鼠标右键，在弹出的菜单中执行"New/Class"命令，弹出"New Java Class"对话框，在"New Java Class"对话框中的"name"处设置类名为"TestJava 3_6"，并选中"public static void main(String[] args)"。单击"Finish"按钮，生成 Java 文件"TestJava 3_6.java"。同样创建"MemberTest.java"。

（2）MemberTest.java 文件的具体代码如下。

```
[1]   public abstract class MemberTest {
[2]       public static void show(){
[3]           System.out.println("执行抽象类的静态方法！");
[4]       }
[5]   }
```

第 2 ~ 4 行代码定义抽象类的静态方法。

（3）TestJava 3_6.java 文件的具体代码如下。

```
[1]    public class TestJava 3_6{
[2]        public static void main(String[] args) {
[3]            // TODO Auto-generated method stub
[4]            MemberTest.show();
[5]        }
[6]    }
```

第 4 行代码直接通过抽象类名调用静态方法。

保存并运行，结果如图 3-8 所示。

需要注意的是修饰符 static 和 abstract 不能一起使用。

执行抽象类的静态方法！

图 3-8　程序代码运行结果

4. 抽象方法

案例 3-5 中出现了抽象方法 eat() 和 bark()，可看出抽象方法可被声明但不能被实现，也就是声明后直接以 ";" 结束，其后没有 "{}" 和方法体。使用关键字 abstract 声明，抽象方法语法格式如下：

[修饰符] abstract 方法返回值类型　方法名称（参数列表）;

抽象方法的声明除了使用关键字 abstract 外，其他部分与类方法声明相似。

如果一个方法被声明但是没有被实现（即没有花括号、方法体，声明后面直接就是分号），那么该方法被称为 "抽象方法"。如下面的代码所示：

public abstract double area();

上例中抽象方法 area() 由关键字 abstract 声明，以 ";" 结束，只实现了抽象方法的声明，而没有抽象方法的实现。

3.3　对　象

类创建完成后，若要使用类中的属性和方法，要通过创建实例对象来进行调用，从而实现各种功能，当对象已完成相应的工作后，它的资源会被回收并供给其他对象使用。

3.3.1　对象的创建

Java 语言中对象是从某一类事物中抽象出来的一个实例，通过类来创建对象，并使用 new 操作符来实现，通过对象来处理这类事物的相关内容，创建对象的语法格式如下：

类名称　对象名称=new 构造函数（参数列表）；

例如：

ZuoBiao a = new ZuoBiao();

创建对象的语法格式可以分为两步：一步为对象声明，另一步为对象实例化与赋初值，可以像上面的语法格式用一行语句表示，也可以分成两步，用两行语句表示。分两步创建对象的语法格式如下：

```
类名称    对象名称;//对象声明
对象名称= new 构造函数（参数列表）;//对象实例化与赋初值
```

例如：

ZuoBiao a;

a = new ZuoBiao();

【案例 3-7】演示对象的创建。

（1）在"TestJava 3"项目下创建"TestJava 3_7.java"。选中"TestJava 3"项目中的"src"，单击鼠标右键，在弹出的菜单中执行"New/Class"命令，弹出"New Java Class"对话框，在"New Java Class"对话框中的"name"处设置类名为"TestJava 3_7"，并选中"public static void main(String[] args)"。单击"Finish"按钮，生成 Java 文件"TestJava 3_7.java"。

（2）TestJava 3_7.java 文件的具体代码如下。

```
[1]    public class TestJava 3_7{
[2]        int x=56;//定义 int 类型的属性 x 值为 56
[3]        int y=78;//定义 int 类型的属性 y 值为 78
[4]        public void show(){//定义方法 show()
[5]            System.out.println("X="+x+",Y="+y);
[6]            }
[7]        public static void main(String args[]){
[8]            System.out.println("坐标是：");
[9]            TestJava3_7a=new TestJava3_7();//创建类 TestJava 3_7 的实例对象 a
[10]           a.show();
[11]        }
[12]    }
```

第 2～6 行代码定义整数型变量并赋值，定义方法。

第 9～10 行代码创建类的实例对象并调用定义的方法。

保存并运行，结果如图 3-9 所示。

坐标是：
X=56,Y=78

图 3-9　程序代码运行结果

3.3.2　对象的使用

对象创建完成后，可通过使用"."运算符对类中的属性和方法进行使用，其中的属性就是类的成员变量，其中的方法就是类的成员方法，也就是使用对象可对成员变量和方法进行使用。对象使用的语法格式如下：

```
对象.属性;
对象.方法（参数列表）;
```

【案例 3-8】演示对象的使用。

（1）在"TestJava 3"项目下创建"TestJava 3_8.java"。选中"TestJava 3"项目中的"src"，单击鼠标右键，在弹出的菜单中执行"New/Class"命令，弹出"New Java Class"对话框，

在"New Java Class"对话框中的"name"处设置类名为"TestJava 3_8",并选中"public static void　main(String[] args)"。单击"Finish"按钮,生成 Java 文件"TestJava 3_8.java"。

（2）TestJava 3_8.java 文件的具体代码如下。

```
[1]    public class TestJava 3_8{
[2]        int x=56;//定义 int 类型的属性 x 值为 56
[3]        int y=78;//定义 int 类型的属性 y 值为 78
[4]        public void show(){//定义方法 show()
[5]            System.out.println("X="+x+",Y="+y);
[6]        }
[7]        public static void main(String[] args) {
[8]            // TODO Auto-generated method stub
[9]            System.out.println("第一组坐标是：");
[10]           TestJava3_8a = new TestJava3_8();//创建类 TestJava 3_8 的对象实例 a
[11]           a.x=32;//将 x 赋值为 32
[12]           a.y=75;//将 y 赋值为 75
[13]           a.show();//调用方法 show()
[14]           System.out.println("第二组坐标是：");
[15]           TestJava3_8b = new TestJava3_8();//创建类 TestJava 3_8 的对象实例 b
[16]           b.x=12;//将 x 赋值为 12
[17]           b.y=69;//将 y 赋值为 69
[18]           b.show();//调用方法 show()
[19]       }
[20]   }
```

第 2～6 行代码定义整数型变量并赋值,定义方法。

第 9～18 行代码创建类的实例对象,为定义的变量赋值并调用定义的方法。

保存并运行,结果如图 3-10 所示。

主程序实例化了对象 a 和 b,通过使用"."操作符调用类中的成员变量 x 和 y,以及成员方法 show()。两个对象中对成员变量的赋值不同,从而通过方法 show()显示的输出结果也不同,由此可见,两个对象是相互独立的。

```
第一组坐标是：
X=32,Y=75
第二组坐标是：
X=12,Y=69
```

图 3-10　程序代码运行结果

3.3.3　对象的比较与销毁

1. 对象的比较

在 Java 语言中对象的比较方式有两种:一种是使用"=="运算符,另一种是使用 equals() 方法。第一种使用"=="运算符的对象比较方式,是对两个对象引用地址是否相等进行的比较;第二种使用 equals()方法的对象比较方式,是对两个对象引用所指内容是否相等进行的比较。equals()方法是 String 类中的方法，可见两种方式有本质的区别。

【案例 3-9】演示对象的比较。

（1）在"TestJava 3"项目下创建"TestJava 3_9.java"。选中"TestJava 3"项目中的"src"，单击鼠标右键，在弹出的菜单中执行"New/Class"命令，弹出"New Java Class"对话框，在"New Java Class"对话框中的"name"处设置类名为"TestJava 3_9"，并选中"public static void　main(String[] args)"。单击"Finish"按钮，生成 Java 文件"TestJava 3_9.java"。

（2）TestJava 3_9.java 文件的具体代码如下。

```
[1]    public class TestJava 3_9{
[2]        public static void main(String[] args) {
[3]            // TODO Auto-generated method stub
[4]            String a=new String("123");//创建 String 型实例对象 a
[5]            String b=new String("123");//创建 String 型实例对象 b
[6]            String c=new String("456");//创建 String 型实例对象 c
[7]            //使用 "==" 运算符比较 a 和 b
[8]            System.out.println("使用 "==" 运算符比较 a 和 b，运算结果为："+(a==b));
[9]            //使用 equals()方法比较 a 和 b
[10]           System.out.println("使用 equals()方法比较 a 和 b，运算结果为："+(a.equals(b)));
[11]           //使用 equals()方法比较 a 和 c
[12]           System.out.println("使用 equals()方法比较 a 和 c，运算结果为："+(a.equals(c)));
[13]       }
[14]   }
```

第 4～6 行代码创建 String 型实例对象。

第 7～12 行代码使用 "=="运算符与 equals()方法进行比较并输出结果。

保存并运行，结果如图 3-11 所示。

使用"=="运算符比较 a 和 b，运算结果为：false
使用 equals()方法比较 a 和 b，运算结果为：true
使用 equals()方法比较 a 和 c，运算结果为：false

图 3-11　程序代码运行结果

主程序中创建了三个实例对象 a、b 和 c，其中实例对象 a 和 b，虽然它们的值相同都是 "123"，但它们在内存中的位置不同，所以使用 "=="运算符比较 a 和 b 时结果为 false，而使用 equals()方法比较 a 和 b 时结果为 true。由于实例对象 a 和 c 的值不同，所以使用 equals() 方法比较 a 和 c 时结果为 false。

2. 对象的销毁

在 Java 语言中每个对象都有生命周期，当生命周期结束时，分配给这个对象的内存地址会被收回，因此可使用垃圾回收机制回收无用且占用内存的资源。当对象变量超出作用范围或对象变量的值设置为 null 时，这些对象将被清除掉。

程序人员不但可以通过垃圾收集器自动回收无用的对象并释放内存资源，还可以通过调用 finalize 方法，在对象被垃圾收集器回收之前，清除对象所占用的内存资源，例如：

```
protected void finalize(){
    a=null;//将对象变量 a 设置为 null
    super.finalize();//释放内存资源
}
```

除此之外，还可以通过使用 System 类中的 gc 方法，提早释放无用的对象内存，只需在程序中加入如下代码：

```
System.gc();
```

思考与练习

（1）面向对象程序设计具有哪 4 大特点？

（2）类及其相关部分内容的命名规则有哪些？

（3）编程实现一个类：定义一个成员变量，其修饰权限为 private，并定义两个成员方法，分别实现变量的赋值和获取变量值。

（4）编程实现一个矩形类：定义类的属性长和宽，在构造方法中初始化长和宽，并定义一个成员方法实现矩形面积输出。

第 3 章思考与
练习答案

第4章 接口、异常和包

【教学目的与要求】

（1）掌握接口的定义和实现；
（2）掌握接口的继承；
（3）了解异常的分类；
（4）掌握异常处理；
（5）掌握抛出异常的使用；
（6）掌握自定义异常；
（7）了解包的相关概念；
（8）掌握包的创建和引用。

第 4 章 PPT

【思维导图】

在面向对象编程中，接口是一个重要的概念，接口用来定义相同的行为，只提供方法而不定义具体实现。同时在编程过程中错误的发生是不可避免的，Java 提供了异常处理机制来解决这一问题，保证程序的可读性和可维护性。对于繁杂的类文件，Java 语言提供了包对其进行管理，解决类重名问题，有效控制对类成员的访问。本章的内容如图 4-1 所示，将对接口、异常和包进行详细的介绍。

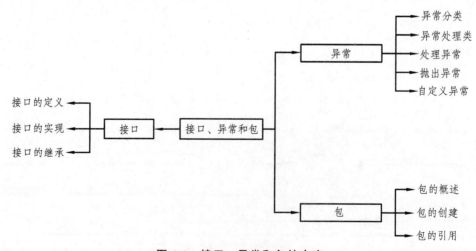

图 4-1 接口、异常和包的内容

4.1 接 口

接口是一个抽象类型，是定义抽象方法的集合，但接口中的方法不能在接口中实现，而用关键字 interface 来进行声明。接口与类是有区别的，接口不是被类继承而是被类实现，一个类只能继承一个父类，但一个类可以实现多个接口。

4.1.1 接口的定义

接口的定义包括两部分，分别是接口的声明和接口体的实现。接口体中包含了所有要声明的方法，由于接口不能对其内部的方法进行实现，所以方法声明后接"；"而不是"{}"。接口声明中所有方法都隐含 public，因此 public 修饰符可省略。

1. 声明接口

接口通过使用键字 interface 来进行接口声明，接口声明的具体语法格式如下：

```
[标识符] interface 接口名称[extends 父接口名称列表]{
    //接口体
}
```

其中，标识符为可选项，接口中的标识符只能为 public，因为只有 public 可使接口被任何包中的接口或类访问，还可省略修饰符，此时使用默认修饰符，接口只能在所属包中被使用，也就是说接口声明中的标识符要么为 public，要么省略。interface 为接口的关键字。接口名称为接口的名称，要符合标识符命名规则，通常情况下接口名称首字母大写。extends 父接口名称列表用于指定接口继承的父接口，接口可以继承多个父接口，在列表中可通过"，"进行分隔，extends 为关键字。例如：

```
public interface FirstInterface extends InterfaceA,InterfaceB,InterfaceC{
    //接口体
}
```

2. 接口体

接口体就是接口声明后"{}"中的内容，由常量声明和方法声明两部分组成，接口体的语法格式如下所示：

```
[修饰符] interface 接口名称   [extends 父接口名称列表] {
    //常量声明
    [public] [static] [final]   常量名称;
    //方法声明
    [public] [abstract]   返回类型   方法名;
}
```

其中，为了保证实现接口的类能够访问相同的常量，可在接口体中进行常量声明，其类型默认为 public、static、final 类型，因此 public、static 和 final 可省略。方法声明中只有返回类型和方法名而无方法体，前面的 public 和 static 是方法的属性，可省略。例如：

```
public interface FirstInterface extends InterfaceA,InterfaceB,InterfaceC{
    int A=15;//常量声明
    ...
    int test1(int a);//方法声明
    ...
}
```

4.1.2　接口的实现

通过前面的介绍可知，接口中的方法是通过类来实现的，在接口中声明了共同的常量或方法，实现接口的类可对这些内容进行访问。因此接口可通过声明一个实现接口的类来实现，要在类的声明中使用 implements 关键字，后接被这个类实现的接口列表，用 ","将接口列表中的接口名称分开。若在类声明中有 extends 关键字继承父类，则要将其放到 implements 关键字的前面。接口实现的语法格式有两种，具体形式如下：

```
[修饰符] class 类名称 implements 接口列表{
    //类体
    //在类中，要实现所有接口中声明的方法
}
```
或
```
[修饰符] class 类名称　[extends 父类名称] implements 接口列表{
    //类体
    //在类中，要实现所有接口中声明的方法
}
```

【案例 4-1】演示接口的实现。

（1）创建 "TestJava 4"项目。打开 Eclipse 软件，单击菜单栏中的 "File/New/Java Project"命令，在弹出的 "New Java Project"对话框中的 "Project Name"处，将项目名称设置为 "TestJava 4"，选中 "Use default location"前面的对号，其他选项使用默认设置即可，单击 "Finish"按钮，就创建了一个 "TestJava 4"项目。

（2）在 "TestJava 4"项目下创建 "TestJava 4_1.java"。选中 "TestJava 4"项目中的 "src"，单击鼠标右键，在弹出的菜单中执行 "New/Class"命令，弹出 "New Java Class"对话框，在 "New Java Class"对话框中的 "name"处设置类名为 "TestJava 4_1"，并选中 "public static void main(String[] args)"。单击 "Finish"按钮，生成 Java 文件 "TestJava 4_1.java"。

（3）TestJava 4_1.java 文件的具体代码如下。

```
[1]    //声明 FirstInterface 接口
[2]        interface FirstInterface{
[3]            final String str="Interface";
[4]            int getInfor();
```

```
[5]      }
[6]      //声明 SecondInterface 接口
[7]      interface SecondInterface{
[8]          void show();
[9]      }
[10]     //定义 TestInterface 类实现接口 FirstInterface、SecondInterface
[11]     class TestInterface implements FirstInterface,SecondInterface{
[12]         public int getInfor(){//实现 FirstInterface 的 getInfor()方法
[13]             System.out.println("FirstInterface 接口中声明的常量为：Interface");
[14]             return1;
[15]         }
[16]         public void show(){//实现 InterfaceB 的 show()方法
[17]             System.out.println("实现 SecondInterface 接口的 show()方法");
[18]         }
[19]     }
[20]     //实现接口中声明的方法
[21]     public class TestJava 4_1{
[22]         public static void main(String[] args) {
[23]             // TODO Auto-generated method stub
[24]             TestInterface obj=new TestInterface();
[25]             obj.getInfor();//调用 getValue()方法
[26]             obj.show();//调用 show()方法
[27]         }
[28]     }
```

第 1~9 行代码声明 FirstInterface 和 SecondInterface 接口。

第 10~19 行代码定义 TestInterface 类实现接口。

第 21~28 行代码实现接口中声明的方法。

保存并运行，结果如图 4-2 所示。

> FirstInterface接口中声明的常量为：Interface
> 实现 SecondInterface接口的 show()方法

图 4-2　程序代码运行结果

若接口中方法的返回值不是 void，则在接口实现时，要在方法体中写 return 语句。

4.1.3　接口的继承

接口和类的继承是有区别的，类只能继承一个父类，而接口可以继承多个父接口。与类的继承类似，同样接口可以获得父接口中定义的所有内容，并可在此基础上进行扩展。在接口实现时，实现接口的类不但要实现类定义中 implements 接口中的方法，还要实现这些接口继承接口中的方法。

接口的继承中要使用 extends 关键字，后接父接口列表，用 "," 将接口列表中的接口名称分开，语法格式如下：

```
interface ThirdInterface extends FirstInterface,SecondInterface
{
    ...
}
```

【案例 4-2】演示接口的继承。

（1）在 "TestJava 4" 项目下创建 "TestJava 4_2.java"。选中 "TestJava 4" 项目中的 "src"，单击鼠标右键，在弹出的菜单中执行 "New/Class" 命令，弹出 "New Java Class" 对话框，在 "New Java Class" 对话框中的 "name" 处设置类名为 "TestJava 4_2"，并选中 "public static void main(String[] args)"。单击 "Finish" 按钮，生成 Java 文件 "TestJava 4_2.java"。

（2）TestJava 4_2.java 文件的具体代码如下。

```
[1]    interface Interface1{
[2]        int numa=15;
[3]        void out1();
[4]    }
[5]    interface Interface2{
[6]        int numb=92;
[7]        void out2();
[8]    }
[9]    //定义接口 Interface3，继承接口 Interface1 和 Interface2
[10]   interface Interface3 extends Interface1,Interface2{
[11]       int numc=67;
[12]       void out3();
[13]   }
[14]   public class TestJava 4_2{
[15]       public static void main(String[] args){
[16]           System.out.println("Interface1 接口中的 numa="+Interface3.numa);
[17]           System.out.println("Interface2 接口中的 numb="+Interface3.numb);
[18]           System.out.println("Interface3 接口中的 numc="+Interface3.numc);
[19]       }
[20]   }
```

第 1~9 行代码声明 Interface1 和 Interface2 接口。

第 10~13 行代码定义接口 Interface3，继承接口 Interface1 和 Interface2。

第 14~20 行代码输出结果。

保存并运行，结果如图 4-3 所示。

```
Interface1接口中的 numa=15
Interface2接口中的 numb=92
Interface3接口中的 numc=67
```

图 4-3　程序代码运行结果

4.2　异　常

在编程的过程中,发生各种异常是难免的事,程序员经常要对其进行检查和处理,在 Java 语言中提供了异常处理机制,可自动检查异常,并对异常进行捕获和处理,使程序更加健壮。本章将介绍异常处理的相关内容。

4.2.1　异常分类

Java 编程过程应尽量避免错误和异常的发生,异常是程序中的一些错误,但并不是所有的错误都是异常,错误有时是可以避免的,而异常应输出错误信息,以便于正确地处理问题。异常分为编译错误、运行错误和逻辑错误 3 类。

1. 编译错误

编写程序时,如未遵循语法规则而会产生问题,此时源代码不能通过编译生成字节码,从而发生编译错误,编译系统会对问题进行检查并输出报告。通过编译检查出错误后,程序员需要改正语法问题后,才可编译执行程序。常见的编译错误有大小写混淆、数据类型与变量类型不符、使用未声明的变量等。

（1）大小写混淆。

Java 语言中严格区分大小写,类名、方法名、常量名、变量名等名称的大小写,前后要完全一致,否则会出现错误。

（2）数据类型与变量类型不一致。

在 Java 语言中,若赋给变量的数据类型与变量类型不一致,并且未将数据类型自动转换为变量类型则会出现错误。

（3）使用未声明的变量。

在 Java 语言中,编程时只能使用声明了的变量,若变量未声明,却在程序中使用,则会出现错误。

2. 运行错误

程序运行过程中出现的错误即为运行错误,会使程序中断,常见的运行错误有数组下标越界、除数为零等。

（1）数组下标越界。

数组下标的范围是从 0 开始到数组长度 − 1,若不在这个范围内,则会出现错误。例如:

```java
public class Test4_1{
    public static void main(String[] args) {
        // TODO Auto-generated method stub
        int[ ] a = new int[5];//声明数组 numbers,大小为 5
        for(int i=0;i<=5;i++) //从 1 开始循环
        a[i] = i+1;
```

```
            }
    }
```
运行结果如图 4-4 所示。

```
Exception in thread "main" java.lang.ArrayIndexOutOfBoundsException: Index 5 out of bounds for length 5
                        at Test1.main(Test1.java:8)
```

图 4-4　程序代码运行结果

上例中，数组 a[]的长度为 5，数组下标范围是 0 ~ 4，但在 for 循环中的条件语句中 i<=5，使得下标超出上限范围而出现错误。

（2）除数为零。

数学计算中除数不能为零，程序中若除数为零则会出现错误并中断运行。例如：

```java
public class Test4_2{
    public static void main(String[] args) {
            // TODO Auto-generated method stub
            int a=0;
            int b;
            b=3/a;
    }
}
```

运行结果如图 4-5 所示。

```
Exception in thread "main" java.lang.ArithmeticException: / by zero
                    at Test2.main(Test2.java:8)
```

图 4-5　程序代码运行结果

上例中，变量 a 初始值为零，在 b=3/a 中，除数为零出现了错误。

3. 逻辑错误

程序未能按照预期的逻辑顺序执行而产生的错误即为逻辑错误，通常这种错误不会产生提示信息因而较难排除。常见的逻辑错误有超出数据类型取值范围、语句体未加花括号等。

（1）超出数据类型取值范围。

不同的数据类型都有自己的取值范围，若超出数据类型的取值范围则会出现错误。例如：

```java
public class Test4_3{
    public static void main(String[] args) {
            int mult=1;
            for(int i=1;i<=20;i++){
            mult=mult*i;
            }
            System.out.println("mult="+mult);
    }
}
```

运行结果如图 4-6 所示。

上例中，声明变量 mult 为整型，运算结果超出整型的取值范围，因此输出结果为负数。

`mult=-2102132736`

图 4-6　程序代码运行结果

（2）语句体未加花括号。

当语句体中有多条语句时，需要使用"{}"将其括起来，否则会出现错误。例如：

```
public class Test4_4{
        public static void main(String[] args) {
                // TODO Auto-generated method stub
                int mult=1;
                int i=1;
                while(i<=5)
                mult=mult*i;
                i++;
        }
}
```

上例中，while 循环未用"{}"将语句"mult=mult*i;"和"i++;"括起来，使得程序一直执行"mult=mult*i;"语句从而进入死循环。

4.2.2　异常处理类

1. 异常处理机制

Java 程序中，异常处理机制由抛出异常、捕获和处理异常两部分组成。

Java 程序用对象来表示异常，也就是说程序执行过程中，若出现了异常就生成对应的异常对象，提交给系统，这种异常产生和提交的过程被称为抛出异常。异常对象中包含异常类型、程序状态等信息。

异常抛出后，系统将寻找处理异常的方法，并将异常交于这个方法进行处理，这个过程被称为捕获和处理异常，若未找到捕获异常的方法，则系统终止。

2. 异常处理类

Java 程序用类来表示所有的异常，Java.lang 包中为开发者提供了异常处理类，此包中有一个专门用于处理异常的类 Throwable，Throwable 是所有异常的父类。Throwable 有两个十分重要，并且用得比较多的直接子类，分别为 Error 类和 Exception 类。

Error 类主要与硬件有关，一般是与虚拟机相关，用来处理程序运行环境方面的异常，此类错误不是由程序本身抛出，程序无法恢复错误并且不可捕获，将导致应用程序中断。例如：系统崩溃、虚拟机出错、连接错误等。

异常 Exception 类是指可被捕获且可能恢复的异常情况，包括隐式异常和显式异常两大子类。其中隐式异常是指在 Java 程序运行时遇到的异常处理，这种异常虽然由程序引起，但是在程序运行中产生，而不由程序主动抛出，如除数为 0、数组下标越界等。显式异常是指在 Java 程序非运行时的异常处理，由程序抛出和捕获，如文件没找到引起的异常、类没找到引起的异常等。常见 Exception 子类对应处理异常方法如表 4-1 所示。

表 4-1　Exception 子类对应处理异常方法

子类名称	描　　述
ArithmeticException	算术异常，除数为 0 引起的异常
ArrayStoreException	数组存储异常，不在数组存储空间范围引起的异常
ClassCastException	类型转换异常，把某个对象归为某个类,但此对象并不是由这个类及其子类创建，引起的异常
IllegalMonitorStateException	监控器状态出错引起的异常
NegativeArraySizeException	数组长度为负数，产生的异常
NullPointerExcepticn	空指针异常,程序访问空的数组中元素或空的对象中方法或变量产生的异常
OutofMemoryException	内存溢出异常，系统无法为对象分配内存空间，产生的异常
SecurityException	安全异常，访问了不应访问的指针，使安全性出问题引起的异常
IndexOutOfBoundsExcception	数组越界异常，由于数组下标越界或字符串访问越界引起的异常
I0Exception	输入输出抛出异常，文件未找到、未打开或 I/O 操作不能进行引起的异常
ClaasNotFoundException	未找到指定名字的类或接口引起异常
CloneNotSupportedException	程序中某个对象引用 Object 类的 clone 方法，但此对象并未连接 Cloneable 接口，引起的异常
InterruptedException	中断异常，一个线程处于等待状态时，另一个线程中断此线程，引起的异常
NoSuchMethodException	方法未找到异常，所调用的方法未找到，引起的异常
IllegalAccessException	没有访问权限异常，访问某类被拒时抛出异常
StringIndexOutOfBoundsException	字符串序号越界，引起的异常
ArrayIdexOutOfBoundsException	数组元素下标越界，引起的异常
NumberFormatException	字符串转换为数字异常，字符的 UTF 代码数据格式有错引起的异常
IllegalThreadException	线程调用某个方法而所处状态不适当，引起的异常
FileNotFoundException	文件未找到异常，未找到指定文件引起的异常
EOFException	文件已结束异常，未完成输入操作即遇文件结束引起的异常

4.2.3　处理异常

Java 通过 try、catch、throw、throws、finally 这 5 个关键字来实现异常的处理，程序通过 try 执行一段程序，若出现异常，则通过 throws 抛出异常，由 catch 捕获异常并处理，或由

finally 默认处理器来处理。Java 中异常处理形式有 try-catch 语句、多个 catch 子句、finally 子句、可嵌入的 try 块。

1. try–catch 语句

Java 程序编写将要处理的异常放入 try 代码块中，由 try 发生并抛出异常，然后创建 catch 代码块，由 catch 捕获并处理异常。try-catch 语句格式如下：

```
try{ //监视
    //可能发生异常的代码块
}catch（异常类型异常对象名）{ //捕获并处理异常
    //异常处理代码块
}
```

若有异常抛出，则执行 catch 异常处理代码块；若未抛出异常，则结束 try 代码块，并跳过 catch 异常处理代码块。

【案例 4–3】演示 try-catch 语句。

（1）在"TestJava 4"项目下创建"TestJava 4_3.java"。选中"TestJava 4"项目中的"src"，单击鼠标右键，在弹出的菜单中执行"New/Class"命令，弹出"New Java Class"对话框，在"New Java Class"对话框中的"name"处设置类名为"TestJava 4_3"，并选中"public static void　main(String[] args)"。单击"Finish"按钮，生成 Java 文件"TestJava 4_3.java"。

（2）TestJava 4_3.java 文件的具体代码如下。

```
[1]    public class TestJava 4_3{
[2]        public static void main(String[] args) {
[3]            // TODO Auto-generated method stub
[4]            int a,b;
[5]            try{//监视代码块
[6]                a=0;
[7]                b=36/a;
[8]            }catch (ArithmeticException e) {//捕获除数为零异常
[9]                System.out.println("除数不能为零！");
[10]           }
[11]       }
[12]   }
```

第 5～10 行代码为 try-catch 语句，捕获除数为零异常。

保存并运行，结果如图 4-7 所示。

除数不能为零!

图 4-7　程序代码运行结果

2. 多个 catch 子句

Java 程序中会出现单个代码段引起多个异常的情况，此时需要同时对多个异常进行处理，可使用两个或多个 catch 子句的形式来实现，其中每个 catch 子句捕获一种类型的异常。当程序抛出异常后，依次检查 catch 子句，执行与异常匹配的 catch 子句，而忽略其他 catch 子句。若程序未抛出异常，则结束 try 代码块，并跳过所有 catch 语句，依次执行最后一个 catch 子句后的语句。多个 catch 子句语法格式如下：

```
try{
    //可能发生异常的代码块
}catch（异常类型 1 异常对象名 1){
    //异常处理代码块 1
}catch（异常类型 2 异常对象名 2){
    //异常处理代码块 2
}
...
catch（异常类型 n 异常对象名 n){
    //异常处理代码块 n
}
```

【案例 4-4】演示多个 catch 子句。

（1）在"TestJava 4"项目下创建"TestJava 4_4.java"。选中"TestJava 4"项目中的"src"，单击鼠标右键，在弹出的菜单中执行"New/Class"命令，弹出"New Java Class"对话框，在"New Java Class"对话框中的"name"处设置类名为"TestJava 4_4"，并选中"public static void main(String[] args)"。单击"Finish"按钮，生成 Java 文件"TestJava 4_4.java"。

（2）TestJava 4_4.java 文件的具体代码如下。

```
[1]    public class TestJava 4_4{
[2]        public static void main(String[] args) {
[3]            // TODO Auto-generated method stub
[4]            int[] a=new int[3];//新建整数数组有 3 个元素
[5]            try{ //监视异常的发生
[6]                a[5]=52;//赋值数组第 6 个元素为 52，越界错误
[7]            }catch(ArithmeticException e) {
[8]                System.out.println("发生除数为零异常！");
[9]            }catch (ArrayIndexOutOfBoundsException e){
[10]               System.out.println("发生数组越界异常！");
[11]           }
[12]           System.out.println("执行 catch 子句后的语句");
[13]       }
[14]   }
```

第 5~11 行代码为多个 catch 子句，捕获除数为零异常或发生数组越界异常。
保存并运行，结果如图 4-8 所示。

发生数组越界异常！
执行 catch 子句后的语句

3. finally 子句

图 4-8　程序代码运行结果

通过前面的介绍可知，异常会中断程序的正常运行，跳过在任何情况都必须被执行的语句，这时需要在 try-catch 语句后加 finally 子句。finally 子句可保证无论程序中是否有异常发生都执行 finally 子句中的内容，增加了程序的健壮性。

try-catch-finally 的语法格式如下：

```
try{
    //可能发生异常的代码块
}catch（异常类型异常对象名）{
    //异常处理代码块
}
...
finally{
    //无论是否抛出异常都要执行的代码
    }
```

【案例 4-5】演示 finally 子句。

（1）在"TestJava 4"项目下创建"TestJava 4_5.java"。选中"TestJava 4"项目中的"src"，单击鼠标右键，在弹出的菜单中执行"New/Class"命令，弹出"New Java Class"对话框，在"New Java Class"对话框中的"name"处设置类名为"TestJava 4_5"，并选中"public static void　main(String[] args)"。单击"Finish"按钮，生成 Java 文件"TestJava 4_5.java"。

（2）TestJava 4_5.java 文件的具体代码如下。

```
[1]    public class TestJava 4_5{
[2]        public static void main(String[] args) {
[3]            // TODO Auto-generated method stub
[4]            int a,b;
[5]            try{ //监视代码块
[6]                a=0;
[7]                b=45/a;
[8]            }catch(ArithmeticException e){//捕获除数为零异常
[9]                System.out.println("除数不能为零！");
[10]           }
[11]           finally{
[12]           //不论 try 中是否生成异常，finally 子句中的代码都执行一次
[13]               System.out.println("运行 finally 语句！");
[14]           }
[15]       }
[16]   }
```

第 5 ~ 10 行代码为 try-catch 语句，捕获除数为零异常。

第 11 ~ 14 行代码为 finally 子句。

保存并运行，结果如图 4-9 所示。

除数不能为零！

·运行 finally 语句！

图 4-9　程序代码运行结果

4. 可嵌入的 try 块

可嵌入的 try 块指的是一个 try 代码块中可以嵌入另一个代码块，用于不同的内部块或外部块可能导致不同错误的情况。可嵌入的 try 块语法格式如下：

```
try{//外部 try 代码块
    try{//内部 try 代码块
        //可能发生异常的代码块
    }catch（异常类型 1 异常对象名 1）{
        //异常处理代码块 1
    }
        //可能发生异常的代码块
    }catch（异常类型 2 异常对象名 2）{
        //异常处理代码块 2
    }
```

【**案例 4-6**】演示可嵌入的 try 块。

（1）在"TestJava 4"项目下创建"TestJava 4_6.java"。选中"TestJava 4"项目中的"src"，单击鼠标右键，在弹出的菜单中执行"New/Class"命令，弹出"New Java Class"对话框，在"New Java Class"对话框中的"name"处设置类名为"TestJava 4_6"，并选中"public static void main(String[] args)"。单击"Finish"按钮，生成 Java 文件"TestJava 4_6.java"。

（2）TestJava 4_6.java 文件的具体代码如下。

```
[1]    public class TestJava 4_6{
[2]        public static void main(String[] args) {
[3]            // TODO Auto-generated method stub
[4]            int datA[]={6,21,4,20,32,1};
[5]            int datB[]={3,3,0,5,4};
[6]            try{ //外部 try 代码块
[7]                for(int i=0;i<datA.length;i++){
[8]                    try{//内部 try 代码块
[9]                        System.out.println(datA[i]+ "/"+datB[i]+ "="+datA[i]/datB[i]);
[10]                    }catch(ArithmeticException e){//捕获并处理内部 try 代码块产生的异常
[11]                        System.out.println("除数不能为零!");
[12]                    }
[13]                }
[14]            }catch (ArrayIndexOutOfBoundsException e){//捕获并处理外部 try 代码块产生的异常
[15]                System.out.println("终止程序!");
[16]            }
[17]        }
[18]    }
```

第 6~16 行代码外部 try-catch 代码捕获并处理外部 try 代码块产生的异常。内部 try-catch 代码捕获并处理内部 try 代码块产生的异常。

保存并运行，结果如图 4-10 所示。

```
6/3=2
21/3=7
除数不能为零！
20/5=4
32/4=8
终止程序！
```

图 4-10　程序代码运行结果

4.2.4　抛出异常

Java 编程过程中，多数情况下程序暂时不处理异常，会使用 throws 或 throw 关键字将异常抛出，其中 throws 语句用于方法声明处抛出异常，throw 语句用于方法体内抛出异常。

1. 使用 throws 抛出异常

当方法中出现异常，但不想在方法中进行捕获处理时，程序员可使用 throws 关键字在方法声明中抛出异常，此时此方法不对抛出的异常进行捕获和处理，而是后面程序中谁调用这个方法谁处理这个异常。使用 throws 抛出异常的语法格式如下：

```
[修饰符]返回类型　方法名（参数 1，参数 2，...)throws 异常列表{
...
}
```

异常列表中若有多个异常时，可用“，”隔开。该方法中不对异常列表中的异常进行处理，只声明和抛出这些异常，由调用此方法的调用者负责捕获和处理。

【案例 4-7】演示使用 throws 抛出异常。

（1）在 "TestJava 4" 项目下创建 "TestJava 4_7.java"。选中 "TestJava 4" 项目中的 "src"，单击鼠标右键，在弹出的菜单中执行 "New/Class" 命令，弹出 "New Java Class" 对话框，在 "New Java Class" 对话框中的 "name" 处设置类名为 "TestJava 4_7"，并选中 "public static void　main(String[] args)"。单击 "Finish" 按钮，生成 Java 文件 "TestJava 4_7.java"。

（2）TestJava 4_7.java 文件的具体代码如下。

```
[1]    public class TestJava 4_7{
[2]        public static void throwA() throws IllegalAccessException{
[3]            System.out.println("在 throwA 中");
[4]            //抛出 IllegalAccessException 类异常
[5]            throw new IllegalAccessException("没有访问权限的异常！");
[6]        }
[7]        public static void main(String[] args) {
[8]            // TODO Auto-generated method stub
[9]            try{
[10]               throwA();//监视异常的发生
[11]           }catch(IllegalAccessException e){ //捕获并处理异常
```

[12]	System.out.println("捕获"+e);
[13]	}
[14]	}
[15]	}

第 2~6 行代码使用 throws 关键字在方法声明中抛出异常。

第 9~13 行代码监视异常的发生，捕获并处理异常。

保存并运行，结果如图 4-11 所示。

在throwA中
捕获java.lang.IllegalAccessException: 没有访问权限的异常!

图 4-11　程序代码运行结果

2. 使用 throw 抛出异常

关键字 throw 用于方法体中抛出异常对象，主要用在 try 块中说明发生异常。使用 throw 抛出异常语法格式如下：

throw 异常对象;

throw 为关键字，异常对象必须是 java.lang.Throwable 类或其子类的实例，说明异常类型。

【案例 4-8】演示使用 throws 抛出异常。

（1）在"TestJava 4"项目下创建"TestJava 4_8.java"。选中"TestJava 4"项目中的"src"，单击鼠标右键，在弹出的菜单中执行"New/Class"命令，弹出"New Java Class"对话框，在"New Java Class"对话框中的"name"处设置类名为"TestJava 4_8"，并选中"public static void main(String[] args)"。单击"Finish"按钮，生成 Java 文件"TestJava 4_8.java"。

（2）TestJava 4_8.java 文件的具体代码如下。

```
[1]    import java.io.IOException;
[2]    public class TestJava 4_8{
[3]        public static void main(String[] args) {
[4]            // TODO Auto-generated method stub
[5]            try{
[6]                throw new IOException("抛出 IOException 类异常");
[7]            }catch(IOException e){//捕获并处理异常
[8]                System.out.println("已捕获 IOException 异常!");
[9]            }
[10]       }
[11]   }
```

第 5~9 行代码使用 throw 关键字在方法体中抛出异常对象。

保存并运行，结果如图 4-12 所示。

已捕获 IOException 异常!

图 4-12　程序代码运行结果

程序中使用关键字 throw 抛出一个 IOException 异常对象，此处异常为 IOException 类型，因此要用 new 创建 IOException 对象。

3. 异常类常用方法

Exception 类继承了 Throwable 提供的一些方法，所有异常都可获得 Throwable 定义的方法，异常类常用 3 种方法，如表 4-2 所示。

表 4-2　异常类常用方法

方　法	描　述
getMessage()	返回描述当前异常类的消息字符串
toString()	返回该异常类名和字符串信息
printStackTrace()	没有返回值，用来跟踪异常事件发生时执行堆栈的内容。打印该异常类名、字符串信息和方法调用到异常抛出的轨迹

4.2.5　自定义异常

前面介绍的都是系统自带的异常，通常程序员还需要自定义异常，以处理特殊情况。自定义异常要继承 Exception 类或其子类，使用关键字 throw 抛出异常。

1. 创建自定义异常类

创建自定义异常类必须指明其异常父类，自定义异常类要由 Exception 类或其子类派生，使用关键字 extends 继承异常父类。创建自定义异常类的基本语法格式如下：

```
class 自定义异常类名 extends 父异常类名{
    类体;
}
```

例如：

```
//创建自定义异常，继承 Exception 类
public class ExceptionA extends Exception{
    public ExceptionA(){//无参构造方法
        super();
}
    public ExceptionA(String messages){//有参构造方法
            super(messages);
}
}
```

2. 处理自定义异常

在程序中，通常按以下步骤来使用自定义异常类：

（1）按照创建自定义异常类的基本语法格式创建自定义异常类。

（2）方法中使用关键字 throw 抛出异常对象。

（3）若在当前抛出异常的方法中处理异常，则使用 try-catch 语句进行捕获和处理;否则在

方法的声明中使用关键字 throws 指明抛出异常。

（4）程序中由调用此方法的调用者捕获并处理异常。

【案例 4-9】演示自定义异常。

（1）在"TestJava 4"项目下创建"TestJava 4_9.java"。选中"TestJava 4"项目中的"src"，单击鼠标右键，在弹出的菜单中执行"New/Class"命令，弹出"New Java Class"对话框，在"New Java Class"对话框中的"name"处设置类名为"TestJava 4_9"，并选中"public static void main(String[] args)"。单击"Finish"按钮，生成 Java 文件"TestJava 4_9.java"。

（2）TestJava 4_9.java 文件的具体代码如下。

```
[1]import java.util.*;
[2]public class TestJava 4_9{
[3]//声明抛出自定义异常
[4]    static int avg(int numberA, int numberB) throws ExceptionA {
[5]        if (numberA<0|| numberB<0){
[6]            throw new ExceptionA("输入值不能为负数！");//抛出自定义异常
[7]        }
[8]        if (numberA>100|| numberB>100){
[9]            throw new ExceptionA("输入值不能超过 100！"); //抛出自定义异常
[10]        }
[11]        return (numberA+ numberB)/2; //返回语句
[12]    }
[13]    public static void main(String[] args){
[14]        System.out.println("求两个数的平均值！"+"\n"+"输入两个小于 100 的数：");
[15]        Scanner in=new Scanner(System.in);//创建一个对象，用于读取用户输入
[16]        System.out.println("输入 numberA：");
[17]        int numberA=in.nextInt();   //从键盘获得输入
[18]        System.out.println("输入 numberB：");
[19]        int numberB=in.nextInt(); //从键盘获得输入
[20]        try{
[21]            int result = avg(numberA, numberB); //调用方法 avg()
[22]            System.out.println("(numberA+numberB)/2="+result);
[23]        }catch (ExceptionA e){//捕获自定义异常
[24]            System.out.println(e);//打印自定义异常信息
[25]        }
[26]    }
[27]}
[28]    class ExceptionA extends Exception { //自定义异常，继承 Exception 类
[29]        ExceptionA(String Messages){
[30]            super(Messages);
[31]        }
```

```
[32]        }
```

第 4～12 行代码声明抛出自定义异常。

第 20～25 行代码 try-catch 语句捕获并处理自定义异常。

第 28～32 行代码自定义异常。

保存并运行，结果如图 4-13 所示。

求两个数的平均值!　　　　　　求两个数的平均值!　　　　　　求两个数的平均值!

输入两个小于 100 的数:　　　　输入两个小于 100 的数:　　　　输入两个小于 100 的数:

输入 numberA:　　　　　　　输入 numberA:　　　　　　　输入 numberA:

-6　　　　　　　　　　　　101　　　　　　　　　　　　16

输入 numberB:　　　　　　　输入 numberB:　　　　　　　输入 numberB:

36　　　　　　　　　　　　26　　　　　　　　　　　　28

ExceptionA: 输入值不能为负数!　ExceptionA: 输入值不能超过 100!　(numberA+numberB)/2=22

图 4-13　程序代码运行结果

程序中创建自定义异常类 ExceptionA 继承 Exception 类,使用 throws 关键字在 avg()方法声明中抛出 ExceptionA 异常, 使用关键字 throw 在 avg()方法体中抛出异常对象。在 main()方法中对 avg()方法进行了调用,用 catch 语句捕获并处理 avg()方法可能抛出的异常。

4.3　包

Java 中提供了包机制,用于防止类名冲突,同时方便于对大型程序中类、接口等内容的管理、查找和使用。

4.3.1　包概述

在编程的过程中,当程序规模过大时,会出现类名和接口名冲突的现象,为了能够更好地组织管理类和接口,Java 提供了包机制用于区别类名和接口名的命名空间。例如,在程序中定义了两个 Date 类,而这两个类实现的功能不同,编译时出现了同名文件会产生错误,为解决这一问题,可把两个同名类放置在不同的包中,从而避免名字冲突。

由上可知同一个包中类名不能相同,不同的包中类名可以相同,当同时调用不在同一包中的两个同名类时,要通过加上包名进行区分。

一个完整的类名是包名加类名的组合,如 java.lang.Math,这是 Math 类的完整名称,其中 java.lang 为 Math 类所在的包名,后面的 Math 为类名。

为了便于管理、查找和使用,可以把功能相近或相关的类和接口放在同一个包中。例如,程序同时使用 java.util.Date 类与 java.sgl.Date 类,若未指定完整类路径,则编译器认为出现了同名文件而报错,因此代码中要给出完整的 Date 类路径,可以使用如下代码:

java.util.Date dateA = new java.util.Date();

java.sql.Date dateB = new java.sql.Date(125);

Java 中的包不仅能解决类名冲突问题，还可以把功能相近或相关的类和接口放在同一个包中，便于大型程序的管理、查找和使用。

需要注意的是，在同一个包中类之间的访问不需要指定包名；同一包中的不同类可以放在不同的位置。

4.3.2 包的创建

下面以在 TestJava 4 项目中创建包为例，介绍包的创建过程。在 Eclipse 中创建包的步骤如下：

（1）选中 TestJava 4 项目中的 "src"，单击鼠标右键，执行 "File/New/Package" 命令。

（2）弹出 "New Java Package" 对话框，如图 4-14 所示，单击 "Browse" 按钮，弹出 "Source Folder Selection" 对话框，选中 TestJava 4 下的 src 文件夹，如图 4-15 所示，单击 "OK"，回到 "New Java Package" 对话框，在 "Name" 文本框中输入创建的包名，如 com.testpackage，如图 4-16 所示，然后击 "完成" 按钮，完成 com.tcstpackagc 创建。

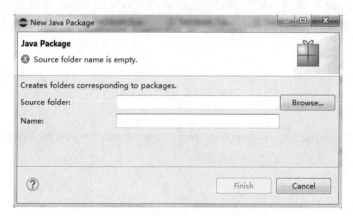

图 4-14 "New Java Package" 对话框

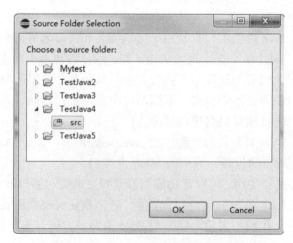

图 4-15 "Source Folder Selection" 对话框

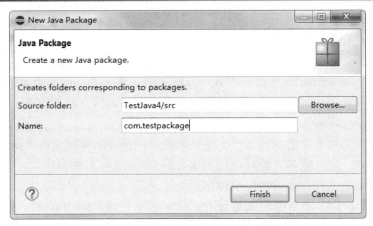

图 4-16　"New Java Package" 对话框

在包中创建类时，可在新创建的包或指定包上单击鼠标右键，执行 "New/Class" 命令，弹出 "New Java Class" 对话框，新建类默认保存在该包中。此外还可以在 "New/Class 新建 Java 类" 对话框中的 "Package" 处指定新建类所在包，如图 4-17 所示。

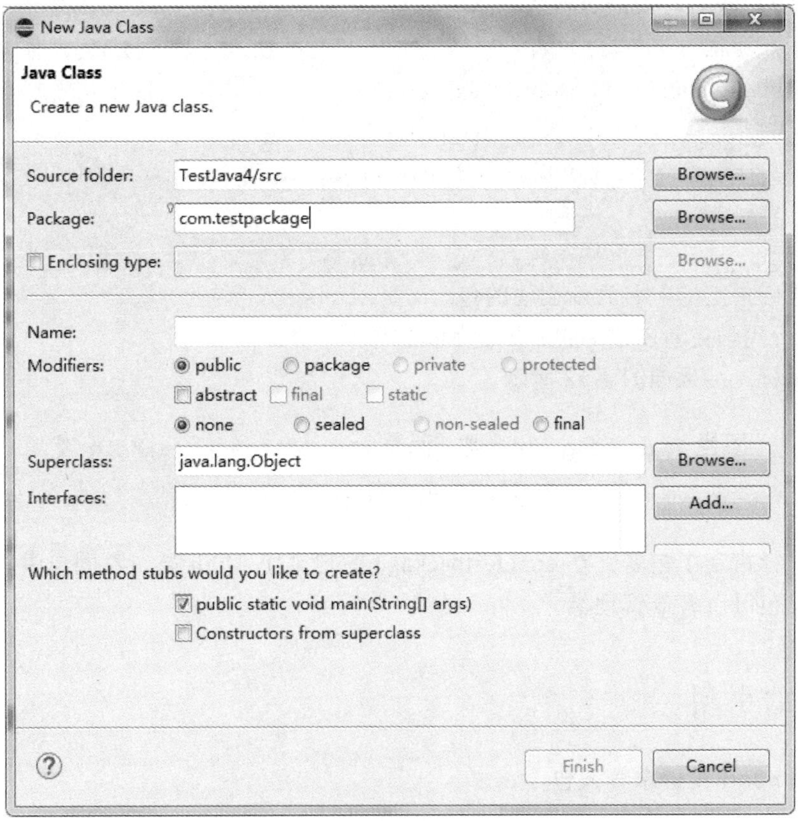

图 4-17　"New Java Class" 对话框

Java 编程时要为所有类设置包名，包名设计应与文件系统结构对应，如包名为 com.testpackage，表示这个包中的类都在 com 文件夹的 testpackage 子文件中。若未对类进行包设定，则会被存放在默认包中。

在类中，定义包名的语法格式如下：

package 包名

例如：使用 com.testpackage 包下的 Bird.java 类时，表示为 com.testpackage.Bird。

需要注意的是在类中定义包名时，要把 package 表达式放在程序的第一行，且为非注释代码，包名使用小写字母。

通过前面的介绍可知类名相同会产生冲突问题，同样包名相同也会产生冲突现象，为了有效避免这一问题，定义包名时通常使用创建者的 Internet 域名的反序。

【案例 4-10】演示在新创建的包中创建类。

（1）在"TestJava 4"项目中的 com.testpackage 包下创建"Math.java"。选中"TestJava 4"项目中的"com.testpackage"，单击鼠标右键，在弹出的菜单中执行"New/Class"命令，弹出"New Java Class"对话框，在"New Java Class"对话框中可看到"Package"处默认为"com.testpackage"，"name"处设置类名为"Math"，并选中"public static void   main(String[] args)"。单击"Finish"按钮，生成 Java 文件"Math.java"。

（2）Math.java 文件的具体代码如下。

```
[1]    package com.testpackage;
[2]    public class Math {
[3]        public static void main(String[] args) {
[4]            // TODO Auto-generated method stub
[5]            System.out.println("不是 java.lang.Math 类，而是 com.testpackage.Math 类");
[6]        }
[7]    }
```

第 1 行代码指定的包名为新创建的包。

第 2～7 行代码在新创建的包中创建 Math 类。

保存并运行，结果如图 4-18 所示。

不是 **java.lang.Math** 类，而是 **com.testpackage.Math** 类

图 4-18   程序代码运行结果

程序第一行指定了包名，在 com.testpackage 中定义了 Math 类，不同包中定义了同名类未出错，可见包可以有效管理类。

4.3.3   包的引用

1. 使用 import 关键字导入包

若在类中要使用的类有同名类，如上例中定义的 Math 类有 java.lang.Math 类和 com.testpackage.Math 类，此时要用哪一个 Math 类？答案是可用关键字 import 进行指定，如：import com.testpackage.Math 表达式，表示使用 com.testpackage 包中的 Math 类，也可在程序中直接用 com.testpackage.Math 指定。

使用 import 关键字导入包的语法格式有两种，其具体形式如下：

import 包名.*;//指定包中的所有类都可在程序中使用

import 包名.类名;//指定包中的指定类可在程序中使用

关键字 import 可指定类的完整描述，即在用关键字 import 指定的包后加"*"，表示包中所有类都可在程序中使用。

需要注意的是当类中已导入一个类，若程序中要用到其他包中相同类名的类时，要用全名格式表示，如：com.testpackage.Math 类已导入类中，程序中要用到 java.lang 包中的 Math 类，此时需要用全名格式 java.lang.Math 表示。

2. 使用 import 导入静态成员

关键字 import 除了能导入包之外，还可以导入静态成员，使用 import 导入静态成员的语法格式如下：

import static 静态成员;

【案例 4-11】演示使用 import 导入静态成员。

（1）在"TestJava 4"项目下创建"TestJava 4_11.java"。选中"TestJava 4"项目中的"src"，单击鼠标右键，在弹出的菜单中执行"New/Class"命令，弹出"New Java Class"对话框，在"New Java Class"对话框中可看到"Package"处默认为"com.testpackage"，"name"处设置类名为"TestJava 4_11"，并选中"public static void   main(String[] args)"。单击"Finish"按钮，生成 Java 文件"TestJava 4_11.java"。

（2）TestJava 4_11.java 文件的具体代码如下。

```
[1]    package com.testpackage;
[2]    import static java.lang.Math.max; //导入静态成员方法
[3]    import static java.lang.System.out; //导入静态成员变量
[4]    public class TestJava 4_11{
[5]        public static void main(String[] args){
[6]            //在主方法中可以直接使用这些静态成员
[7]            out.println("46 和 58 两个数中较大值为：" +max(46,58));
[8]        }
[9]    }
```

第 2~3 行代码使用 import 导入静态成员。

第 7 行代码在主方法中直接使用这些静态成员。

保存并运行，结果如图 4-19 所示。

46 和 58 两个数中较大值为:58

图 4-19   程序代码运行结果

程序中使用 import 导入静态成员，分别导入了 java.lang.Math.max 和 java.lang.System.out，在主方法中直接引用了 out.println()和 max()。

思考与练习

（1）接口的定义分为哪两部分？

（2）接口和类的区别是什么？

（3）异常分为哪 3 类？并对其进行说明。

（4）Exception 子类对应处理异常的方法有哪些？

第 4 章思考与
练习答案

（5）Java 通过哪 5 个关键字来实现异常的处理？

（6）throws 和 throw 抛出异常的区别是什么？

（7）异常类常用方法有哪些？

（8）说明使用自定义异常类的步骤。

（9）一个完整的类名由哪两部分组成？

（10）编程声明一个接口 TestIn，并在此接口中声明一个 show()方法，声明一个实现这个接口的类 TestInter，并实现接口中的方法。

（11）编程利用 try-catch 语句实现 ArrayIndexOutOfBoundsException 数组越界异常。

（12）创建一个包，并在创建的包下创建一个类。

第5章　输入与输出

【教学目的与要求】

第 5 章 PPT

（1）了解流的相关概念；

（2）了解流的分类；

（3）了解 InputStream、OutputStream 类中常用方法；

（4）掌握文件的管理；

（5）掌握文件属性的存取与检查；

（6）掌握文件输入输出流的使用；

（7）掌握带缓存的输入输出流的使用；

（8）掌握数据输入输出流的使用。

【思维导图】

在 Java 程序中，输入输出流是对内部程序与外部设备进交流的操作，数据的输入和输出都是通过"流"来实现的。Java 语言定义了大量用于操作输入输出流的类，这些类都存放在 java.io 包中，用于实现数据的输入和输出功能，本章内容如图 5-1 所示，将对输入输出流进行详细介绍。

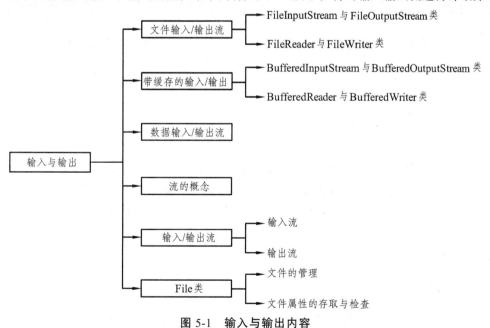

图 5-1　输入与输出内容

5.1　流的概念

流是一个抽象的概念，不同的输入或输出源，如文件、网络、压缩包等都被抽象为"流"。流是数据输入或输出的通道，主要用于实现数据的传输。流是一组运动着、有序的数据序列，这个数据序列可以是二进制字节数据，也可以是某种规定格式的数据。

根据流向不同，流分为输入流和输出流。其中输入流只能读取而不能写入数据；输出流则只能写入数据而不能读取数据。

根据操作单元不同，流分为字节流和字符流，其中字节流操作的数据单元为 8 位字符，而字符流操作的数据单元为 16 位字符，由 4 个抽象类来表示，分别为 InputStream（字节输入流）、抽象类 Reader（字符输入流）、OutputStream（字节输出流）、Writer（字符输出流）。

输入模式是程序读取信息源的数据流，通过输入流获取信息源中指定的信息数据，这个信息源可以是程序创建的某个信息来源，如文件、网络、压缩包或其他数据源，如图 5-2 所示。

输出模式和输入模式相反，输出模式是程序将输出对象的数据写入数据流，通过输出流把信息传递到目的地，目的地可以是文件、网络、压络包、控制台或其他数据输出目标，如图 5-3 所示。

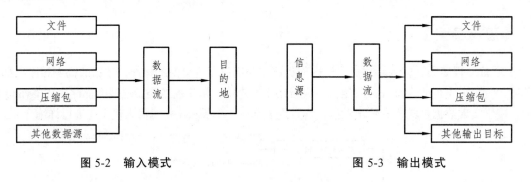

图 5-2　输入模式　　　　　　　图 5-3　输出模式

5.2　输入/输出流

Java 语言中定义了大量的类，这些类主要用于实现各种方式的输入和输出，都存放于 java.io 包中。其中，抽象类 InputStream（字节输入流）或抽象类 Reader（字符输入流）是所有输入流类的父类；而抽象类 OutputStream（字节输出流）或抽象类 Writer（字符输出流）是所有输出流类的父类。

5.2.1　输入流

通过前面的介绍可知，输入流的信息源可以是文件、网络、压缩包或其他数据源，其类型可以是字符、图像、声音等任何类型。InputStream 类是一种抽象类，是对字节输入流进行操作的类，是所有字节输入流的父类。InputStream 类的具体层次结构如图 5-4 所示。

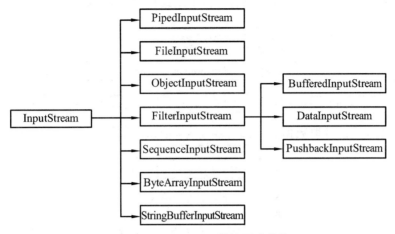

图 5-4　InputStream 类的层次结构

在 InputStream 类中有许多常用的方法，如表 5-1 所示中对这些方法进行说明。

表 5-1　InputStream 类中常用方法

InputStream 类的方法	描　　述
available()	读取数据流的位数
read()	读取数据流指针位置的下一个字节数据，返回整型字节值，范围为 0～255
read(byte[] b)	从输入流中读取一定数量的字节，将其存放到数组 b 中
read(byte[] b,int off,int len)	读取指定长度的字节，将其存放到数组 b 中，其中 int off 为读取字节的起始位置，int len 为读取字节的长度
mark(int readlimit)	标记输入流的当前位置，其中 readlimit 为可读取的最大字节数
markSupported()	检查是否支持 mark()操作，若支持返回 true，否则返回 false
skip(long n)	跳过输入流中的 n 个字节，并返回实际跳过的字节数
ready()	判断数据流是否已准备好被读取，返回值为布尔值
reset()	将数据流指计返回到当前标记处
close()	关闭输入流
finalize()	确认数据流已被关闭

此处需要注意的是 InputStream 中定义的方法并不是它的所有子类都支持，有些方法只有某些子类支持。

InputStream 是对字节输入流进行操作的类，只能处理字节，处理单元为 1 个字节，若遇到处理中文字符时，会显示不完整的字符从而出现乱码，因此在 Java 中引申出了字符流，字符流处理的是 2 个字节的 Unicode 字符，能够较好地支持多国语言。

Java 语言中提供了 Reader 类来实现字符文本的输入，Reader 类是字符输入流的抽象类，是所有字符输入类的父类，Reader 类的具体层次结构如图 5-5 所示。

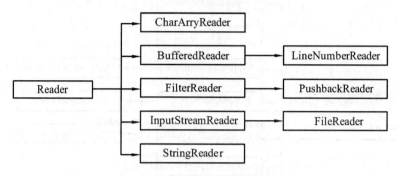

图 5-5 Reader 类的层次结构

Reader 类中的方法与 InputStream 类中的方法类似，读者可自行查看 JDK 文档。

5.2.2 输 出 流

OutputStream 类也是一种抽象类，是所有字节输出流的父类，作用是通过程序将输出对象的数据传递给外部设备。OutputStream 类的具体层次如图 5-6 所示。

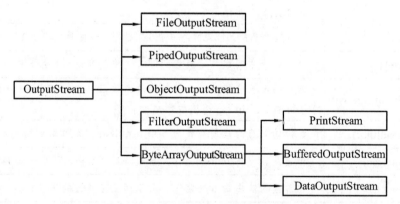

图 5-6 OutputStream 类的层次结构

OutputStream 类中所有的方法都要返回 void，遇到错误时会抛出 IOException 异常。在 OutputStream 类中有许多常用的方法，如表 5-2 所示对这些方法进行说明。

表 5-2 OutputStream 类中常用方法

方　法	描　述
available()	读取文件的大小
write(int b)方法	将指定字节的数据写入输出流
read(byte[] b)方法	将指定字节数组的内容写入输出流

方　法	描　述
write(byte[] b,int off,int len)方法	将指定长度的字节写入输出流，其中 int off 为写入字节的指定位置，int len 为写入字节的长度
String toString()	将写入的数据内容转换成字符串
close()	关闭数据流，完成数据流的操作后，需关闭数据流
finalize()	确认数据流已被关闭
flush()	刷新输出流，强行将缓冲区的内容写入输出流

Writer 类是字符输出流的抽象类，是所有字符输出类的父类。Writer 类的具体层次结构如图 5-7 所示。

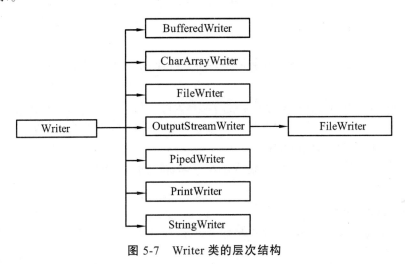

图 5-7　Writer 类的层次结构

5.3　File 类

Java 语言为文件管理提供了专属的工具类——File 类，要想调用 File 类中的相关方法，需要先创建 File 类对象，然后才能进行方法调用。程序员通过 File 类可以了解文件的相关信息和相关描述，可实现文件的管理，如创建、删除、重命名等，还可以实现文件属性的存取及检查，如文件的读写权限、文件的大小、获取文件名等。

5.3.1　文件的管理

File 类提供了很多用于文件管理的方法，常使用的有创建文件、更改文件名、删除文件等，File 类中常用的文件管理方法如表 5-3 所示。

表 5-3　File 类中常用的文件管理方法

方　　法	描　　述
createNewFile()	新建文件
createTempFile(String prefix,String suffix,File directory)	新建临时文件
delete()	删除指定文件
deleteOnExit()	删除指定文件，通常删除创建的临时文件
mkdir()	创建指定路径，若父路径不存在，则返回 false
mkdirs()	创建指定路径，若父路径不存在，则创建父路径
renameTo(File dest)	变更文件名称或路径名称

要调用 File 类中的文件管理方法，得先通过 File 类创建文件对象，通常有以下 3 种构造方法。

（1）File(String pathname)。

这种构造法是通过将给定路径名字符串转换为抽象路径名来创建一个新 File 实例，具体语法格式如下：

> new File(String pathname)

其中，pathname 为创建文件所在路径和文件名称，为字符串类型。例如：

File file = new File("E:\first.txt");

需要注意的是，若 pathname 处只输入了文件名称，而没有输入给定路径，则系统默认当前路径为给定路径。

（2）File(String parent,String child)。

这种构造方法是根据给定的 parent 路径字符串和 child 路径字符串创建一个新的 File 实例，具体语法格式如下：

> new File(String parent ,String child)

其中，parent 为父路径字符串，也就是创建文件所在路径，如 C:\或 C:\Program Files。child 为子路径字符串，也就是文件名称字符串，如 second.txt。

（3）File(File parent,String child)。

这种构造方法是根据给定的 parent 抽象路径名和 child 路径名字符串创建一个新 File 实例，具体语法格式如下：

> new File(File parent,String child)

其中,parent 为父路径对象,也就是已存在 File 对象的文件所在路径,如 C:\Program Files\。child 为子路径字符串，也就是文件名称字符串，例如：second.txt。

需要注意的是，在 Windows 系统中，驱动器号和一个 "："组成盘符的路径名前缀，目录的分隔符用 "\" 表示；在 Linux 系统中，目录的分隔符用 "/" 表示。

文件对象实例化完成后，就可以调用 File 类中的文件管理方法，用 createNewFile()创建一个新文件,使用时要抛出异常,还可用 delete()删除一个已存在的文件,也可用 renameTo(File dest）重新命名文件等。

【**案例 5-1**】演示管理文件。

（1）创建"TestJava 5"项目。打开 Eclipse 软件，单击菜单栏中的"File/New/Java Project"命令，在弹出的"New Java Project"对话框中的"Project Name"处，将项目名称设置为"TestJava 5"，选中"Use default location"前面的对号，其他选项使用默认设置即可，单击"Finish"按钮，就创建了一个"TestJava 5"项目。

（2）在"TestJava 5"项目下创建"TestJava 5_1.java"。选中"TestJava 5"项目中的"src"，单击鼠标右键，在弹出的菜单中执行"New/Class"命令，弹出"New Java Class"对话框，在"New Java Class"对话框中的"name"处设置类名为"TestJava 5_1"，并选中"public static void main(String[] args)"。单击"Finish"按钮，生成 Java 文件"TestJava 5_1.java"。

（3）TestJava 5_1.java 文件的具体代码如下。

```
[1]   import java.io.File;
[2]   import java.io.IOException;
[3]   public class TestJava 5_1{
[4]       public static void main(String[] args) throws IOException {
[5]           // TODO Auto-generated method stub
[6]           //创建 File 对象
[7]           File file=new File("First.txt");
[8]           File fileRename=new File("Second.txt");
[9]           //新建文件
[10]          if(file.createNewFile() == true) {
[11]              System.out.println("文件 First.txt 创建成功！");
[12]          }else {
[13]              System.out.println("文件 First.txt 创建失败！");
[14]          }
[15]          //变更文件名称
[16]          if(file.renameTo(fileRename)==true) {
[17]              System.out.println("文件 First.txt 更名为 Second.txt！");
[18]          }else {
[19]              System.out.println("文件 First.txt 更名失败！");
[20]          }
[21]          //删除文件
[22]          if(fileRename.delete() == true) {
[23]              System.out.println("文件 Second.txt 删除成功！");
[24]          }else {
[25]              System.out.println("文件 Second.txt 删除失败！");
[26]          }
[27]      }
[28] }
```

第 7~8 行代码创建 File 对象。

第 10 ~ 14 行代码新建文件。

第 16 ~ 20 行代码变更文件名称。

第 22 ~ 26 行代码删除文件。

保存并运行，结果如图 5-8 所示。

文件 First.txt 创建成功！

文件 First.txt 更名为 Second.txt！

文件 Second.txt 删除成功！

图 5-8　程序代码运行结果

5.3.2　文件属性的存取与检查

File 类提供了很多用于文件属性存取与检查的方法，从这些方法中可获取文件相关信息，File 类中常用的文件属性存取与检查方法如表 5-4 所示。

表 5-4　File 类中常用的文件属性存取与检查方法

方　法	描　述
canRead()	判断文件是否可读取
canWrite()	判断文件是否可写入
exits()	判断文件是否存在
getName()	获取文件名称
getParent()	获取文件的父路径名称
getAbsolutePath()	获取文件的绝对路径
isFile()	判断是否是文件类型
isDirectory()	判断是否是目录类型
isHidden()	判断文件是否是隐藏文件
lastModified()	获取文件最后修改日期
length()	获取文件的长度（以字节为单位）
setReadOnly()	设置只读属性
setLastModified(long time)	设置最后修改日期

【案例 5-2】演示文件属性存取与检查。

（1）新建"word.doc"文件。在 D:\eclipse-workspace\TestJava 5 路径下（当前编写程序路径下），新建"word.doc"文件。

（2）在"TestJava 5"项目下创建"TestJava 5_2.java"。选中"TestJava 5"项目中的"src"，单击鼠标右键，在弹出的菜单中执行"New/Class"命令，弹出"New Java Class"对话框，在"New Java Class"对话框中的"name"处设置类名为"TestJava 5_2"，并选中"public static void　main(String[] args)"。单击"Finish"按钮，生成 Java 文件"TestJava 5_2.java"。

（3）TestJava 5_2.java 文件的具体代码如下。

```
[1]    import java.io.File;
[2]    import java.io.IOException;
[3]    public class TestJava 5_2{
[4]        public static void main(String[] args) throws IOException {
[5]            // TODO Auto-generated method stub
[6]            File myFile = new File("word.doc"); //创建文件对象
[7]            if (myFile.exists()){ //如果文件存在
[8]                String name = myFile.getName(); //获取文件名称
[9]                long length = myFile.length(); //获取文件长度
[10]               boolean hidden = myFile.isHidden(); //判断文件是否是隐藏文件
[11]               System.out.println("文件名称:"+ name); //输出信息
[12]               System.out.println("文件长度:"+length);
[13]               System.out.println("文件是隐藏文件吗?"+ hidden);
[14]           }else{//如果文件不存在
[15]               System.out.println("文件不存在!"); //输出信息
[16]           }
[17]       }
[18]   }
```

第 7～16 行代码对文件属性存取与检查。

保存并运行，结果如图 5-9 所示。

```
文件名称:word.doc
文件长度:9728
文件是隐藏文件吗?false
```

图 5-9　程序代码运行结果

5.4　文件输入/输出流

在程序执行的过程中，多数情况下数据是暂存在内存中的，当关闭或结束程序时，数据会消失，若要保存数据，可将输入输出流与文件建立联系，将数据保存到文件中。

5.4.1　FileInputStream 与 FileOutputStream 类

FileInputStream 类的源端与 FileOutputStream 类的目的端都是磁盘文件。如果用户对于文件读取的需求比较简单，则可用 FileInputStream 类实现，FileInputStream 类是 InputStream 的子类，提供了基本的文件读取能力。与 FileInputStream 类相对应的类是 FileOutputStream 类，FileOutputStream 类是 OutputStream 类的子类，提供了基本的文件写入能力。

FileInputStream 类的构造方法有两种，具体形式如下：

```
FileInputStream(String name);
FileInputStream(File file);
```

第一种构造方式是通过文件名来创建一个 FileInputStream 对象；第二种构造方式是通过

file 对象来创建 FileInputStream 对象。需要注意的是，构造 FileInputStream 对象时，对应的文件必须是存在且可读的。

FileOutputStream 类的构造方法与 FileInputStream 类相同，创建一个 FileOutputStream 对象时，可指定不存在的文件名，若文件已存在则要求必须是可覆盖的。

【案例 5-3】演示 FileInputStream 与 FileOutputStream 类。

（1）使用 "word.doc" 文件。案例 5-2 中已在 D:\eclipse-workspace\TestJava 5 路径下（当前编写程序路径下），新建了 "word.doc" 文件，在此实例中可直接使用，需要注意的是，在执行程序时此文件不能被其他程序打开。

（2）在 "TestJava 5" 项目下创建 "TestJava 5_3.java"。选中 "TestJava 5" 项目中的 "src"，单击鼠标右键，在弹出的菜单中执行 "New/Class" 命令，弹出 "New Java Class" 对话框，在 "New Java Class" 对话框中的 "name" 处设置类名为 "TestJava 5_3"，并选中 "public static void main(String[] args)"。单击 "Finish" 按钮，生成 Java 文件 "TestJava 5_3.java"。

（3）TestJava 5_3.java 文件的具体代码如下。

```
[1]   import java.io.File;
[2]   import java.io.FileInputStream;
[3]   import java.io.FileOutputStream;
[4]   public class TestJava 5_3{
[5]       public static void main(String[] args) {
[6]           // TODO Auto-generated method stub
[7]           File myFile = new File("word.doc"); //创建文件对象
[8]           try{ //捕捉异常
[9]               //创建 FileOutputStream 对象
[10]              FileOutputStream outFile= new FileOutputStream(myFile);
[11]              //创建 byte 型数组
[12]              byte words[]="业精于勤而荒于嬉，行成于思而毁于随。".getBytes();
[13]              outFile.write(words); //将数组中的信息写入到文件中
[14]              outFile.close(); //将流关闭
[15]          }catch(Exception e){ //catch 语句处理异常信息
[16]              e.printStackTrace(); //输出异常信息
[17]          }
[18]          try {
[19]              //创建 FileInputStream 类对象
[20]              FileInputStream inFile= new FileInputStream(myFile);
[21]              byte arr[]=new byte[1024];//创建 byte 数组
[22]              int len = inFile.read(arr); //从文件中读取信息
[23]              //将文件中的信息输出
[24]              System.out.println("文件中的信息是:"+ new String(arr,0,len));
[25]              inFile.close();//关闭道流
[26]          }catch(Exception e) {
```

```
[27]                    e.printStackTrace();
[28]                }
[29]            }
[30]        }
```

第 8~17 行代码创建 FileOutputStream 对象，将数组中的信息写入到文件中。

第 18~28 行代码创建 FileInputStream 类对象，从文件中读取信息。

保存并运行，结果如图 5-10 所示，打开"word.doc"文件，可看到"业精于勤而荒于嬉，行成于思而毁于随。"这句话被存到了文件中。

文件中的信息是：业精于勤而荒于嬉，行成于思而毁于随。

图 5-10　程序代码运行结果

因为打开的流会占系统资源，因此在编写程序时要养成显式地关闭所有打开流的习惯。

5.4.2　FileReader 与 FileWriter 类

FileOutputStream 类和 FileInputStream 类都只是针对字节或字节数组进行操作的类，但在写入或读取汉字时会出现乱码，这时需要使用字符流 Reader 类或 Writer 类来解决这类问题。

文件的字符数据流包括 FileReader 类和 FileWriter 类，都是针对字符类型数据文件进行操作，分别是 Reader 类和 Writer 类的子类，在调用方法格式上与 Reader 类和 Writer 类相同。下面对 FileReader 类和 FileWriter 类的构造方法进行说明。

FileReader 类构造方法有 3 种，具体语法格式如下：

```
FileReader(File file)
FileReader(FileDescriptor fd)
FileReader(String filename)
```

第一种是根据 File 对象的路径名或文件名来创建 FileReader 对象；第二种是根据 FileDescriptor 对象的路径名或文件名来创建 FileReader 对象；第三种是根据路径名或文件名字符串来创建 FileReader 对象。

FileWriter 类构造方法也有 3 种，具体语法格式如下：

```
FileWriter(File,boolean append)
FileWriter(FileDescriptor fd)
FileWriter(String filename,boolean append)
```

其中，boolean append 表示判断是否使用文件的附加写入模式，此参数若省略，则系统默认值为 false。

【案例 5-4】演示 FileReader 类。

（1）在"TestJava 5"项目下创建"TestJava 5_4.java"。选中"TestJava 5"项目中的"src"，单击鼠标右键，在弹出的菜单中执行"New/Class"命令，弹出"New Java Class"对话框，在"New Java Class"对话框中的"name"处设置类名为"TestJava 5_4"，并选中"public static void　main(String[] args)"。单击"Finish"按钮，生成 Java 文件"TestJava 5_4.java"。

（2）TestJava 5_4.java 文件的具体代码如下。

```
[1]import java.io.FileNotFoundException;
[2]import java.io.FileReader;
[3]import java.io.IOException;
[4]public class TestJava 5_4{
[5]  public static void main(String[] args) throws IOException {
[6]      // TODO Auto-generated method stub
[7]      FileReader words=new FileReader("word.doc");
[8]      int a=words.read();
[9]      while(a!=-1) {
[10]         System.out.print((char)a);
[11]         a=words.read();
[12]     }
[13]     words.close();
[14] }
[15]}}
```

第 7~12 行代码创建 FileReader 类对象，对字符类型数据文件进行读取。

保存并运行，结果如图 5-11 所示。

业精于勤而荒于嬉，行成于思而毁于随。

图 5-11　程序代码运行结果

【案例 5-5】演示 FileWriter 类。

（1）在"TestJava 5"项目下创建"TestJava 5_5.java"。选中"TestJava 5"项目中的"src"，单击鼠标右键，在弹出的菜单中执行"New/Class"命令，弹出"New Java Class"对话框，在"New Java Class"对话框中的"name"处设置类名为"TestJava 5_5"，并选中"public static void main(String[] args)"。单击"Finish"按钮，生成 Java 文件"TestJava 5_5.java"。

（2）TestJava 5_5.java 文件的具体代码如下。

```
[1]   import java.io.FileWriter;
[2]   import java.io.IOException;
[3]   public class TestJava 5_5{
[4]       public static void main(String[] args) throws IOException {
[5]           // TODO Auto-generated method stub
[6]           FileWriter words=new FileWriter("word.doc");
[7]           words.write("Early to bed,");
[8]           words.write("early to rise makes a man healthy,");
[9]           words.write("wealthy and wise.");
[10]          words.write("——");
[11]          words.write("早睡早起身体好。");
[12]          words.close();
```

| [13] | } |
| [14] | } |

第 6～12 行代码创建 FileWriter 类对象，将字符类型数据写入文件。

保存并运行，word.doc 文件中原来的信息"业精于勤而荒于嬉，行成于思而毁于随"会被"Early to bed,early to rise makes a man healthy,wealthy and wise.——早睡早起身体好。"覆盖。

5.5　带缓存的输入/输出流

为了有效减少文件写入和读取的时间，提高文件的读写效率，程序可在 I/O 性能的基础上进行优化，为 I/O 流增加内存缓存区。根据字节流和字符流将其分为 BufferedInputStream 流、BufferedOutputStream 流、BufferedReader 流和 BufferedWriter 流。

5.5.1　BufferedInputStream 与 BufferedOutputStream 类

BufferedInputStream 类是 InputStream 类的子类，可实现一次读取缓存区中所有数据。BufferedInputStream 类常用方法如表 5-5 所示。

表 5-5　BufferedInputStream 类常用方法

方　　法	描　　述
read()	读取 BufferedInputStream 对象的字节数据
read(byte[]缓存区, int 位置, int 长度)	从指定位置，按规定长度，读取 BufferedInputStream 对象的字节数据到缓存区中
available()	读取 BufferedInputStream 对象的大小
close	关闭 BufferedInputStream 对象

BufferedInputStream 类有两种构造方法，具体语法格式如下：

BufferedInpurStream(InputStream 对象)

BufferedInputStream(InputStream 对象, int 长度)

第一种构造方法是创建一个带有 32 个字节的缓存流；第二种构造方法是按指定大小创建缓存区。

【案例 5-6】演示 BufferedInputStream 类。

（1）在"TestJava 5"项目下创建"TestJava 5_6.java"。选中"TestJava 5"项目中的"src"，单击鼠标右键，在弹出的菜单中执行"New/Class"命令，弹出"New Java Class"对话框，在"New Java Class"对话框中的"name"处设置类名为"TestJava 5_6"，并选中"public static void　main(String[] args)"。单击"Finish"按钮，生成 Java 文件"TestJava 5_6.java"。

（2）TestJava 5_6.java 文件的具体代码如下。

| [1] | import java.io.BufferedInputStream; |

```
[2]    import java.io.ByteArrayInputStream;
[3]    import java.io.IOException;
[4]    public class TestJava 5_6{
[5]        public static void main(String[] args) throws IOException {
[6]            // TODO Auto-generated method stub
[7]            byte[] a="Time tries all.".getBytes();
[8]            ByteArrayInputStream b= new ByteArrayInputStream(a);
[9]            BufferedInputStream c=new BufferedInputStream(b);
[10]           int i;
[11]           while ((i=c.read())!=-1) {
[12]               char j=(char) i;
[13]               System.out.print(j);
[14]           }
[15]       }
[16] }
```

第 7 行代码将字符串转换为字节数组。

第 8 行代码创建字节数组输入流对象 b，接收字节数组 a 作为参数创建。

第 9 ~ 14 行代码创建 BufferedInputStream 类对象，读取缓存区中所有数据。

保存并运行，结果如图 5-12 所示。

Time tries all.

图 5-12　程序代码运行结果

BufferedOutputStream 类是 OutputStream 类的子类，可实现一次将数据全部写入缓存区。BufferedOutputStream 类常用方法如表 5-6 所示。

表 5-6　BufferedOutputStream 类常用方法

方　　法	描　　述
write(byte[]缓存区, int 位置, int 长度)	从指定位置，按规定长度，将 BufferedOutputStream 对象的字节数据写入缓存区
flush()	强行将缓存区中的数据写入 BufferedOutputStream 对象
close	关闭 BufferedOutputStream 对象

BufferedOutputStream 类也有两种构造方法，具体语法格式如下：

BufferedOutputStream(OutputStream 对象)

BufferedOutputStream(OutputStream 对象, int 长度)

第一种构造方法是创建一个带有 32 个字节的缓存区；第二种构造方法是按指定大小创建缓存区。

【案例 5-7】演示 BufferedOutputStream 类。

（1）在"TestJava 5"项目下创建"TestJava 5_7.java"。选中"TestJava 5"项目中的"src"，单击鼠标右键，在弹出的菜单中执行"New/Class"命令，弹出"New Java Class"对话框，在"New Java Class"对话框中的"name"处设置类名为"TestJava 5_7"，并选中"public static void　main(String[] args)"。单击"Finish"按钮，生成 Java 文件"TestJava 5_7.java"。

（2）TestJava 5_7.java 文件的具体代码如下。

```
[1]   import java.io.BufferedOutputStream;
[2]   import java.io.FileNotFoundException;
[3]   import java.io.FileOutputStream;
[4]   import java.io.IOException;
[5]   public class TestJava 5_7{
[6]       public static void main(String[] args) throws IOException {
[7]           // TODO Auto-generated method stub
[8]           FileOutputStream words=new FileOutputStream("word.doc");
[9]           BufferedOutputStream a=new BufferedOutputStream(words);
[10]          String b="Time tries all.";
[11]          char[] c=new char[b.length()];
[12]          b.getChars(0, b.length(), c,0);
[13]          for(int i=0;i<b.length();i++) {
[14]              a.write(c[i]);
[15]          }
[16]          a.flush();
[17]          words.close();
[18]      }
[19]  }
```

第 8 行代码创建 FileOutputStream 对象，构造方法中绑定要输出的目的地。

第 9 行代码创建 BufferedOutputStream 对象，构造方法中传递 BufferedOutputStream 对象。

第 13 ~ 15 行代码使用 BufferedOutputStream 对象中的方法 write，把数据写入内部缓存区中。

第 16 ~ 17 行代码把内部缓存区中的数据，刷新到文件中，并释放资源。

保存并运行，word.doc 文件中原来的信息会被"Time tries all."覆盖。

5.5.2　BufferedReader 与 BufferedWriter 类

BufferedReader 类是 Reader 类的子类，为读取缓存区的类，为数据提供了暂存的地方，可一次读取大量数据。BufferedReader 类常用方法如表 5-7 所示。

表 5-7　BufferedReader 类常用方法

方　法	描　述
read()	读取缓存区中的下一个字符数据
readLine()	读取一行文字
read(byte[]缓存区, int 位置, int 长度)	从指定位置，按规定长度，读取 BufferedReader 对象的字符数据到缓存区中
close	关闭 BufferedReader 对象

BufferedReader 类有两种构造方法，具体语法格式如下：

BufferedReader (Reader 对象)

BufferedReader (Reader 对象，int 长度)

BufferedWriter 类是 Writer 类的子类，为写入缓存区类，可一次写入大量数据。BufferedWriter 类常用方法如表 5-8 所示。

表 5-8　BufferedWriter 类常用方法

方　法	描　述
write()	将字符数据写入缓存区
newLine()	写入一行新文字
write(byte[]缓存区, int 位置, int 长度)	从指定位置，按规定长度，将 BufferedWriter 对象的字符数据写入缓存区
close	关闭 BufferedWriter 对象

BufferedWriter 类有两种构造方法，具体语法格式如下：

BufferedWriter (Writer 对象)

BufferedWriter (Writer 对象，int 长度)

【案例 5-8】演示 BufferedReader 与 BufferedWriter 类。

（1）在"TestJava 5"项目下创建"TestJava 5_8.java"。选中"TestJava 5"项目中的"src"，单击鼠标右键，在弹出的菜单中执行"New/Class"命令，弹出"New Java Class"对话框，在"New Java Class"对话框中的"name"处设置类名为"TestJava 5_8"，并选中"public static void　main(String[] args)"。单击"Finish"按钮，生成 Java 文件"TestJava 5_8.java"。

（2）TestJava 5_8.java 文件的具体代码如下。

```
[1]    import java.io.BufferedReader;
[2]    import java.io.BufferedWriter;
[3]    import java.io.File;
[4]    import java.io.FileReader;
[5]    import java.io.FileWriter;
[6]    public class TestJava 5_8{
[7]        public static void main(String[] args) {
[8]            // TODO Auto-generated method stub
[9]            String con[]={"志当存高远","有志者，事竟成","只要路是对的，就不怕路远"};
[10]           File words = new File("word.doc"); //创建文件对象
[11]           try {
[12]               FileWriter a =new FileWriter(words);//创建 FileWriter 类对象
[13]               //创建 BufferedWriter 类对象
[14]               BufferedWriter b = new BufferedWriter(a);
[15]               for (int i =0; i < con.length; i++) { //循环遍历数组
[16]                   b.write(con[i]); //将字符串数组中的元素写入到磁盘文件中
```

```
[17]                         b.newLine();//将数组中的单个元素以单行的形式写入文件
[18]                     }
[19]                     b.close(); //将 BufferedWriter 流关闭
[20]                     a.close(); //将 FIleWriter 流关闭
[21]                 } catch (Exception e) { //处理异常
[22]                     e.printStackTrace();
[23]                 }
[24]                 try {
[25]                     FileReader c= new FileReader(words) ;//创建 FileReader 类对象
[26]                     //创建 BufferedReader 类对象
[27]                     BufferedReader d= new BufferedReader(c);
[28]                     String m = null; //创建字符串对象
[29]                     int i=0; //声明 int 型变量
[30]                     //如果文件的文本行数不为 null，则进入循环
[31]                     while((m = d.readLine()) != null){
[32]                         i++; //将变量做自增运算
[33]                         System.out.println("第"+i+"行内容为:"+m);//输出文件数据
[34]                     }
[35]                     d.close(); //将 FileReader 流关闭
[36]                     c.close();//将 FileReader 流关闭
[37]                 } catch (Exception e){ //处理异常
[38]                     e.printStackTrace();
[39]                 }
[40]         }
[41]     }
```

第 11～23 行代码创建 FileWriter 类对象和 BufferedWriter 类对象，将字符串数组中的元素写入磁盘文件中并以单行的形式写入文件。

第 24～39 行代码创建创建 FileReader 类对象和 BufferedReader 类对象，输出文件数据。保存并运行，结果如图 5-13 所示。

第 1 行内容为 :志当存高远
第 2 行内容为 :有志者，事竟成
第 3 行内容为 :只要路是对的，就不怕路远

图 5-13　程序代码运行结果

5.6　数据输入/输出流

DataInputStream 类与 DataOutputStream 类能以与机器无关的方式，从字节输入流中读取

基本 Java 数据类型。程序员可通过 DataOutputStream 将 Java 基本类型数据写入，并且通过 DataInputStream 将数据读入。DataInputStream 类与 DataOutputStream 类的构造方法的具体语法格式如下：

DataInputStream(InputStream in)
DataOutputStream(OutputStream out)

第一个构造方法是使用指定的基础 InputStream 创建一个 DataInputStream。

第二个构造方法是创建一个 DataOutputStream，将数据写入指定基础 OutputStream。

DataOutputStream 类有 3 种写入字符串的方法，具体形式如下：

writeBytes(String s)
writeChars(String s)
writeUTF(String s)

其中 writeBytes 是将每个字符的低字节写入目标设备中；writeChars 是将每个字符的两个字节都写到目标设备中；writeUTF 是将字符串按 UTF 编码写入目标设备，包括字节长度。

DataInputStream 类提供了一个 readUTF()方法返回字符串。

【案例 5-9】演示 DataInputStream 类与 DataOutputStream 类。

（1）在"TestJava 5"项目下创建"TestJava 5_9.java"。选中"TestJava 5"项目中的"src"，单击鼠标右键，在弹出的菜单中执行"New/Class"命令，弹出"New Java Class"对话框，在"New Java Class"对话框中的"name"处设置类名为"TestJava 5_9"，并选中"public static void main(String[] args)"。单击"Finish"按钮，生成 Java 文件"TestJava 5_9.java"。

（2）TestJava 5_9.java 文件的具体代码如下。

```
[1]   import java.io.DataInputStream;
[2]   import java.io.DataOutputStream;
[3]   import java.io.FileInputStream;
[4]   import java.io.FileOutputStream;
[5]   public class TestJava 5_9{
[6]       public static void main(String[] args) {
[7]           // TODO Auto-generated method stub
[8]           try {
[9]               //创建 FileOutputStream 对象
[10]              FileOutputStream a =new FileOutputStream("word.doc");
[11]              //创建 DataOutputStream 对象
[12]              DataOutputStream b=new DataOutputStream(a);
[13]              b.writeUTF("自己动手，丰衣足食。");//写入磁盘文件数据
[14]              b.close();//将流关闭
[15]              //创建 FileInputStream 对象
[16]              FileInputStream c=new FileInputStream("word.doc");
[17]              //创建 DataInputStream 对象
[18]              DataInputStream d=new DataInputStream(c);
[19]              System.out.println(d.readUTF());
```

```
[20]          }catch(Exception e) {
[21]              e.printStackTrace();
[22]          }
[23]     }
[24]  }
```

第 8～22 行代码创建 FileOutputStream 对象、DataOutputStream 对象、FileInputStream 对象、DataInputStream 对象，将数据写入磁盘文件并读取。

保存并运行，结果如图 5-14 所示，word.doc 文件中原来的信息会被 "%使用 writeUFT()方法写入数据；" 覆盖。

自己动手，丰衣足食

图 5-14　程序代码运行结果

思考与练习

（1）根据操作单元不同将流分为哪两种？由哪 4 种抽象类表示？

（2）InputStream、OutputStream 类中常用方法有哪些？

（3）File 类中常用的文件管理方法有哪些？

第 5 章思考与
练习答案

（4）File 类中常用的文件属性存取与检查方法有哪些？

（5）BufferedInputStream、BufferedOutputStream、BufferedReader、BufferedWriter 类常用方法有哪些？

（6）编程创建文件 1.word 和 2.word，判断文件 1.word 是否创建成功，给文件 2.word 更名后删除文件 2.word。

（7）在当前编写程序路径下，新建 "test.doc"，编程获取文件名称和文件长度。

（8）编程获取文件 "test.doc" 中的内容。

（9）利用 FileWriter 类，编程用新的内容覆盖文件 "test.doc" 中的内容。

（10）利用 BufferedReader 与 BufferedWriter 类，编程按行输出文件数据。

核 心 篇

核心篇以 Android Studio3.5.2 作为开发工具，介绍了 Android 应用开发的核心知识，内容上覆盖了 Android Studio 的环境搭建、Android 用户界面编程、Android 的 4 大组件、数据存储方式、网络通信编程，从"项目驱动"的角度来讲解知识点。示范性的案例既可帮助读者更好地理解各知识点在实际开发中的应用，也可供读者在实际开发时作为参考。

第 6 章　Android 技术入门

【教学目的与要求】

（1）掌握 Android Studio 开发环境的构建；
（2）掌握 Android 体系结构；
（3）了解 Android 发展历程。

Android 版本明细

【思维导图】

Android 是 Google 公司基于 Linux 平台开发的手机及平板电脑操作系统，是目前移动平台最受欢迎的操作系统。在本书第一部分，读者已经详细学习了 Java 基础知识，掌握了 Java 编程的方法和技巧。作为本书的第二部分，以 Java 为基础，开始系统介绍 Android 程序设计，如图 6-1 所示。

图 6-1　Android 技术入门内容

6.1 Android 发展历程

Android 系统最早由 Andy Rubin（安迪·鲁宾）等人创建的 Android 公司研发，2005 年 8 月 17 日，Google 公司收购了这家仅成立 22 个月的高科技企业及其团队。2007 年 11 月 5 日，Google 公司正式向外界展示了基于 Linux 平台的开源手机操作系统——Android 操作系统，同时宣布建立一个全球性的联盟组织。该组织由 34 家手机制造商、软件开发商、电信运营商以及芯片制造商共同组成，并与 84 家硬件制造商、软件开发商及电信运营商形成开放手持设备联盟（Open Handset Alliance）。该联盟共同开发改良 Android 系统，并支持 Google 公司发布的手机操作系统以及应用软件。

2008 年 9 月，Google 公司正式发布了 Android1.0 版本，这也是 Android 系统最早的版本。2009 年 4 月 30 日，Google 公司发布了 Android1.5 版本，从这个版本开始，后续版本以甜点的名字来命名直至 Android10.0 版本。该命名按照英文首字母顺序排序，即纸杯蛋糕、甜甜圈、松饼、冻酸奶、姜饼、蜂巢、冰激凌三明治、果冻豆、奇巧巧克力、棒棒糖、棉花糖、牛轧糖等。Android 系统发布的主要版本及发布时间如表 6-1 所示。

表 6-1　Android 主要版本及发布时间

版　　本	别　　名	发布时间
Android1.5	Cupcake（纸杯蛋糕）	2009 年 4 月 30 日
Android1.6	Donut（甜甜圈）	2009 年 9 月 15 日
Android2.0	Eclair（松饼）	2009 年 10 月 25 日
Android2.1	Eclair（松饼）	2010 年 1 月 10 日
Android2.2	Froyo（冻酸奶）	2010 年 5 月 20 日
Android2.3	Gingerbread（姜饼）	2010 年 12 月 7 日
Android3.0	Honeycomb（蜂巢）	2011 年 2 月 2 日
Android4.0	Ice Cream Sandwich（冰激凌三明治）	2011 年 10 月 19 日
Android4.1	Jelly Bean（果冻豆）	2012 年 6 月 28 日
Android4.2	Jelly Bean（果冻豆）	2012 年 10 月 30 日
Android4.3	Jelly Bean（果冻豆）	2013 年 11 月 1 日
Android4.4	KitKat（奇巧巧克力）	2013 年 11 月 1 日
Android5.0	Lollipop（棒棒糖）	2014 年 10 月 15 日
Android6.0	Marshmallow（棉花糖）	2015 年 9 月 29 日
Android7.0	Nougat（牛轧糖）	2016 年 8 月 22 日
Android8.0	Oreo（奥利奥）	2017 年 8 月 22 日
Android8.1	Oreo（奥利奥）	2017 年 12 月 5 日
Android9.0	Pie（派）	2018 年 8 月 6 日
Android10.0	抛弃糖果命名	2019 年 9 月 3 日
Android11.0	抛弃糖果命名	2020 年 9 月 8 日
Android12.0	抛弃糖果命名	2021 年 10 月 4 日

最新版 Android13.0 预计于 2022 年的秋季发布，从 5.0 开始 Android 几乎每年发一个大版本，一般在 8、9、10 三个月份。

6.2　Android 体系结构

Android 体系结构分为 4 层，从上到下分别是应用程序层、应用程序框架层、核心类库和 Linux 内核，其中，核心类库包括系统库和 Android 运行时，如图 6-2 所示。

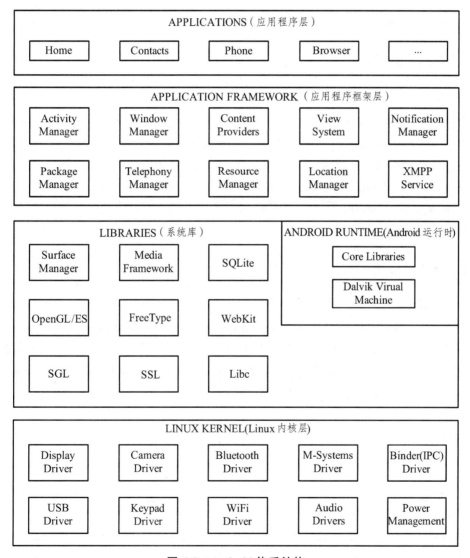

图 6-2　Android 体系结构

1. 应用程序层

应用程序层（Applications）是用 Java 语言编写的运行在 Android 平台上的程序。比如系统自带的联系人程序、短信程序。开发者也可以利用 Java 语言编写属于自己的应用程序，由用户自行使用。

2．应用程序框架层

应用程序框架层（Application Framework）主要提供构建应用程序时用到的各种 API。开发者可以使用 API 来开发自己的应用程序，并且任何一个应用程序都可以发布自身的功能模块，而其他应用程序则可以使用这些已发布的功能模块。基于这样的重用机制，用户就可以方便地替换平台本身的各种应用程序组件。Android 应用程序框架层所提供的主要 API 框架如下。

（1）Activity Manager：活动管理器，用来管理应用程序生命周期，并提供常用的导航退回功能。

（2）Window Manager：窗口管理器，用来管理所有的窗口程序。

（3）Content Providers：内容提供器，可以让一个应用访问另一个应用的数据，或者共享它们自己的数据。

（4）View System：视图系统，用来构建应用程序，如列表、表格、文本框及按钮等。

（5）Notification Manager：通知管理器，用来设置在状态栏中显示的提示信息。

（6）Package Manager：包管理器，用来对 Android 系统内的程序进行管理。

（7）Telephony Manager：电话管理器，用来对联系人及通话记录等信息进行管理。

（8）Resource Manager：资源管理器，用来提供非代码资源的访问，如本地字符串、图形及布局文件等。

（9）Location Manager：位置管理器，用来提供使用者的当前位置等信息，如 GPS 定位。

（10）XMPP Service：即时通信服务。

3．核心类库

核心类库（Libraries）包含系统库及 Android 运行时（Android Runtime）。

（1）libc：C 语言的标准库，系统最底层的库，C 语言标准库通过 Linux 系统来调用。

（2）Surface Manager：主要管理多个应用程序同时执行时，各个程序之间的显示与存取，并且为多个应用程序提供了 2D 和 3D 图层的无缝融合。

（3）SQLite：关系数据库。

（4）OpenGL|ES：3D 效果支持。

（5）Media Framework：Android 系统多媒体库。

（6）FreeType：位图及矢量库。

（7）WebKit：Web 浏览器引擎。

（8）SGL：2D 图形引擎库。

（9）SSL：位于 TCP/IP 协议与各种应用层协议之间，为数据通信提供支持。

Android 运行时（Android Runtime）包括核心库和 Dalvik 虚拟机，Dalvik 是一种基于寄存器的 Java 虚拟机，主要完成对生命周期的管理、堆栈的管理、线程的管理、安全和异常的管理以及垃圾回收等。

4. Linux 内核(Linux Kernel)

Linux 内核层为 Android 设备的各种硬件提供了底层的驱动，如显示驱动、音频驱动、照相机驱动、蓝牙驱动、电源管理驱动等。

6.3　构建 Android 开发环境

本节完成 Android Studio 开发工具的环境构建。

6.3.1　Android Studio 安装

Android Studio 是 Google 为 Android 提供的一个官方 IDE 工具，它集成了 Android 所需的开发工具。

1. Android Studio 下载

Android Studio 安装包可以从 http://www.android-studio.org/index.php/download 下载。以 Windows10 系统为例，下载 Android Studio3.5.2 版本，该版本集成了 SDK，本书所有案例及实战项目均在该版本下调试通过。

如图 6-3 所示为各种操作系统对应的 Android Studio3.5.2 版本，根据自己的计算机配置，选择下载相应的版本，本书以 Windows(64-bit)为例。

图 6-3　Android Studio 下载页

2. Android Studio 安装

双击 android-studio-ide-191.5977832-windows.exe 文件，进入 Welcome to Android Studio Setup 窗口，如图 6-4 所示。

图 6-4　Welcome to Android Studio Setup 窗口

单击【Next】按钮，进入 Choose Components 窗口，如图 6-5 所示。

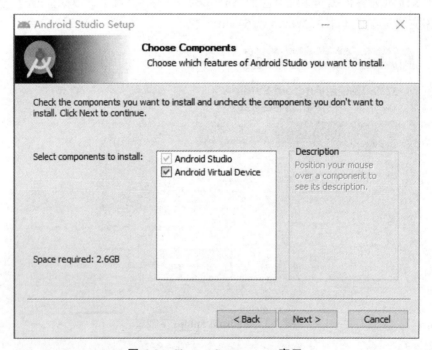

图 6-5　Choose Components 窗口

单击【Next】按钮，进入 Configuration Settings 窗口，如图 6-6 所示。

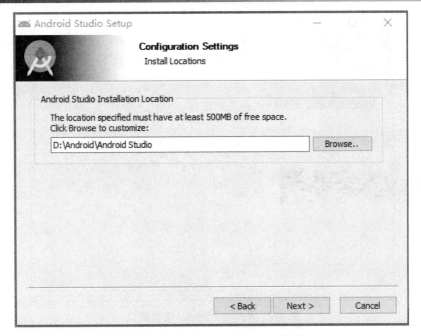

图 6-6   Configuration Settings 窗口

图中输入框用于设置 Android Studio 的安装路径，单击【Browse】按钮更改安装路径，这里选择安装在"D:\Android\Android Studio"路径。单击【Next】按钮，进入 Choose Start Menu Folder 窗口，如图 6-7 所示。

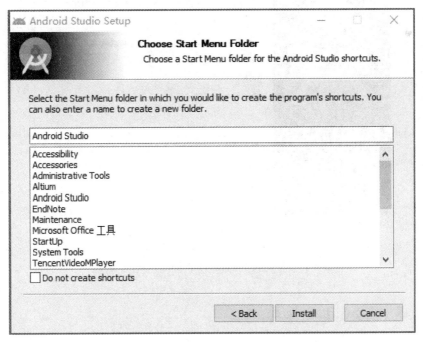

图 6-7   Choose Start Menu Folder 窗口

单击【Install】按钮，进入 Installing 界面开始安装，如图 6-8 所示。

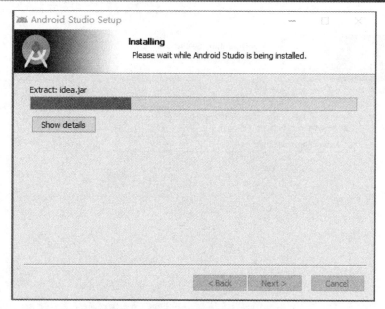

图 6-8 Android Studio 安装窗口

安装完成后，单击【Next】按钮，进入 Completing Android Studio Setup 窗口，如图 6-9 所示。单击【Finish】按钮，完成了 Android Studio 的安装。

图 6-9 Completing Android Studio Setup 窗口

6.3.2 创建 Android 模拟器

Android 模拟器是一个可以运行在计算机上的虚拟设备，在模拟器上可以测试 Android 应用程序。常用的 Android 模拟器有 Android Studio 自带的模拟器、夜神模拟器、逍遥模拟器等。以 Android Studio 自带的模拟器为例，创建模拟器步骤如下。

（1）单击导航栏中的 ▣ 图标，弹出 Your Virtual Devices 窗口，如图 6-10 所示。

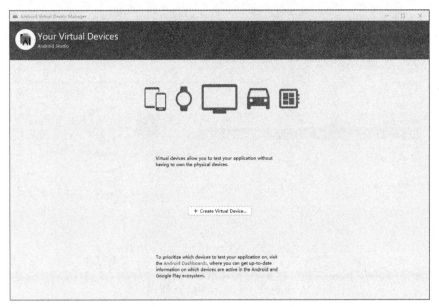

图 6-10　Your Virtual Devices 窗口

（2）选择模拟设备。单击图中【Create Virtual Device】按钮，进入选择模拟设备的 Select Hardware 窗口，如图 6-11 所示。

图 6-11　Select Hardware 窗口

（3）下载 SDK System Image。在图中，左侧栏 Category 是设备类型，中间栏是设备名称、尺寸大小、分辨率、密度等信息，右侧栏是设备预览图。可以根据自己所需选择，这里选择【Phone】→【Pixel2】，单击【Next】按钮进入 System Image 窗口，如图 6-12 所示。

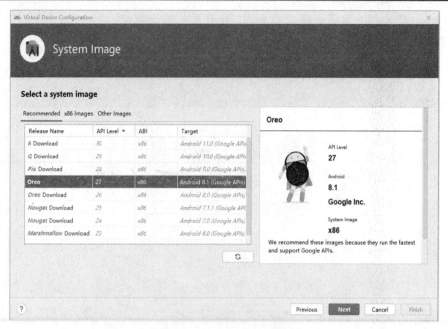

图 6-12　System Image 窗口

在图中，左侧栏为推荐的 Android 系统镜像，右侧栏为选中的 Android 系统镜像对应的图标。此处选择 Android8.1 的系统版本下载。

（4）创建模拟设备。选择图中的 Oreo 条目，单击【Next】按钮进入 Android Virtual Device(AVD)窗口，如图 6-13 所示，单击【Finish】按钮，完成模拟器的创建。

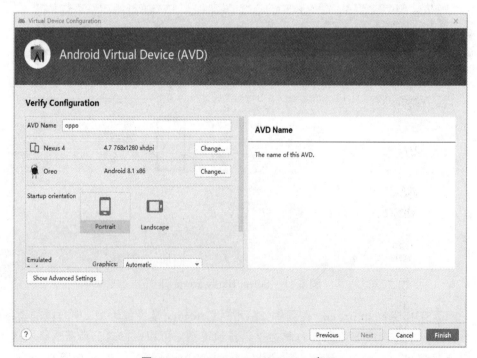

图 6-13　Android Virtual Device 窗口

6.4 第一个 Android 应用程序

使用 Android Studio 工具开发第一个 Android 程序。

6.4.1 创建 HelloWorld 项目

打开 Android Studio 软件，如图 6-14 所示为 Android Studio 的开启窗口。

图 6-14 Android Studio 开启窗口

进度完成后，进入"Welcome to Android Studio"界面，选择【Create New Project】选项，进入 New Project 窗口，如图 6-15 所示，这里选择 Empty Activity。

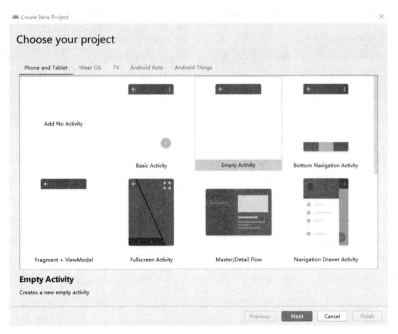

图 6-15 选择 Activity 窗口

单击【Next】按钮，进入 Configure your project 窗口，如图 6-16 所示。

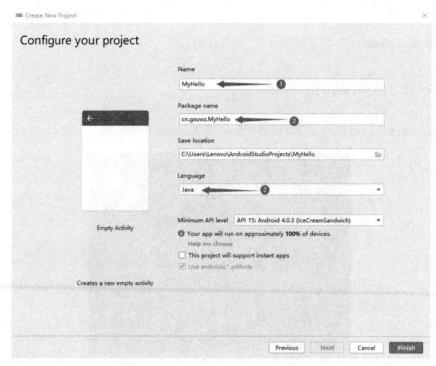

图 6-16　Configure your project 窗口

在图中，需要填写的信息有 Name（图中标号①）、Package name（图中标号②）、Save location，选择 Language（图中标号③）、Minimum SDK。填写信息如图 6-16 所示，单击【Finish】按钮，进入 Android Studio 工具的代码编辑窗口，如图 6-17 所示，完成项目创建。

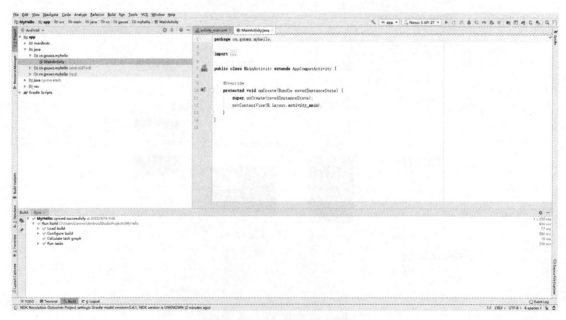

图 6-17　MyHello 程序窗口

6.4.2　启动 Android 模拟器

MyHello 程序创建成功后，启动"AVD Manager"或者"夜神模拟器"（该模拟器的下载及安装方法见其官方网站），单击工具栏中的运行按钮直接运行程序，程序就会运行在模拟器上，如图 6-18 所示。

图 6-18　模拟器上的运行结果

6.4.3　Android 应用程序结构分析

创建完成 Android 程序后，Android Studio 就为其构建了基本结构，以 MyHello 为例，介绍 Android 程序的主要组成结构。MyHello 程序结构如图 6-19 所示。

（1）app：用于存放程序的代码和资源等内容。

① libs：用于存放第三方 jar 包。

② src/androidTest：存放测试的代码文件。

③ src/main/java：存放程序的代码文件。

④ src/main/res：存放程序的资源文件。

⑤ src/main/AndroidManifest.xml：整个程序的配置文件。

⑥ app/build.gradle：该文件包含 compileSdkVersion、minSdkVersion、targetSdkVersion 重要的属性，分别表示编译的 SDK 版本、支持的最低版本、支持的目标版本。

（2）build.gradle：程序的 gradle 构建脚本。

（3）local.properties：指定项目中所使用的 SDK 路径。

（4）settings.gradle：用于配置在 Android 程序中使用到的子项目。

图 6-19　Android 程序结构

6.5　Android 资源管理

　　Android 程序中的资源指的是可以在代码中使用的外部文件，这些文件作为应用程序的一部分，被编译到 App 中。在 Android 程序中，资源文件都保存在 res 目录下。

6.5.1　Android 图片资源

　　Android 中的图片资源包括扩展名为.png、.jpg、.gif 等文件。根据用途不同图片资源分为应用图标资源和界面中使用的图片资源。

　　应用图标资源存放在 mipmap 文件夹中。

界面中使用的图片资源存放在 drawable 文件夹中。

调用图片资源的方法如下。

1. 通过 Java 代码调用图片资源

```
//调用 mipmap 文件夹中资源文件
getResources().getDrawable(R.mipmap.ic_launcher);
//调用以 drawable 开头的文件夹中的资源文件
getResources().getDrawable(R.drawable.icon);
```

2. 在 XML 布局文件中调用图片资源

```
@mipmap/ic_launcher        //调用 mipmap 文件夹中的资源文件
@drawable/icon             //调用以 drawable 开头的文件夹中的资源文件
```

6.5.2　Android 主题和样式资源

Android 中的样式和主题，都用于为界面元素定义显示风格。

1. 主　题

主题是包含一种或多种的格式化属性集合，在程序中调用主题资源可改变窗体的样式，对整个应用或某个 Activity 存在全局性影响。

定义位置：res/values 目录下的 styles.xml 文件中。

<style></style>：定义主题。该标签中的 name 属性用于指定主题的名称，parent 属性用于指定 Android 系统提供的父主题。

<item></item>：设置主题的样式。

示例代码如下：

```
<style name="AppTheme" parent="Theme.AppCompat.Light.DarkActionBar">
    <!-- Customize your theme here. -->
    <item name="colorPrimary">@color/colorPrimary</item>
    <item name="colorPrimaryDark">@color/colorPrimaryDark</item>
    <item name="colorAccent">@color/colorAccent</item>
</style>
```

在 Android 程序中，调用 styles.xml 文件中定义的主题，可以在 AndroidManifest.xml 中设置，也可以在代码中设置。

（1）XML 文件中：

```
<application
    ……
android:theme ="@style/AppTheme">
</application>
```

（2）Java 代码中：

```
setTheme(R.style.AppTheme);
```

2. 样　式

通过改变主题可以改变整个窗体样式，但主题不能设置 View 控件的具体样式，样式可以设置 View 的具体样式。

定义位置：res/values 目录下的 styles.xml 文件中。

<style></style>：定义样式。

：设置控件的样式。

示例代码如下：

```
<style name="textViewStyle">
        <item name="android:layout_width">28dp</item>
        <item name="android:layout_height">28dp</item>
</style>
```

上面代码中，<style>标签中的 name 属性设置样式的名称，<item>标签设置控件的样式。在布局文件中的 View 控件，通过 style 属性调用 textViewStyle 样式的示例代码如下：

```
<TextView
……
style="@style/textViewStyle"/>
```

6.5.3　Android 字符串资源

1. 文件位置

res/values/filename.xml

filename 是任意值。<string>元素的 name 用作资源 ID。

2. 资源引用

指向 String 的资源指针。

（1）Java 中：R.string.string_name。

```
String string = getString(R.string.hello);
```

（2）在 XML 中：@string/string_name。

```
<TextView
    android:layout_width="fill_parent"
    android:layout_height="wrap_content"
    android:text="@string/hello" />
```

3. 语　法

```
<?xml version="1.0" encoding="utf-8"?>
```

```
<resources>
    <string name="string_name">text_string</string>
</resources>
```

6.5.4　Android 颜色资源

在 res/values 下建立 colors.xml 文件，在 XML 文件里面定义需要的颜色。Android 开发中使用的颜色可以分为两种：自定义颜色和系统颜色。

1. 自定义颜色

颜色值的定义是通过 RGB 三原色和一个 alpha（透明度）值来定义的。以"#"开始，后面是 Alpha-Red-Green-Blue 的格式。

形如：

\#RGB

\#ARGB

\#RRGGBB

\#AARRGGBB

通常使用#RRGGBB 或者#AARRGGBB 的形式

（1）定义。

xml 文件中定义：

```
<?xml version="1.0" encoding="utf-8"?>
<resourses>
<color name="red">#ff0000</color>
</resourses>
```

直接定义：

```
//这种整型表示法，必须使用 16 进制 0x，也必须使用 8 位表示法
int color =0xAARRGGBB;
```

（2）引用。

在 xml 文件中引用：

```
android:background="@color/red"
```

在 java 代码中引用：

```
//使用 ResourceManager 类中的 getColor 来获取该颜色
int color = context.getResources.getColor(R.color.red);
view.setBackgroundColor(color);
```

2. 系统颜色

android.graphics.Color 类中提供了一些颜色常量和构造颜色值的静态方法。

java 代码中使用系统颜色：

```
int color = context.getResources.getColor(android.R.color.background_dark);
```
在 xml 文件中使用系统颜色：

```
android:background="@android:color/background_dark"
```

思考与练习

一、填空题

（1）Android 程序入口的 Activity 是在_____文件中注册的。

（2）在 Android 平台中，系统架构分为___层，具体分别为____、____、____和____。

（3）Android Studio 创建模拟器的管理工具名为_____。

（4）Dalvik 中的 Dx 工具会把部分 class 文件转换成_____文件。

二、选择题

（1）下列开发工具中不属于 Android 应用的是（　　）。

　　A. JDK　　　　　B. Android SDK　　　　C. Android Studio　　　　D. codeblock

（2）智能手机的两大操作系统是（　　）。

　　A. Android　　B. iOS　　　　　　　　C. Symbian　　　　　　　D. Windows

（3）下列哪些设备可以运行 Android 系统（　　）。

　　A. 智能手机　　B. 平板电脑　　　　　C. 智能电视　　　　　　　D. 车载大屏

（4）下列不属于 Android 的 4 大组件的是（　　）。

　　A. Activity　　B. Service　　　　　　C. ContentProvider　　　　D. Intent

三、判断题

（1）Dalvik 是 Google 公司设计的用于 Android 平台的虚拟机。（　　）

（2）Android Studio 由 Eclipse 演变而来。（　　）

（3）Android 应用程序的主要语言是 Java。（　　）

（4）App 可以在电脑上直接运行。（　　）

四、简答题

（1）Android 经历了哪些版本？

（2）简述搭建 Android 开发环境时为什么要先安装 JDK（如果 Android Studio 没有集成 JDK）。

（3）简述 Android 的 4 大组件以及各自的作用。

五、编程题

编写程序显示信息"梅花香自苦寒来"。

144

第 7 章　Android 用户界面设计

【教学目的与要求】

（1）掌握常用界面布局的使用；
（2）掌握常用控件的使用，能够设计简单的界面；
（3）掌握 ListView 与 RecyclerView 控件的使用，能够设计列表界面。

【思维导图】

　　用户界面 UI（User Interface）是系统和用户间进行信息交换的媒介。Android 实行界面设计者和程序开发者独立并行工作的方式，实现了界面设计和程序逻辑完全分离。Android 程序将用户界面和资源从逻辑代码中分离出来，使用 XML 文件描述用户界面，资源文件独立保存在资源文件夹。如图 7-1 所示。

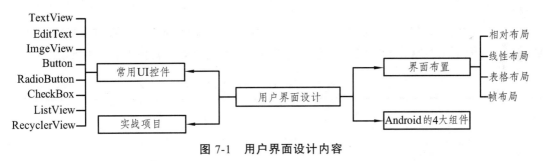

图 7-1　用户界面设计内容

7.1 界面基础知识

UI 设计采用视图层次（View Hierarchy）结构，由 View（视图）和 ViewGroup（容器）组成，如图 7-2 所示。Android 应用的每个界面的根元素必须有且只有一个 ViewGroup 容器。

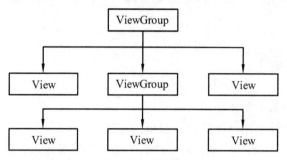

图 7-2 Android 用户界面视图层次

7.2 界面布局

为了适应不同的界面风格，下面介绍几种 Android 系统提供的常用布局，分别为 RelativeLayout（相对布局）、LinearLayout（线性布局）、FrameLayout（帧布局）、TableLayout（表格布局）。

Android 系统提供的常用布局直接或者间接继承自 ViewGroup，因此常用的布局也支持在 ViewGroup 中定义的属性，这些属性可以看作布局的通用属性，具体如表 7-1 所示。

表 7-1 布局的通用属性

属性名称	功能描述
android:id	设置布局的标识
android:layout_width	设置布局的宽度
android:layout_height	设置布局的高度
android:background	设置布局的背景
android:layout_margin	设置当前布局与屏幕边界或与周围控件的距离
android:padding	设置当前布局与该布局中控件的距离

针对表 7-1 布局中的属性进行讲解。

1. android:id

用于设置当前布局的唯一标识。在 XML 文件中它的属性值是通过"@+id/属性名称"定义的。为布局指定 android:id 属性后，在 R.java 文件中，会自动生成对应的 int 值。在 Java

代码中通过为 findViewById()方法传入该 int 值来获取该布局对象。

2. android:layout_width

用于设置布局的宽度，其值可以是具体的尺寸，也可以是系统定义的值，具体如下。

（1）match_parent：表示该布局的宽度与父容器（从根元素讲是屏幕）的宽度相同。

（2）wrap_content：表示该布局的宽度包裹它的内容。

3. android:layout_height

用于设置布局的高度，其值可以是具体的尺寸，也可以是系统定义的值，具体如下。

（1）match_parent：表示该布局的高度与父容器的高度相同。

（2）wrap_content：表示该布局的高度包裹它的内容。

4. android:background

用于设置布局背景，其值可以引用图片资源，也可以是颜色资源。

5. android:layout_margin

用于设置当前布局与屏幕边界、周围布局或控件的距离，属性值为具体的尺寸。与之相似的还有 android:layout_marginTop、android:layout_marginBottom、android:layout_marginLeft、android: layout_marginRight 属性，分别用于设置当前布局与屏幕、周围布局或者控件的上、下、左、右边界的距离。

6. android:padding

用于设置当前布局内控件与该布局的距离，其值可以是具体的尺寸。与之相似的还有 android:paddingTop、android:paddingBottom、android:paddingLeft、android:paddingRight 相关属性，分别用于设置当前布局中控件与该布局上、下、左、右的距离。

需要注意的是，Android 系统提供的常用布局必须设置 android:layout_width 和 android: layout_height 属性指定其宽高，其他的属性可以根据需求进行设置。

7.2.1　RelativeLayout 相对布局

RelativeLayout（相对布局）通过相对定位的方式指定子控件的位置，优点：比较灵活；缺点：掌握比较复杂。在 XML 布局文件中定义相对布局时使用<RelativeLayout>标签，定义格式如下。

```
<RelativeLayout xmlns:android=http://schemas.android.com/apk/res/android
属性="属性值"
......>
</RelativeLayout>
```

RelativeLayout 通过以父容器或其他子控件为参照物，指定布局中子控件的位置。在

RelativeLayout 中的子控件具备一些属性,用于指定子控件的位置,控件的属性如表 7-2 所示。

表 7-2　RelativeLayout 的子控件属性

属性名称	功能描述
android:layout_centerInParent	设置当前控件位于父布局的中央位置
android:layout_centerVertical	设置当前控件位于父布局的垂直居中位置
android:layout_centerHorizontal	设置当前控件位于父布局的水平居中位置
android:layout_above	设置当前控件位于某控件上万
android:layout_below	设置当前控件位于某控件下方
android:layout_toLeftOf	设置当前控件位于某控件左侧
android:layout_toRightOf	设置当前控件位于某控件右侧
android:layout_alignParentTop	设置当前控件是否与父控件顶端对齐
android:layout_alignParentLeft	设置当前控件是否与父控件左对齐
android:layout_alignParentRight	设置当前控件是否与父控件右对齐
android:layout_alignParentBottom	设置当前控件是否与父控件底端对齐
android:layout_alignTop	设置当前控件的上边界与某控件的上边界对齐
android:layout_alignBottom	设置当前控件的下边界与某控件的下边界对齐
android:layout_alignLeft	设置当前控件的左边界与某控件的左边界对齐
android:layout_alignRight	设置当前控件的右边界与某控件的右边界对齐

【案例 7-1】在相对布局中指定一个图片、4 个按钮的位置。

(1)创建一个应用程序 RelativeLayout。

(2)界面设计:在 activity_main.xml 文件的 RelativeLayout 布局中放置一个 ImageView 控件和 4 个 Button 控件(ImageView 控件和 Button 控件在 7.3.3 与 7.3.5 节有详细讲解)。

(3)activity_main.xml 文件的具体代码如下。

```
[1]    <?xml version="1.0" encoding--"utf-8"?>
[2]    <RelativeLayout xmlns:android="http://schemas.android.com/apk/res/android"
[3]        android:layout_width="match_parent"
[4]        android:layout_height="match_parent">
[5]        <ImageView
[6]            android:id="@+id/img"
[7]            android:layout_width="80dp"
[8]            android:layout_height="80dp"
[9]            android:layout_centerInParent="true"
[10]           android:src="@drawable/flower" />
[11]       <Button
[12]           android:id="@+id/btn1"
[13]           android:layout_width="wrap_content"
```

```
[14]            android:layout_height="wrap_content"
[15]            android:layout_above="@+id/img"
[16]            android:layout_centerHorizontal="true"
[17]            android:text="上面" />
[18]      <Button
[19]            android:id="@+id/btn2"
[20]            android:layout_width="wrap_content"
[21]            android:layout_height="wrap_content"
[22]            android:layout_below="@+id/img"
[23]            android:layout_centerHorizontal="true"
[24]            android:text="下面" />
[25]      <Button
[26]            android:id="@+id/btn3"
[27]            android:layout_width="wrap_content"
[28]            android:layout_height="wrap_content"
[29]            android:layout_centerVertical="true"
[30]            android:layout_toLeftOf="@+id/img"
[31]            android:text="左边" />
[32]      <Button
[33]            android:id="@+id/btn4"
[34]            android:layout_width="wrap_content"
[35]            android:layout_height="wrap_content"
[36]            android:layout_centerVertical="true"
[37]            android:layout_toRightOf="@+id/img"
[38]            android:text="右边" />
[39] </RelativeLayout>
```

上述代码中,第 2 ~ 4 行代码定义了 RelativeLayout 布局,通过设置属性 android:layout_width 和 android:layout_height 的值确定该布局的宽和高。

第 5 ~ 10 行代码定义了一个 ImageView 控件,通过 android:layout_centerInParent 属性设置图片位于父窗体的中间,通过 android:src 属性设置 ImageView 控件的图片为 flower.jpg。

第 11 ~ 17 行代码定义了一个 Button 控件,通过 android:layout_above="@+id/img"属性设置按钮位于图片的上方,通过 android:text 属性设置按钮显示"上面"。

同上,第 18 ~ 24 行代码、第 25 ~ 31 行代码、第 32 ~ 38 行代码分别定义了另外 3 个按钮。

(4)运行结果如图 7-3 所示。

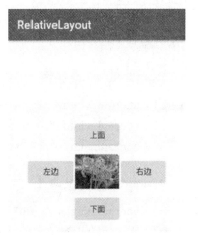

图 7-3 RelativeLayout 布局效果图

7.2.2　LinearLayout 线性布局

LinearLayout（线性布局）通常指定布局内的子控件水平或者竖直排列。在 XML 布局文件中定义线性布局的基本语法格式如下：

```
<Linearlayout xmlns:android="http://schemas.android.com/apk/res/android"
属性="属性值"
......>
</LinearLayout>
```

除了布局的通用属性外，LinearLayout 布局还有几个比较常用的属性，具体如表 7-3 所示。

表 7-3　LinearLayout 布局常用属性

属性名称	功能描述
android:orientation	设置布局内控件的排列顺序
android:layout_weight	在布局内设置控件权重，属性值可直接写 int 值
android:width	线性布局的容器宽度
android:height	线性布局的容器高度
android:background	线性布局的背景
android:gravity	线性布局中，子容器相对于父容器所在的位置

属性具体说明如下。

1. android:orientation 属性

用于设置 LinearLayout 布局中控件的排列顺序，其可选值为 vertical 和 horizontal。其中，

（1）vertical：表示 LinearLayout 布局内控件依次从上到下竖直排列。

（2）horizontal：表示 LinearLayout 布局内控件依次从左到右水平排列。

2. android:layout_weight 属性

该属性称为权重，设置该属性值，可使布局内的控件按照权重比显示大小，在进行屏幕适配时起到关键作用。

3. android:width 属性

（1）android:width="xxdp" 指定线性布局的容器宽度为 xxdp。

（2）android:width="wrap_content" 根据容器内容宽度大小来填充屏幕宽度。

（3）android:width="match_parent" 指定线性布局的容器宽度为：整个屏幕宽度。

4. android:height 属性

（1）android:height="xxdp" 指定线性布局的容器高度为 xxdp。

（2）android:height="wrap_content" 根据容器内容高度大小来填充屏幕高度。

（3）android:height="match_parent" 指定线性布局的容器高度为：整个屏幕高度。

5. android:background 属性

（1）android:background="#000000"　指定线性布局的背景为黑色（RGB 颜色）。

（2）android:background="@android:color/black"　引用 android 系统自带的原始黑色。

（3）andrid:background="@color/colorPrimary"　根据 res/color.xml 中的 colorPrimary 所定义的颜色设置。

6. android:gravity 属性

指定线性布局中，子容器相对于父容器所在的位置。

（1）android:gravity="center"　正中心。

（2）android:gravity="cente_vertical"　垂直方向的正中心。

（3）android:gravity="center_horizontal"　水平方向的正中心。

（4）android:gravity="left"　最左边（默认）。

（5）android:gravity="right"　最右边。

（6）android:gravity="top"　最上方（默认）。

（7）android:gravity="bottom"　最下方。

【案例 7-2】在线性布局中指定 3 个按钮，竖直排列。

（1）创建一个应用程序 LinearLayout。

（2）界面设计：在 activity_main.xml 文件的 LinearLayout 布局中竖直放置 3 个 Button 控件。

（3）activity_main.xml 文件的具体代码如下。

```
[1]   <?xml version="1.0" encoding="utf-8"?>
[2]   <LinearLayout xmlns:android="http://schemas.android.com/apk/res/android"
[3]       android:layout_width="match_parent"
[4]       android:layout_height="match_parent"
[5]       android:orientation="vertical">
[6]       <Button
[7]           android:layout_width="match_parent"
[8]           android:layout_height="wrap_content"
[9]           android:text="按钮 1" />
[10]      <Button
[11]          android:layout_width="match_parent"
[12]          android:layout_height="wrap_content"
[13]          android:text="按钮 2" />
[14]      <Button
[15]          android:layout_width="match_parent"
[16]          android:layout_height="wrap_content"
[17]          android:text="按钮 3" />
[18]  </LinearLayout>
```

第 2 ~ 5 行代码定义了 LinearLayout 布局，通过设置属性 android:layout_width 和

android:layout_height 的值确定该布局的宽和高；通过设置属性 android:orientation 为 vertical，确定在 LinearLayout 布局中的控件竖直排列。

（4）运行结果如图 7-4 所示。

图 7-4　LinearLayout 布局效果图

7.2.3　TableLayout 表格布局

TableLayout（表格布局）采用行、列的形式来管理控件，它不需要明确声明包含多少行、多少列，而是通过在 TableLayout 布局中添加 TableRow 布局或控件来控制表格的行数，可以在 TableRow 布局中添加控件来控制表格的列数。

1. TableLayout 行列数的确定（最大的原则）

TableLayout 的行数由开发人员直接指定，即有多少个 TableRow 对象（或 View 控件），就有多少行。TableLayout 的列数等于含有最多子控件的 TableRow 的列数。如第一个 TableRow 含两个子控件，第二个 TableRow 含 3 个，第三个 TableRow 含 4 个，那么该 TableLayout 的列数为 4。

2. XML 布局文件中定义表格布局的基本语法格式

```
<TableLayout xmlns:android-"http://schemas.android.com/apk/res/android"
属性="属性值">
<TableRow>
UI 控件
</TableRow>
UI 控件
……
</TableLayout>
```

TableLayout 继承自 LinearLayout，支持 LinearLayout 所有的属性，此外，它还有其他的常用属性。TableLayout 布局的常用属性如表 7-4 所示。

表 7-4　TableLayout 布局常用属性

属性名称	功能描述
android:stretchColumns	设置可被拉伸的列。如:android:stretchColumns="0"，表示第 1 列可被拉伸
android:shrinkColumns	设置可被收缩的列。如:android:shrinkColumns="1,2"，表示 2，3 列可收缩
android:collapseColumns	设置可被隐藏的列。如:android:collapseColumns="0"，表示第 1 列可被隐藏

TableLayout 布局中的控件有两个常用属性 android:layout_column 与 android:layout_span，分别用于设置控件显示的位置、占据的行数，如表 7-5 所示。

表 7-5　TableLayout 布局中控件的常用属性

属性名称	功能描述
android:layout_column	设置该控件显示的位置，如 android:layout_column="1"表示在第 2 个位置显示
android:layout_span	设置该控件占据几行，默认为 1 行

需要注意的是，在 TableLayout 布局中，列的宽度由该列中最宽的那个单元格（控件）决定，整个表格布局的宽度则取决于父容器的宽度。

【案例 7-3】结合前面学习过的线性布局，完成一个由线性布局和列表布局共同设置的布局。

（1）创建一个应用程序 TableLayout。

（2）界面设计：在 activity_main.xml 文件的 LinearLayout 布局中嵌入 TableLayout 布局，通过设置 7 个按钮来熟悉表格布局的使用。

（3）activity_main.xml 文件的具体代码如下。

```
[1]  <LinearLayout xmlns:android="http://schemas.android.com/apk/res/android"
[2]      android:layout_width="match_parent"
[3]      android:layout_height="match_parent"
[4]      android:orientation="vertical">
[5]      <TableLayout
[6]          android:layout_width="match_parent"
[7]          android:layout_height="wrap_content"
[8]          android:shrinkColumns="1"
[9]          android:stretchColumns="2">
[10]         <Button
[11]             android:layout_width="wrap_content"
[12]             android:layout_height="wrap_content"
[13]             android:text="按钮 1" />
[14]         <TableRow>
[15]             <Button
[16]                 android:layout_width="wrap_content"
[17]                 android:layout_height="wrap_content"
[18]                 android:text="按钮 2" />
```

```
[19]              <Button
[20]                     android:layout_width="wrap_content"
[21]                     android:layout_height="wrap_content"
[22]                     android:text="按钮 3" />
[23]              <Button
[24]                     android:layout_width="wrap_content"
[25]                     android:layout_height="wrap_content"
[26]                     android:text="按钮 4" />
[27]         </TableRow>
[28]     </TableLayout>
[29]     <TableLayout
[30]          android:layout_width="match_parent"
[31]          android:layout_height="wrap_content"
[32]          android:collapseColumns="1">
[33]         <TableRow>
[34]              <Button
[35]                     android:layout_width="wrap_content"
[36]                     android:layout_height="wrap_content"
[37]                     android:text="按钮 5" />
[38]              <Button
[39]                     android:layout_width="wrap_content"
[40]                     android:layout_height="wrap_content"
[41]                     android:text="按钮 6" />
[42]              <Button
[43]                     android:layout_width="wrap_content"
[44]                     android:layout_height="wrap_content"
[45]                     android:text="按钮 7" />
[46]         </TableRow>
[47]     </TableLayout>
[48] </LinearLayout>
```

上述代码中，第 2～4 行代码定义了 LinearLayout 布局，设置该布局的宽和高，布局中的控件竖直排列。

第 5～9 行代码定义了第一个表格，指定第 2 列允许收缩，第 3 列允许拉伸。

第 10～13 行代码添加了按钮 1，自己占用一行。

第 15～26 行代码添加了按钮 2、按钮 3 和按钮 4，占用一行。其中按钮 2 正常显示，按钮 3 可收缩，按钮 4 可拉伸。

第 29～32 行代码定义了第二个表格，指定第 2 列隐藏。

第 34～45 行代码添加了按钮 5、按钮 6 和按钮 7，占用一行。其中按钮 6 被隐藏。

（4）运行结果如图 7-5 所示。

图 7-5　TableLayout 布局效果图

7.2.4　FrameLayout 帧布局

FrameLayout（帧布局）用于在屏幕上创建一块空白区域，添加到该区域中的每个子控件占一帧，这些帧会一个一个叠加在一起，后加入的控件叠加在上一个控件上层。默认情况下，帧布局中的所有控件与左上角对齐。在 XML 布局文件中定义 FrameLayout 的基本语法格式如下。

```
<FrameLayout xmlns:android="http://schemas.android.com/apk/res/android"
属性="属性值">
</FrameLayout>
```

帧布局除了通用属性外，还有两个特殊属性，具体如表 7-6 所示。

表 7-6　FrameLayout 属性

属性名称	功能描述
android:foreground	设置帧布局容器的前景图像（始终在所有子控件之上）
android:foregroundGravity	设置前景图像显示的位置

【案例 7-4】帧布局实现：3 个 TextView 设置不同大小与背景色，依次覆盖，左下角是前景图像。

（1）创建一个应用程序 FrameLayout。

（2）界面设计：在 activity_main.xml 文件的 FrameLayout 布局中设置 3 个 TextView 控件和一个前景图像。

（3）activity_main.xml 文件的具体代码如下。

```
[1]  <?xml version="1.0" encoding="utf-8"?>
[2]  <FrameLayout xmlns:android="http://schemas.android.com/apk/res/android"
[3]      android:layout_width="match_parent"
[4]      android:layout_height="match_parent"
[5]      android:foreground="@mipmap/ic_launcher"
[6]      android:foregroundGravity="left|bottom">
```

```
[7]          <TextView
[8]              android:layout_width="200dp"
[9]              android:layout_height="200dp"
[10]             android:background="#FF6143"
[11]             android:gravity="right|bottom"
[12]             android:text="文本 1" />
[13]         <TextView
[14]             android:layout_width="150dp"
[15]             android:layout_height="150dp"
[16]             android:background="#7BFE00"
[17]             android:gravity="right|bottom"
[18]             android:text="文本 2" />
[19]         <TextView
[20]             android:layout_width="100dp"
[21]             android:layout_height="100dp"
[22]             android:background="#FFFF00"
[23]             android:gravity="right|bottom"
[24]             android:text="文本 3" />
[25] </FrameLayout>
```

上述代码中，第 2～4 行代码定义了 FrameLayout 布局，设置了该布局的宽和高。

第 5 行代码设置了帧布局的前景图像。

第 6 行代码 android:foregroundGravity="left|bottom"设置了前景图像显示的位置：左下角。

第 7～24 行代码定义 3 个大小、颜色不同的 TextView 控件。

（4）运行结果如图 7-6 所示。

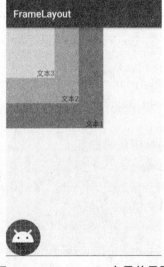

图 7-6　FrameLayout 布局效果图

7.3　常用 UI 组件

Android 应用是通过界面控件与用户交互的，借助 Android 提供的界面控件可以很方便地进行用户界面开发。

7.3.1　TextView 控件

TextView 控件用于显示文本信息，在 XML 布局文件中以添加属性的方式来控制 TextView 的样式，如表 7-7 所示为 TextView 控件在 XML 布局文件中的常用属性。

表 7-7　TextView 常用属性

属性名称	功能描述
android:layout_width	设置 TextView 控件的宽度
android:layout_height	设置 TextView 控件的高度
android:id	设置 TextView 控件的唯一标识
android:text	设置文本内容
android:textColor	设置文字显示的颜色
android:textSize	设置文字大小
android:gravity	设置文本内容的位置，如"center"，文本居中显示
android:textStyle	设置文本样式，如 bold（粗体）、italic（斜体）、normal（正常）

【案例 7-5】TextView 控件使用方法。

（1）创建一个应用程序 TextView。

（2）界面设计：在 res/layout 文件夹的 activity_main.xml 文件中，放置 1 个 TextView 控件用于显示文本信息。

（3）activity_main.xml 文件的具体代码如下。

```
[1]   <?xml version="1.0" encoding="utf-8"?>
[2]   <RelativeLayout xmlns:android="http://schemas.android.com/apk/res/android"
[3]         android:layout_width="match_parent"
[4]         android:layout_height="match_parent">
[5]   <TextView
[6]         android:layout_width="match_parent"
[7]         android:layout_height="wrap_content"
[8]         android:text="梧州学院"
[9]         android:textColor="#FF0000"
[10]        android:textSize="36sp"
[11]        android:gravity="center"
[12]        android:textStyle="bold"/>
```

[13] </RelativeLayout>

第 5~12 行代码在布局中添加了一个 TextView 控件，其中第 8 行 android:text 属性设置了显示内容，第 9 行 android:textColor 属性设置了显示文本的颜色为红色，android:textSize 属性设置了文字大小为 36 sp，android:gravity 属性设置文本居中显示，android:textStyle 属性设置文本样式为粗体。

（4）运行结果如图 7-7 所示。

图 7-7　TextView 项目运行结果图

7.3.2　EditText 控件

EditText 是 TextView 的子类，为编辑框，用户可以在此控件中输入信息。该控件支持 TextView 属性和本身特有的一些属性，如表 7-8 所示。

表 7-8　EditText 常用属性

属性名称	功能描述
android:hint	控件中内容为空时显示的提示文本信息
android:password	输入文本框中的内容显示为"."
android:phoneNumber	输入文本框中的内容只能是数字
android:editable	设置是否可编辑
android:minLines	设置文本的最小行数

【案例 7-6】EditText 控件使用方法。

（1）创建一个应用程序 EditText。

（2）界面设计：在 activity_main.xml 文件中，放置 1 个 EditText 控件供用户输入文本信息。

（3）activity_main.xml 文件的具体代码如下。

[1]　<?xml version="1.0" encoding="utf-8"?>

[2]　<LinearLayout xmlns:android="http://schemas.android.com/apk/res/android"

[3]　　　android:layout_width="match_parent"

[4]　　　android:layout_height="match_parent"

[5]　　　android:orientation="vertical">

```
[6]        <EditText
[7]            android:layout_width="match_parent"
[8]            android:layout_height="wrap_content"
[9]            android:hint="请输入学校名称"
[10]           android:textSize="28sp"
[11]           android:textStyle="italic"
[12]           android:minLines="2"/>
[13] </LinearLayout>
```

第 6～12 行代码在布局中添加了 EditText 控件。

（4）运行结果，如图 7-8 所示。

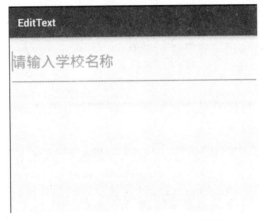

图 7-8　EditText 项目运行结果图

7.3.3　ImageView 控件

ImageView 表示图片，继承自 View 类，可以加载各种图片资源。ImageView 属性如表 7-9 所示。

表 7-9　ImageView 常用属性

属性名称	功能描述
android:layout_width	设置 ImageView 控件的宽度
android:layout_height	设置 ImageView 控件的高度
android:id	设置 ImageView 控件的唯一标识
android:background	设置 ImageView 控件的背景
android:src	设置 ImageView 控件需要显示的图片资源

【**案例 7-7**】ImageView 控件使用方法。

（1）创建一个名为 ImageView 的应用程序。

（2）放置图片资源：将需要显示的图片 picture1.png 和 bg.png 导入 drawable 文件夹中。

（3）界面设计：在 res/layout 文件夹的 activity_main.xml 文件中，放置两个 ImageView 控件，分别用于显示前景图片和背景图片。具体代码如下：

```
[1]  <?xml version="1.0" encoding="utf-8"?>
[2]  <RelativeLayout xmlns:android="http://schemas.android.com/apk/res/android"
[3]       android:layout_width="match_parent"
[4]       android:layout_height="match_parent">
[5]       <ImageView
[6]           android:layout_width="match_parent"
[7]           android:layout_height="match_parent"
[8]           android:background="@drawable/bg"/>
[9]       <ImageView
[10]          android:layout_width="100dp"
[11]          android:layout_height="100dp"
[12]          android:src="@drawable/picture1"/>
[13] </RelativeLayout>
```

上述代码中，第 5～8 行代码定义了 ImageView 控件，通过 android:background 属性设置该控件的背景图片为 bg.jpg。

第 9～12 行代码定义了 ImageView 控件，通过 android:src 属性设置该控件的前景图片为 picture1.jpg。

上面两种属性的区别：android:background 属性设置的是背景，会根据 ImageView 控件的大小进行缩放；android:src 属性设置的是前景，以原图大小显示。

（4）运行结果，如图 7-9 所示。

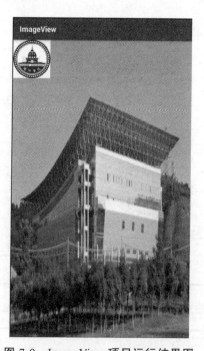

图 7-9　ImageView 项目运行结果图

7.3.4　Toast 控件

Toast 用于向用户提示即时消息，显示在应用程序界面的最上层，不获得焦点，默认情况下显示在屏幕的下方，多适用于信息提醒。

示例代码：

```
Toast.makeText(Context,Text,Time).show();
```

说明如下。

（1）makeText()方法：设置提示信息。

（2）show()方法：将提示信息显示到界面中。

（3）Context：表示应用程序环境的信息，即当前组件的上下文环境。

（4）Text：表示提示的字符串信息。

（5）Time：显示信息的时长，Toast.LENGTH_SHORT 表示显示较短时间，Toast.LENGTH_LONG 表示显示较长时间。

7.3.5　Button 控件

Button 控件表示按钮，继承自 TextView 控件，既可以显示文本，也可以显示图片。在 Android 开发中，Button 是常用的控件，通常情况下可以在 xml 描述文档中定义，也可以在程序中创建后加入到界面中，其效果都是一样的。

Button 控件允许用户通过点击来执行操作，当 Button 控件被点击时，被按下与弹起的背景会有一个动态的切换效果，这就是点击效果。为 Button 控件设置的点击事件的方式有 3 种。

（1）在布局对应的.java 中给单个控件设置事件监听。

（2）通过实现 View.OnClickListener 接口并重写 onClick 方法，来设置多个点击事件，能解决同一个 activity 中所有的 onClick 问题。

（3）需要在 xml 文件中使用 android:onClick 属性为 XML 布局中的按钮分配一个方法。在布局中设置属性 onClick="函数名"，在对应的.java 文件中编写函数，函数名要相同。

【案例 7-8】以 3 种方式为按钮设置点击事件。

（1）创建一个应用程序 Button。

（2）界面设计：在 res/layout 文件夹的 activity_main.xml 文件中，放置 3 个 Button 控件，分别用于显示按钮 1、按钮 2 和按钮 3。activity_main.xml 文件的具体代码如案例 7-2 所示，给第三个按钮增加属性如下：

```
android:onClick="click"
```

（3）逻辑代码设计：在 MainActivity.java 文件中，分别采用 3 种方式实现点击事件。每个按钮被点击后，按钮对应的文本信息将分别更改为按钮 1 已被点击、按钮 2 已被点击、按钮 3 已被点击，具体代码如下。

```
[1]    public class MainActivity extends AppCompatActivity implements View.OnClickListener
[2]    {
[3]        private Button btn_one, btn_two, btn_three;
```

```
[4]        @Override
[5]        protected void onCreate(Bundle savedInstanceState) {
[6]            super.onCreate(savedInstanceState);
[7]            setContentView(R.layout.activity_main);
[8]            btn_one = (Button) findViewById(R.id.btn_one);
[9]            btn_two = (Button) findViewById(R.id.btn_two);
[10]           btn_three = (Button) findViewById(R.id.btn_three);
[11]           btn_three.setOnClickListener(this);
[12]
[13]           btn_one.setOnClickListener(new View.OnClickListener() {
[14]               @Override
[15]               public void onClick(View view) {
[16]                   btn_one.setText("按钮 1 已被点击");
[17]               }
[18]           });
[19]       }
[20]
[21]       @Override
[22]       public void onClick(View v) {
[23]           switch (v.getId()) {
[24]               case R.id.btn_two:
[25]                   btn_two.setText("按钮 2 已被点击");
[26]                   break;
[27]           }
[28]       }
[29]
[30]       public void click(View view) {
[31]           btn_three.setText("按钮 3 已被点击");
[32]       }
[33] }
```

上述代码中，分别使用 3 种方式实现了 3 个按钮的点击事件。

第 13 ~ 19 行代码采用给单个控件设置事件监听方式实现按钮 1 的点击事件。

第 21 ~ 28 行代码实现 View.OnClickListener 接口并重写 onClick 方法，实现按钮 2 的点击事件。

第 30 ~ 32 行代码创建了一个 click()方法实现按钮 3 的点击事件。

（4）运行效果。

运行程序，依次点击界面上的 3 个按钮，运行结果如图 7-10 所示。

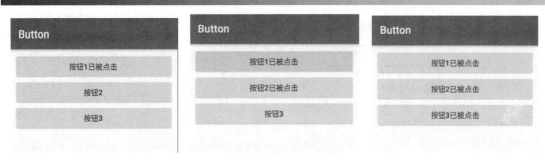

图 7-10　运行结果

7.3.6　RadioButton 控件

RadioButton 是单选按钮，允许用户在一个组中选择一个选项，同一组中的单选按钮有互斥效果。RadioButton 经常要结合 RadioGroup 一起使用，以实现多项单选功能的操作。

RadioButton 的特点：

（1）RadioButton 是圆形单选框；

（2）RadioGroup 是个可以容纳多个 RadioButton 的容器；

（3）在 RadioGroup 中的 RadioButton 控件可以有多个，但同时有且仅有一个可以被选中。

RadioButton 和 RadioGroup 的关系：

（1）RadioButton 表示单个圆形单选框，而 RadioGroup 是可以容纳多个 RadioButton 的容器。

（2）每个 RadioGroup 中的 RadioButton 同时只能有一个被选中。

（3）不同的 RadioGroup 中的 RadioButton 互不相干，即如果组 A 中有一个选中了，组 B 中依然可以有一个被选中。

（4）大部分场合下，一个 RadioGroup 中至少有两个 RadioButton。

（5）大部分场合下，一个 RadioGroup 中的 RadioButton 默认会有一个被选中，并建议将它放在 Radio Group 中的起始位置。

【案例 7-9】使用 RadioGroup 和 RadioButton 配合完成单选框。

（1）创建一个应用程序 RadioButton。

（2）界面设计：在 res/layout 文件夹的 activity_main.xml 文件中，放置 1 个 RadioGroup 布局用于添加 RadioButton 控件。RadioGroup 布局中添加的 3 个 RadioButton 控件，需要把 RadioButton 放置在 RadioGroup 中，分别用于显示"程序员""教师""律师"的单选按钮；1 个 TextView 控件，用于显示选择按钮的内容。具体代码如下。

```
[1]  <?xml version="1.0" encoding="utf-8"?>
[2]  <LinearLayout xmlns:android="http://schemas.android.com/apk/res/android"
[3]      android:layout_width="match_parent"
[4]      android:layout_height="match_parent"
[5]      android:orientation="vertical">
[6]      <TextView
[7]          android:layout_width="match_parent"
```

[8]   android:layout_height="wrap_content"

[9]   android:layout_marginLeft="20dp"

[10]   android:layout_marginTop="20dp"

[11]   android:text="请选择您最爱的职业："

[12]   android:textSize="20sp" />

[13]   <RadioGroup

[14]   android:id="@+id/job_list"

[15]   android:layout_width="match_parent"

[16]   android:layout_height="wrap_content"

[17]   android:layout_marginLeft="20dp">

[18]   <RadioButton

[19]   android:id="@+id/radio_button1"

[20]   android:layout_width="wrap_content"

[21]   android:layout_height="wrap_content"

[22]   android:layout_marginTop="20dp"

[23]   android:text="程序员"

[24]   android:textColor="@color/colorPrimaryDark"

[25]   android:textSize="25sp" />

[26]   <RadioButton

[27]   android:id="@+id/radio_button2"

[28]   android:layout_width="wrap_content"

[29]   android:layout_height="wrap_content"

[30]   android:layout_marginTop="11dp"

[31]   android:text="教师"

[32]   android:textColor="@color/colorPrimaryDark"

[33]   android:textSize="25sp" />

[34]   <RadioButton

[35]   android:id="@+id/radio_button3"

[36]   android:layout_width="wrap_content"

[37]   android:layout_height="wrap_content"

[38]   android:layout_marginTop="11dp"

[39]   android:text="律师"

[40]   android:textColor="@color/colorPrimaryDark"

[41]   android:textSize="25sp" />

[42]   </RadioGroup>

[43]   <TextView

[44]   android:id="@+id/tv"

[45]   android:layout_width="match_parent"

[46]   android:layout_height="wrap_content"

[47]	android:layout_marginLeft="20dp"
[48]	android:layout_marginTop="20dp"
[49]	android:textSize="20sp" />
[50]	</LinearLayout>

上述代码中，第 13 ~ 42 行代码定义了 RadioGroup 布局。

第 18 ~ 41 行代码定义了 3 个 RadioButton 控件，默认情况下 android:check 属性的值为 false，因此界面上 3 个单选按钮为未选中状态。

（3）逻辑代码设计：在 MainActivity.java 文件中，设置 RadioGroup 的监听事件，监听该布局中的 RadioButton 的选中状态更改的事件，并在该事件中获取被选中的 RadioButton 的 ID。具体代码如下。

```
[1]  package cn.gxuwz.radiobutton;
[2]  import androidx.appcompat.app.AppCompatActivity;
[3]  import android.os.Bundle;
[4]  import android.view.View;
[5]  import android.widget.RadioGroup;
[6]  import android.widget.TextView;
[7]  public class MainActivity extends AppCompatActivity {
[8]      private RadioGroup radioGroup;
[9]      private TextView textView;
[10]     @Override
[11]     protected void onCreate(Bundle savedInstanceState) {
[12]      super.onCreate(savedInstanceState);
[13]      setContentView(R.layout.activity_main);
[14]      radioGroup = findViewById(R.id.job_list);
[15]      textView = findViewById(R.id.tv);
[16]      radioGroup.setOnCheckedChangeListener(new RadioGroup.OnCheckedChangeListener() {
[17]          @Override
[18]          public void onCheckedChanged(RadioGroup radioGroup, int checkedid) {
[19]              switch (checkedid) {
[20]                  case R.id.radio_button1:
[21]                      textView.setText("您最喜爱的职业是：程序员");
[22]                      break;
[23]                  case R.id.radio_button2:
[24]                      textView.setText("您最喜爱的职业是：教师");
[25]                      break;
[26]                  case R.id.radio_button3:
[27]                      textView.setText("您最喜爱的职业是：律师");
[28]                      break;
[29]              }
```

```
[30]               }
[31]             });
[32]       }
[33] }
```

上述代码中，第 16～31 行代码通过 setOnCheckedChangeListener()方法为 RadioGroup 设置监听布局内控件状态是否改变的事件。

（4）运行效果。运行程序，依次点击界面上的 3 个选项，运行结果如图 7-11 所示。

图 7-11　运行结果

7.3.7　CheckBox 控件

复选按钮，具备选中和非选中两种状态，这两种状态通过 android:checked 属性指定，当该属性的值为 true 时，表示选中状态，否则，表示未选中状态。CheckBox 控件继承自 CompoundButton 类。

RadioButton 和 CheckBox 的区别：

（1）单个 RadioButton 在选中后，通过点击无法变为未选中；单个 CheckBox 在选中后，通过点击可以变为未选中。

（2）一组 RadioButton，只能同时选中一个；一组 CheckBox，能同时选中多个。

（3）RadioButton 在大部分 UI 框架中默认以圆形表示；CheckBox 在大部分 UI 框架中默认以矩形表示。

【案例 7-10】使用 CheckBox 控件统计用户的兴趣爱好。

（1）创建一个应用程序 CheckBox。

（2）界面设计：在 res/layout 文件夹的 activity_main.xml 文件中，放置 3 个 TextView 控件，3 个 CheckBox 控件。具体代码如下所示。

```
[1]  <?xml version="1.0" encoding="utf-8"?>
[2]  <LinearLayout xmlns:android="http://schemas.android.com/apk/res/android"
[3]       xmlns:tools="http://schemas.android.com/tools"
[4]       android:layout_width="match_parent"
[5]       android:layout_height="match_parent"
[6]       tools:context=".MainActivity"
[7]       android:orientation="vertical">
```

```
[8]        <TextView
[9]            android:layout_width="wrap_content"
[10]           android:layout_height="wrap_content"
[11]           android:text="请选择兴趣爱好："
[12]           android:textColor="#FF8000"
[13]           android:textSize="18sp" />
[14]       <CheckBox
[15]           android:id="@+id/read"
[16]           android:layout_width="wrap_content"
[17]           android:layout_height="wrap_content"
[18]           android:text="读书"
[19]           android:textSize="18sp" />
[20]       <CheckBox
[21]           android:id="@+id/fitness"
[22]           android:layout_width="wrap_content"
[23]           android:layout_height="wrap_content"
[24]           android:text="健身"
[25]           android:textSize="18sp" />
[26]       <CheckBox
[27]           android:id="@+id/write"
[28]           android:layout_width="wrap_content"
[29]           android:layout_height="wrap_content"
[30]           android:text="写作"
[31]           android:textSize="18sp" />
[32]       <TextView
[33]           android:layout_width="wrap_content"
[34]           android:layout_height="wrap_content"
[35]           android:text="您选择的兴趣爱好为："
[36]           android:textColor="#FF8000"
[37]           android:textSize="22sp" />
[38]       <TextView
[39]           android:id="@+id/choice"
[40]           android:layout_width="wrap_content"
[41]           android:layout_height="wrap_content"
[42]           android:textSize="18sp" />
[43] </LinearLayout>
```

上述代码中，第 8~13 行代码用于显示"请选择兴趣爱好："文本。

第 14~31 行代码用于设置 3 个 CheckBox 控件，用于显示可选择的兴趣爱好。

第 32~37 行代码用于显示"您选择的兴趣爱好为："文本。

167

第 38~42 行代码用于显示选中 CheckBox 控件的文本。

（3）实现控件的点击事件：在 MainActivity 中实现 CompoundButton.OnCheckedChangeListener 接口，并重写 onCheckedChanged()方法，在该方法中实现 CheckBox 控件的点击事件。具体代码如下。

```
[1]  package cn.gxuwz.checkbox;
[2]  import androidx.appcompat.app.AppCompatActivity;
[3]  import android.os.Bundle;
[4]  import android.view.View;
[5]  import android.widget.CheckBox;
[6]  import android.widget.CompoundButton;
[7]  import android.widget.TextView;
[8]  public class MainActivity extends AppCompatActivity implements
     CompoundButton.OnCheckedChangeListener {
[9]      private TextView choice;
[10]     private String choices;
[11]     @Override
[12]     protected void onCreate(Bundle savedInstanceState) {
[13]         super.onCreate(savedInstanceState);
[14]         setContentView(R.layout.activity_main);
[15]         CheckBox read = findViewById(R.id.read);
[16]         CheckBox fitness = findViewById(R.id.fitness);
[17]         CheckBox write = findViewById(R.id.write);
[18]         read.setOnCheckedChangeListener(this);
[19]         fitness.setOnCheckedChangeListener(this);
[20]         write.setOnCheckedChangeListener(this);
[21]         choice = findViewById(R.id.choice);
[22]         choices = new String();
[23]     }
[24]     @Override
[25]     public void onCheckedChanged(CompoundButton compoundButton, boolean isChecked) {
[26]         String motion = compoundButton.getText().toString();
[27]         if (isChecked) {
[28]             if (!choices.contains(motion)) {
[29]                 choices = choices + motion;
[30]                 choice.setText(choices);
[31]             }
[32]         } else {
[33]             if (choices.contains(motion)) {
[34]                 choices = choices.replace(motion, "");
```

```
[35]                      choice.setText(choices);
[36]                  }
[37]              }
[38]          }
[39] }
```

上述代码中，第 18~20 行代码设置了 3 个 CheckBox 控件的监听事件。

第 24~38 行代码重写了 CompoundButton.OnCheckedChangeListener 接口中的 onCheckedChanged()方法，该方法中的参数 compoundButton 与 isChecked 分别表示被点击的控件和选中状态。

第 27~37 行代码通过 isChecked 值判断当前被点击的 CheckBox 是否为选中状态，若被选中，判断 choices 字符串中是否包含了此 CheckBox 的文本信息，若不包含，则将该文本信息添加到 choices 字符串中并显示到 TextView 控件上。若未被选中，choices 字符串中包含了 CheckBox 的文本信息，则通过 replace()方法使用空字符串替换 CheckBox 的文本信息。

（4）运行结果：运行上述程序，点击界面上的复选框，复选框则显示被勾选的样式，并且界面上将显示选择的兴趣爱好信息，如图 7-12 所示。

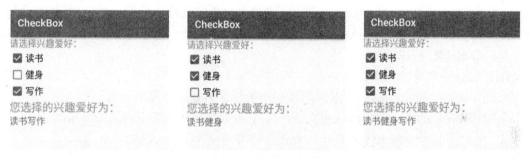

图 7-12 运行结果

7.3.8 ListView 控件

在 Android 开发中，ListView 是一个比较常用的控件。它以列表的形式展示具体数据内容，并且能够根据数据的长度自适应屏幕显示。界面可以通过滑动的方式显示大量的数据，并且不会占用大量内存。比如有一个数据源是 100 种鲜花名，通过使用 ListView 控件可以将这 100 种鲜花名显示在手机屏幕上。由于屏幕的大小限制，每次可能只创造 5 个子视图显示 5 种鲜花名，那么剩下的鲜花名就可以通过滑动屏幕的方式加载到内存中并显示在屏幕上，而不需要同时创造 100 个子视图加载 100 个鲜花名。这样的方式，就算显示更多的数据，占用的内存也不会增加。

但是 ListView 不能直接将数据源显示到屏幕上，它们之间进行交互需要一个桥梁：Adapter（适配器）。这是因为数据源种类繁杂，如果将匹配数据的工作交给 ListView 控件就会显得非常臃肿，也不符合 Android 风格，因此将操作数据的工作交给 Adapter，ListView 只需要关心 Adapter 部分。

使用 ListView 控件需要完成 3 个内容：①子视图布局；②待显示的数据源；③Adapter（适配器）。

1. 子视图布局

ListView 控件用于显示数据，数据在 ListView 中是一条一条垂直排列的显示，每一条都是一个子视图。比如要显示鲜花名，子视图布局内就只有一个 TextView 控件，如果在鲜花名旁边显示一个鲜花图片，子视图布局内就有一个 TextView 控件和一个 ImageView 控件。所以程序员需要根据待显示数据的种类自定义相应的子视图布局。

2. 待显示的数据源

根据上面的布局文件，需要显示的是鲜花名、价格和对应的鲜花图片。

3. Adapter（适配器）

在 Android 中，Adapter 为适配器，可以构建数据源与视图展示的桥梁，从而让数据源与视图展示相互关联，同时又解除耦合。下面介绍几种常用的 Adapter。

（1）BaseAdapter。

BaseAdapter 是最基础的 Adapter 类，也是最实用最常用的一个类，是一个抽象类。通常在自定义适配器时会继承 BaseAdapter，该类有 4 个抽象方法，根据这几个方法来对 ListView 控件进行数据适配。

BaseAdapter 的 4 个抽象方法：

```
public int getCount()          //获取适配器中数据集的数据个数
public Object getItem(int position)          //获取数据集中与索引对应的数据项
public long getItemId(int position)          //获取指定行对应的 ID
public View getView(int position,View convertView,ViewGroup parent)          //获取每一行
Item 的显示内容
```

（2）SimpleAdapter。

SimpleAdapter 有最好的扩充性，可以自定义出各种效果。构造方法：

```
SimpleAdapter(Context context, List<? extends Map<String, ?>> data,int resource,String[ ]
from, int[ ] to)
```

参数含义：

① context：上下文对象。

② data：数据集合，data 中的每一项对应 ListView 控件中的条目的数据。

③ resource：Item 布局的资源 id，可引用系统提供的，也可以自定义。

④ from：Map 集合中的 key 值。

⑤ to：Item 布局中对应的控件。

（3）ArrayAdapter。

ArrayAdapter 是一个简单的适配器，是 BaseAdapter 的子类，可直接使用泛型进行构造，能像 List 一样直接对 Adapter 进行增删操作。它的作用是将一个数组中的内容放入 listView 中，listView 的 item 必须为 textView。

ArrayAdapter 绑定的数据是集合或数组，比较单一。视图是列表形式，如 ListView 或 Spinner。ArrayAdapter 的构造方法有如下 6 种：

① ArrayAdapter(Context context, int resource)。

context：当前的上下文，不能为 null。

resource：布局的资源 ID，实例化视图是 TextView。

② ArrayAdapter(Context context, int resource, T[] objects)。

③ ArrayAdapter(Context context, int resource, List<T> objects)。

context：同上，不能为 null。

resource：布局的资源 ID，实例化视图是 TextView。

objects：数据集合，不能为 null。

④ ArrayAdapter(Context context, int resource, int textViewResourceId)。

context：同上，不能为 null。

resource：布局的资源 ID，包含一个 TextView。

textViewResourceId：要填充的布局资源中的 TextView 的 id。

⑤ ArrayAdapter(Context context, int resource, int textViewResourceId, T[] objects)。

⑥ ArrayAdapter(Context context, int resource, int textViewResourceId, List<T> objects)。

context：同上，不能为 null。

resource：布局的资源 ID，包含 TextView。

textViewResourceId：要填充的布局资源中的 TextView 的 id。

objects：数据集合，不能为 null。

【案例 7-11】演示如何对 ListView 控件进行数据适配。

（1）创建一个应用程序 ListView。

（2）将鲜花超市需要的图片导入 drawable 文件夹中。

（3）界面设计：在 res/layout 文件夹的 activity_main.xml 文件中，放置 1 个 TextView 控件用于显示鲜花超市界面的标题，1 个 ListView 控件用于显示鲜花超市界面的列表。具体代码如下。

```
[1]  <?xml version="1.0" encoding="utf-8"?>
[2]  <LinearLayout xmlns:android="http://schemas.android.com/apk/res/android"
[3]      android:layout_width="match_parent"
[4]      android:layout_height="match_parent"
[5]      android:orientation="vertical">
[6]      <TextView
[7]          android:layout_width="match_parent"
[8]          android:layout_height="45dp"
[9]          android:background="#FF8F03"
[10]         android:gravity="center"
[11]         android:text="鲜花超市"
[12]         android:textColor="#FFFFFF"
[13]         android:textSize="18sp" />
```

```
[14]        <ListView
[15]              android:id="@+id/lv"
[16]              android:layout_width="match_parent"
[17]              android:layout_height="wrap_content">
[18]        </ListView>
[19] </LinearLayout>
```

（4）创建 Item 界面：鲜花超市界面的列表由若干个 Item 组成，每个 Item 上都显示鲜花的图片、名称和价格。在 res/layout 文件夹中创建一个 Item 界面的布局文件 list_item.xml，在该文件中放置一个 ImageView 控件用于显示鲜花图片，两个 TextView 控件分别用于显示鲜花名称和价格。具体代码如下。

```
[1]   <?xml version="1.0" encoding="utf-8"?>
[2]   <RelativeLayout xmlns:android="http://schemas.android.com/apk/res/android"
[3]        android:layout_width="match_parent"
[4]        android:layout_height="match_parent"
[5]        android:padding="16dp">
[6]        <ImageView
[7]              android:id="@+id/iv"
[8]              android:layout_width="120dp"
[9]              android:layout_height="90dp"
[10]             android:layout_centerVertical="true" />
[11]       <RelativeLayout
[12]             android:layout_width="wrap_content"
[13]             android:layout_height="wrap_content"
[14]             android:layout_centerVertical="true"
[15]             android:layout_marginLeft="10dp"
[16]             android:layout_toRightOf="@+id/iv">
[17]             <TextView
[18]                   android:id="@+id/title"
[19]                   android:layout_width="wrap_content"
[20]                   android:layout_height="wrap_content"
[21]                   android:text="芍药"
[22]                   android:textColor="#000000"
[23]                   android:textSize="20sp" />
[24]             <TextView
[25]                   android:id="@+id/hua_price"
[26]                   android:layout_width="wrap_content"
[27]                   android:layout_height="wrap_content"
[28]                   android:layout_below="@+id/title"
[29]                   android:layout_marginTop="10dp"
```

172

```
[30]                       android:text="价格： "
[31]                       android:textColor="#FF8F03"
[32]                       android:textSize="20sp" />
[33]              <TextView
[34]                       android:id="@+id/price"
[35]                       android:layout_width="wrap_content"
[36]                       android:layout_height="wrap_content"
[37]                       android:layout_below="@+id/title"
[38]                       android:layout_marginTop="10dp"
[39]                       android:layout_toRightOf="@+id/hua_price"
[40]                       android:text="20"
[41]                       android:textColor="#FF8F03"
[42]                       android:textSize="20sp" />
[43]         </RelativeLayout>
[44] </RelativeLayout>
```

（5）逻辑代码设计：在 MainActivity.java 文件中，创建一个内部类 MyBaseAdapter 继承自 BaseAdapter 类，并在该类中实现对 ListView 控件的数据适配，具体代码如下。

```
[1]  package cn.gxuwz.listview;
[2]  import androidx.appcompat.app.AppCompatActivity;
[3]  import android.os.Bundle;
[4]  import android.os.Handler;
[5]  import android.view.View;
[6]  import android.view.ViewGroup;
[7]  import android.widget.BaseAdapter;
[8]  import android.widget.ImageView;
[9]  import android.widget.ListView;
[10] import android.widget.TextView;
[11] public class MainActivity extends AppCompatActivity {
[12]     private ListView mListView;
[13]     private String[] titles = {"芍药", "牡丹", "月季", "桃花", "喇叭花", "郁金香"};
[14]     private String[] prices = {"20 元", "50 元", "10 元", "15 元", "35 元", "25 元"};
[15]     private int[] icons = {R.drawable.hua1, R.drawable.hua2, R.drawable.hua3,
              R.drawable.hua4, R.drawable.hua5, R.drawable.hua6};
[16]     protected void onCreate(Bundle savedInstanceState) {
[17]         super.onCreate(savedInstanceState);
[18]         setContentView(R.layout.activity_main);
[19]         mListView = (ListView) findViewById(R.id.lv);
[20]         MyBaseAdapter myAdapter = new MyBaseAdapter();
[21]         mListView.setAdapter(myAdapter);
```

```
[22]        }
[23]    class ViewHolder {
[24]        TextView title;
[25]        TextView price;
[26]        ImageView iv;
[27]    }
[28]    class MyBaseAdapter extends BaseAdapter {
[29]        @Override
[30]        public int getCount() {
[31]            return titles.length;
[32]        }
[33]        @Override
[34]        public Object getItem(int position) {
[35]            return titles[position];
[36]        }
[37]        @Override
[38]        public long getItemId(int position) {
[39]            return position;
[40]        }
[41]        @Override
[42]        public View getView(int position, View convertView, ViewGroup parent) {
[43]            ViewHolder holder = null;
[44]            if (convertView == null) {
[45]                convertView = View.inflate(MainActivity.this, R.layout.list_item, null);
[46]                holder = new ViewHolder();
[47]                holder.title = (TextView) convertView.findViewById(R.id.title);
[48]                holder.price = (TextView) convertView.findViewById(R.id.price);
[49]                holder.iv = (ImageView) convertView.findViewById(R.id.iv);
[50]                convertView.setTag(holder);
[51]            } else {
[52]                holder = (ViewHolder) convertView.getTag();
[53]            }
[54]            holder.title.setText(titles[position]);
[55]            holder.price.setText(prices[position]);
[56]            holder.iv.setBackgroundResource(icons[position]);
[57]            return convertView;
[58]        }
[59]    }
[60] }
```

上述代码中，第 13～15 行代码定义了数组 titles、prices、icons，分别用于存储列表中显示的商品名称、价格和图片，3 个数组的长度一致。

第 21 行代码通过 setAdapter()方法为 ListView 控件设置适配器。

第 23～27 行代码创建一个 ViewHolder 类，将需要加载的控件变量放在该类中。

第 28～59 行代码创建一个 MyBaseAdapter 类继承自 BaseAdapter 类，并重写 BaseAdapter 类的四个方法。

第 41～58 行代码重写了 getView(int position, View convertView, ViewGroup parent)方法，其中参数 convertView 代表滑出屏幕的 Item 对象。

首先判断 convertView 对象是否为 null，如果为 null，通过 inflate()方法加载列表条目的布局文件 list_item.xml 并转换成 View 对象；然后创建 ViewHolder 类的对象 holder，并将获取的界面控件赋值给 ViewHolder 类中的属性；最后通过 setTag()方法将对象 holder 添加到 convertView 对象中。

否则，会通过 getTag()方法获取缓存在 convertView 对象中的 ViewHolder 类的对象。

（6）运行结果，如图 7-13 所示。

图 7-13　运行结果

7.3.9　RecyclerView 控件

在 Android5.0 之后，Google 公司提供了有限的窗口范围内显示大量数据的控件 RecyclerView 的功能。与 ListView 控件类似，RecyclerView 控件同样是以列表的形式展示数据，并且数据都通过数据适配器加载。但是 RecyclerView 控件的功能更加强大。

（1）展示效果：RecyclerView 控件可以通过 LayoutManager 类实现横向或竖向的列表效果、瀑布流效果和 GridView 效果，而 ListView 控件只能实现竖直的列表效果。

（2）数据适配器：RecyclerView 控件使用的是 RecyclerView.Adapter，该数据适配器将 BaseAdapter 中的 getView()方法拆分为 onCreateViewHolder()方法和 onBindViewHolder()方法。强制使用 ViewHolder 类，使代码编写规范化。

（3）复用效果：RecyclerView 控件复用 Item 对象的工作由该控件自己实现，而 ListView 控件复用 Item 对象的工作需要开发者通过 convertView 的 setTag()方法和 getTag()方法进行操作。

（4）动画效果：RecyclerView 控件可以通过 setItemAnimator()方法为 Item 添加动画效果，而 ListView 控件不可以。

【案例 7-12】通过 RecyclerView 控件展示鲜花列表界面。

（1）创建一个应用程序 RecyclerView。

（2）将鲜花展示界面需要的图片导入 drawable 文件夹中。

（3）添加 recyclerview 库：选中程序名称，单击鼠标右键选择【Open Module Settings】，在 Project Structure 窗口中的左侧选择【Dependencies】选项，在右侧的 Declared Dependencies 窗口单击加号并选择【Library dependency】选项，会弹出 Add Library Dependency 窗口，在搜索栏输入 recyclerview，点击 "search" 按钮，结果如图 7-14 所示。

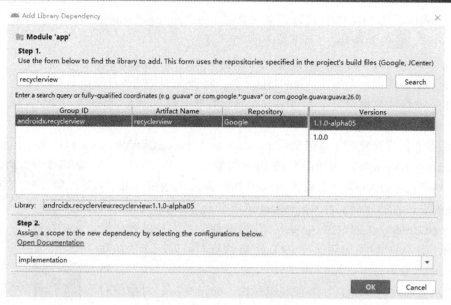

图 7-14　Add Library Dependency 窗口

选择 recyclerview 相应的版本（本书选择 1.1.0-alpha05），点击"OK"按钮，添加完成。

（4）界面设计：在 res/layout 文件夹的 activity_main.xml 文件中，放置 1 个 RecyclerView 控件，用于显示一个列表。具体代码如下。

```
[1]  <?xml version="1.0" encoding="utf-8"?>
[2]  <RelativeLayout xmlns:android="http://schemas.android.com/apk/res/android"
[3]      android:layout_width="match_parent"
[4]      android:layout_height="match_parent">
[5]
[6]      <androidx.recyclerview.widget.RecyclerView
[7]          android:id="@+id/id_recyclerview"
[8]          android:layout_width="match_parent"
[9]          android:layout_height="match_parent">
[10]     </androidx.recyclerview.widget.RecyclerView>
[11] </RelativeLayout>
```

上述代码中，第 6~10 行代码引入了 RecyclerView 控件，注意在引入时需要使用完整的路径。

（5）创建 Item 界面：RecyclerView 控件显示的列表界面由若干个 Item 组成，每个 Item 上都显示鲜花的图片、名称和简介信息。在 res/layout 文件夹中创建一个 Item 界面的布局文件 recycler_item.xml，在该文件中放置一个 ImageView 控件用于显示鲜花图片，两个 TextView 控件分别用于显示鲜花名称和简介信息。具体代码可参照【案例 7-11】中的第（4）部分。

（6）逻辑代码设计：在 MainActivity.java 文件中，创建一个内部类 MyBaseAdapter 继承自 RecyclerView. Adapter 类，并在该类中实现对 RecyclerView 控件的数据适配，具体代码如下。

```
[1] package cn.gxuwz.recyclerview;
[2] import androidx.appcompat.app.AppCompatActivity;
[3] import androidx.recyclerview.widget.LinearLayoutManager;
[4] import androidx.recyclerview.widget.RecyclerView;
[5] import android.os.Bundle;
[6] import android.view.LayoutInflater;
[7] import android.view.View;
[8] import android.view.ViewGroup;
[9] import android.widget.ImageView;
[10] import android.widget.TextView;
[11] public class MainActivity extends AppCompatActivity {
[12]     private RecyclerView mRecyclerView;
[13]     private MyAdapter mAdapter;
[14]     private String[] names = {"牡丹", "金银花", "垂花金桂", "荷花", "马蹄莲"};
[15]     private int[] icons = {R.drawable.flower11, R.drawable.flower22,
[16]                     R.drawable.flower33, R.drawable.flower44, R.drawable.flower55};
[17]     private String[] introduces = {
[18]             "是毛茛科、芍药属植物。为多年生落叶灌木，茎高达 2 米；分枝短而粗。",
[19]             "金银花的正名为忍冬，是一种有着悠久历史的常用中药。",
[20]             "木犀科木犀属植物，木犀属生性喜温暖、湿润，适用于园林绿化。",
[21]             "属毛茛目、莲科，是莲属二种植物的通称。又名莲花、水芙蓉等。",
[22]             "是单子叶植物纲、天南星科、马蹄莲属多年生粗壮草本。"
[23]     };
[24]     @Override
[25]     protected void onCreate(Bundle savedInstanceState) {
[26]         super.onCreate(savedInstanceState);
[27]         setContentView(R.layout.activity_main);
[28]         mRecyclerView = findViewById(R.id.id_recyclerview);
[29]         mRecyclerView.setLayoutManager(new LinearLayoutManager(this));
[30]         mAdapter = new MyAdapter();
[31]         mRecyclerView.setAdapter(mAdapter);
[32]     }
[33]     class MyAdapter extends RecyclerView.Adapter<MyAdapter.MyViewHolder> {
[34]         @Override
[35]         public MyViewHolder onCreateViewHolder(ViewGroup parent, int viewType) {
[36]             MyViewHolder holder = new MyViewHolder(LayoutInflater.from
                    (MainActivity.this).inflate(
[37]                     R.layout.recycler_item, parent, false));
[38]             return holder;
```

```
[39]              }
[40]              @Override
[41]              public void onBindViewHolder(MyViewHolder holder, int position) {
[42]                    holder.name.setText(names[position]);
[43]                    holder.iv.setImageResource(icons[position]);
[44]                    holder.introduce.setText(introduces[position]);
[45]              }
[46]              @Override
[47]              public int getItemCount() {
[48]                    return names.length;
[49]              }
[50]              class MyViewHolder extends RecyclerView.ViewHolder {
[51]                    TextView name;
[52]                    ImageView iv;
[53]                    TextView introduce;
[54]                    public MyViewHolder(View view) {
[55]                          super(view);
[56]                          name = view.findViewById(R.id.name);
[57]                          iv = view.findViewById(R.id.iv);
[58]                          introduce = view.findViewById(R.id.introduce);
[59]                    }
[60]              }
[61]        }
[62] }
```

上述代码中，第 28～31 行代码首先获取了 RecyclerView 控件，通过 setLayoutManager() 方法设置 RecyclerView 控件的显示方式为线性垂直，通过 setAdapter()方法将适配器 MyAdapter 的对象设置到 RecyclerView 控件上。

第 33～61 行代码创建了一个 MyAdapter 类继承 RecyclerView.Adapter 类，并重写了 3 个方法，其中 onCreateViewHolder()方法用于加载 Item 界面的布局文件，并将 MyViewHolder 类的对象返回；onBindViewHolder()方法用于将获取的数据设置到对应的控件上；getItemCount()方法用于获取列表条目的总数。

第 50～60 行代码创建了一个 MyViewHolder 类，其继承自 RecyclerView.ViewHolder 类，在该类中获取 Item 界面上的控件。

（7）运行结果，如图 7-15 所示。

RecyclerView 源代码

图 7-15　运行结果

7.4　Android 的 4 大组件

Android 应用程序由组件构成，这些组件是可以相互调用、相互协调、相互独立的基本功能模块。一般情况下，一个 Android 程序由 4 大组件构成：活动（Activity）、服务（Service）、广播接收者（BroadcastReceiver）、内容提供者（ContentProvider）。定义如表 7-10 所示。

表 7-10　Android 的 4 大组件定义

属性名称	功能描述
Activity	与用户进行交互的可视化界面，类似窗体的组件
Service	长生命周期、无界面、运行在后台，关注后台事务的组件
BroadcastReceiver	接收并响应广播消息的组件
ContentProvider	实现不同应用程序之间数据共享的组件

7.5　实战项目：“移动校园导航”登录界面设计

实战项目“移动校园导航”做为本书的最后一章，是一个完整的开发项目。本书以实战项目“移动校园导航”做为主线，将 Android 相关知识点融合起来。本书的特色之一，就是根据相应的知识点把项目分解到各章中，这样方便读者能够把知识点和实际开发项目结合起来，有很好的学习与设计体验。

“移动校园导航”包含了多个界面设计，本节只介绍登录注册界面设计。

初次使用前设置了登录注册模块，新用户登录应用须先进行注册。登录注册界面主要是为了方便管理用户数据，设置在欢迎界面之后，没有账号的用户需通过注册界面输入手机、昵称、密码进行账号数据的导入，成功后便会跳转到登录界面，登录所输入的账号和密码需要与之前注册上传的数据相匹配才会跳转到主页内容，否则会提示账号密码出错或请先注册。如图 7-16 所示为应用登录界面。

界面设计：在 res/layout 文件夹创建 activity_login.xml 文件，放置两个 EditText 控件用于输入用户名和密码，两个 TextView 控件用于登录和注册。具体代码如下。

```
[1]     <?xml version="1.0" encoding="utf-8"?>
[2]     <LinearLayout xmlns:android="http://schemas.android.com/apk/res/android"
[3]         xmlns:app="http://schemas.android.com/apk/res-auto"
[4]         android:layout_width="match_parent"
[5]         android:layout_height="match_parent"
[6]         android:background="@drawable/denglu"
[7]         android:fitsSystemWindows="true"
[8]         android:gravity="center_horizontal"
[9]         android:orientation="vertical">
[10]        <EditText
```

```
[11]            android:id="@+id/inputName"
[12]            android:layout_width="200dp"
[13]            android:layout_height="40dp"
[14]            android:layout_marginTop="250dp"
[15]            android:background="@drawable/shape_fff_4"
[16]            android:hint="用户名"
[17]            android:inputType="number"
[18]            android:maxLength="11"
[19]            android:paddingLeft="12dp"
[20]            android:paddingRight="12dp"
[21]            android:textColor="#43496A"
[22]            android:textColorHint="#bbbbbb"
[23]            android:textSize="14sp" />
[24]       <EditText
[25]            android:id="@+id/inputpwd"
[26]            android:layout_width="200dp"
[27]            android:layout_height="40dp"
[28]            android:layout_marginTop="10dp"
[29]            android:background="@drawable/shape_fff_4"
[30]            android:hint="密码"
[31]            android:paddingLeft="12dp"
[32]            android:paddingRight="12dp"
[33]            android:textColor="#43496A"
[34]            android:textColorHint="#bbbbbb"
[35]            android:textSize="14sp" />
[36]       <TextView
[37]            android:id="@+id/toLogin"
[38]            android:layout_width="150dp"
[39]            android:layout_height="40dp"
[40]            android:layout_marginTop="30dp"
[41]            android:background="@drawable/shape_button_4"
[42]            android:gravity="center"
[43]            android:text="登录"
[44]            android:textColor="#ffffff"
[45]            android:textSize="16sp" />
[46]       <TextView
[47]            android:id="@+id/tv_register"
[48]            android:layout_width="150dp"
[49]            android:layout_height="40dp"
```

[50]　　　　　　android:layout_marginTop="20dp"
[51]　　　　　　android:background="@drawable/shape_button_4"
[52]　　　　　　android:gravity="center"
[53]　　　　　　android:text="注册"
[54]　　　　　　android:textColor="#ffffff"
[55]　　　　　　android:textSize="16sp" />
[56] </LinearLayout>

关于上述语句，可以参照前面讲解的相关内容理解掌握。

图 7-16　登录界面

思考与练习

一、填空题

（1）Android 中的 TableLayout 继承自＿＿＿＿＿＿。

（2）表格布局 TableLayout 可以通过＿＿＿＿＿＿控制表格的行数。

（3）Android 的常见布局都直接或者间接地继承自＿＿＿＿＿＿类。

（4）在 R.java 文件中，android:id 属性会自动生成对应的＿＿＿＿＿＿类型的值。

二、选择题

（1）下列选项中，不属于 6 大基本布局的是（　　　　）。

　　A. LinearLayout　　　　　　　　　　B. RelativeLayout

C. TableLayout   D. ConstrainLayout

（2）下列选项中，哪个用于设置 TextView 中文字显示的大小？（   ）

    A. android:textSize="18"   B. android:size="18"

    C. android:textSize='18sp'   D. android:size="18sp"

（3）在 TextView 中获取文本内容的方法是（   ）。

    A. setText   B. getText   C. setString   D. getString

（4）下列关于 AndroidManifest.xml 文件的说法中，错误的是（   ）

    A. 它是整个程序的配置文件

    B. 可以在该文件中配置程序所需的权限

    C. 可以在该文件中注册程序用到的组件

    D. 该文件可以设置 UI 布局

（5）在一组按钮中只选择其中一个按钮，应当选用（   ）控件。

    A. Button   B. CheckBox   C. RadioButton   D. Switch

三、判断题

（1）线性布局 LinearLayout 默认下级控件在水平方向排列。（   ）

（2）TableLayout 继承自 LinearLayout，因此它完全支持 LinearLayout 所支持的属性。（   ）

（3）如果在帧布局 FrameLayout 中放入 3 个所有属性都相同的按钮，那么能够在屏幕上显示的是第 1 个被添加的按钮。（   ）

（4）Android 中的布局文件通常放在 res/layout 文件夹中。（   ）

四、简答题

（1）安装 Android Studio 时是否必须选择安装 SDK？为什么？

（2）如何使用真机测试 Android 程序？

五、编程题

使用 TableLayout 布局实现一个简单的计算器界面。

第8章　Activity

【教学目的与要求】

（1）掌握 Activity 生命周期的方法；
（2）掌握 Activity 使用流程；
（3）掌握 Intent 与 IntentFilter；
（4）掌握 Activity 之间的跳转。

【思维导图】

Activity 是 Android 程序中最基本的组件，显示可视化的用户界面，在屏幕上提供了一个区域，接收与用户交互所产生的界面事件，比如打电话、照相、发送邮件或者显示一个地图。创建完毕 Activity 之后，setContentView()方法需要调用来完成界面的显示，以此为用户提供交互的入口。Android 应用程序可以包含一个或多个 Activity，用户从一个屏幕切换到另一个屏幕的过程就是一个 Activity 切换到另一个 Activity 的过程。作为 Android 的 4 大组件之一，Activity 占据着非常重要的作用，本章将围绕 Android 的生命周期、使用流程等方面进行介绍，如图 8-1 所示。

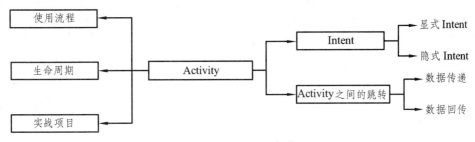

图 8-1　Activity 内容

8.1 Activity 生命周期

对于 Activity 生命周期而言，有 7 个方法能够帮助 Activity 进入循环流程。这 7 个方法分别为 onCreate()、onRestart()、onStart()、onResume()、onPause()、onStop()和 onDestroy()。其具体的使用情境、详细说明以及方法之间的承接方法如表 8-1 所示。

表 8-1　Activity 生命周期方法及使用说明

生命周期所用方法	使用情境	详细说明	承接方法
onCreate()	首次创建 Activity 时调用	在 Activity 的生命周期中只执行一次，在这个方法中做一些初始化工作	后续调用 onStart()
onRestart()	在 Activity 已停止并即将再次启动前调用	Activity 被重新激活时，就会调用 onRestart()方法	后续调用 onStart()
onStart()	在 Activity 即将对用户可见之前调用	onStart()是 Activity 界面被显示出来的时候执行的	如果 Activity 转入前台，则后续调用 OnResume()；如果 Activity 转入隐藏状态，则后续调用 onStop()
onResume()	Activity 即将开始与用户进行交互之前调用	Activity 处于 Activity 堆栈的顶层，并具有用户输入焦点	后续调用 onPause()
onPause()	当系统即将开始继续另一个 Activity 时调用	此方法可以做一些存储数据，停止动画等操作，但是注意不能太耗时，如果太耗时会影响到新的 Activity 的显示。	如果 Activity 返回前台，则后续调用 onResume()；如果 Activity 转入对用户不可见状态，则后续调用 onStop()
onStop()	在 Activity 对用户不再可见时调用	如果 Activity 被销毁，或另一个 Activity（一个现有 Activity 或新 Activity）继续执行并将其覆盖，就可能发生这种情况	如果 Activity 恢复与用户的交互，则后续调用 onRestart()；如果 Activity 被销毁，则后续调用 onDestroy()
onDestroy()	在 Activity 被销毁前调用	Activity 本身已经执行完毕，或者系统资源不足需要回收资源将 Activity 销毁	此方法为生命周期的结束方法

Activity 的生命周期如图 8-2 所示。

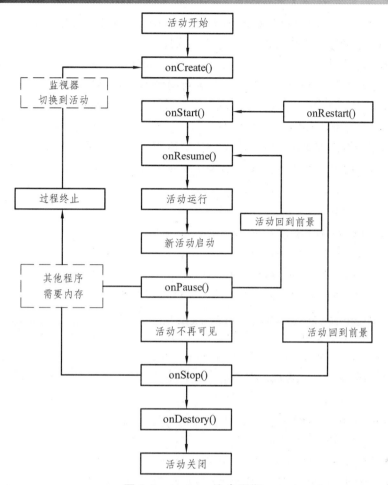

图 8-2　Activity 生命周期

生命周期指的是 Activity 从创建到销毁的整个过程，这个过程大致分为 5 种状态，分别是启动状态、运行状态、暂停状态、停止状态和销毁状态。

（1）启动状态：当 Activity 启动之后便会进入下一状态。

（2）运行状态：Activity 处于屏幕最前端，可与用户进行交互。

（3）暂停状态：Activity 仍然可见，但无法获取焦点，用户对他操作没有响应。

（4）停止状态：Activity 完全不可见，系统内存不足时会销毁该 Activity。

（5）销毁状态：Activity 将被清理出内存。

Activity 生命周期中各个方法启动流程如下。

首先，在第一次打开某款 App 时，当前的 FirstActivity 即被执行，随后 Android 系统依次调用 onCreate()方法、onStart()方法、onResume()方法，使得 FirstActivity 完全被启动，并显示到前台。如果 Intent 同时启动了 SecondActivity，则会通过 onPause()方法暂停之前的 FirstActivity。如果又选择了 Back 键，则会通过 onResume()方法重新返回到 FirstActivity。而 SecondActivity 则被 onStop()方法所销毁。如果想继续 SecondActivity，则需要通过 onRestart() 方法来实现。如果内存不够，或者结束了 Activity，那么就会通过 onDestroy()方法结束整个 Activity，必须重新创建才能重新启动该 App。

根据 Activity 官方文档说明，Activity 的生命周期有以下 3 个重要的循环对。

（1）整个生命周期：从调用 onCreate()方法直到调用 onDestroy()方法的整个过程。Activity 需要通过 onCreate()方法准备启动全局状态，再通过 onDestroy()方法释放所有的资源。

（2）可见生命周期：从调用 onStart()方法到调用 onStop()方法之间的过程。它之所以称为可见生命周期，是因为用户可以直观地在屏幕上看到这个过程，并且能够保持需要展示给用户的资源。onStart()方法和 onStop()方法可以在被用户可见和隐藏两种方式切换的时候被多次调用。

（3）前台生命周期：从调用 onResume()方法到调用 onPause()方法之间的过程。在此过程中，Activity 通过前台与用户产生交互。Activity 从 onResume()到 onPause()进行了十分频繁的切换。

下面总结一下 Activity 的生命周期。

正常情况下 Activity 的生命周期为

onCreate->onStart->onResume->onPause->onStop->onDestroy

（1）对于一个正常的 Activity，第一次启动，会依次回调以下方法：

onCreate->onStart->onResume

（2）当打开一个新的 Activity 或者点击 Home 键回到桌面后，会依次回调以下方法：

onPause->onStop

上面提到过，如果新的 Activity 是透明的（采用的透明主题），当前的 Activity 不会回调 onStop。

（3）当再次回到原 Activity，会依次回调以下方法：

onRestart->onStart->onResume

（4）当点击返回键后，会依次回调以下方法：

onPause->onStop->onDestroy

（5）当 Activity 被系统回收后，再次被打开，将与第一次启动时回调生命周期方法一样（不包含 onSaveInstanceState 和 onRestoreInstanceState）。

（6）可以注意到 onCreate 跟 onDestroy 是相对的，一个创建一个销毁，并且其只可能被调用一次。按照这种配对方式，可以看出 onStart 跟 onStop 是配对的，这两个方法可以被多次调用。onResume 和 onPause 也是配对的，它们一个获取焦点和用户交互，一个正好相反。

（7）onStart 和 onResume,onPause 和 onStop，这两对方法在功描述差不多，那为什么还要重复存在呢？

其实这两对方法分别代表不同的意义，onStart 和 onStop 是 Activity 是否可见的标志，而 onResume 和 onPause 是 Activity 是否位于前台的标志，它们针对的角度不同。

（8）在 onPause 里不能做耗时操作，因为如果要启动一个新的 Activity，新的 Activity 必须要在前一个 Activity 的 onPause 方法执行完毕之后才会启动的新的 Activity。

【案例 8-1】创建一个 Activity 认识 Activity 生命周期。

（1）创建一个应用程序 ActivityLife。

（2）界面设计：采用系统默认的 activity_main.xml。

（3）在 MainActivity 中重写 Activity 生命周期的方法，在每个方法中通过 Log 打印信息观察方法的具体调用情况。具体代码如下。

```
[1]  package cn.gxuwz.activitylife;
[2]  import androidx.appcompat.app.AppCompatActivity;
[3]  import android.os.Bundle;
```

```
[4]  import android.util.Log;
[5]  public class MainActivity extends AppCompatActivity {
[6]      @Override
[7]      protected void onCreate(Bundle savedInstanceState) {
[8]          super.onCreate(savedInstanceState);
[9]          setContentView(R.layout.activity_main);
[10]         Log.i("ActivityLife", "调用 onCreate()方法");
[11]     }
[12]     @Override
[13]     protected void onStart() {
[14]         super.onStart();
[15]         Log.i("ActivityLife", "调用 onStart()方法");
[16]     }
[17]     @Override
[18]     protected void onResume() {
[19]         super.onResume();
[20]         Log.i("ActivityLife", "调用 onResume()方法");
[21]     }
[22]     @Override
[23]     protected void onPause() {
[24]         super.onPause();
[25]         Log.i("ActivityLife", "调用 onPause()方法");
[26]     }
[27]     @Override
[28]     protected void onStop() {
[29]         super.onStop();
[30]         Log.i("ActivityLife", "调用 onStop()方法");
[31]     }
[32]     @Override
[33]     protected void onDestroy() {
[34]         super.onDestroy();
[35]         Log.i("ActivityLife", "调用 onDestroy()方法");
[36]     }
[37]     @Override
[38]     protected void onRestart() {
[39]         super.onRestart();
[40]         Log.i("ActivityLife", "调用 onRestart()方法");
[41]     }
[42] }
```

（4）运行程序。

当第一次运行程序时，在 LogCat 中观察输出日志，在搜索栏输入"ActivityLife"，可以看出程序启动后依次调用了 onCreate()方法、onStart()方法、onResume()方法。这时应用程序处于运行状态，等待与用户进行交互。LogCat 日志信息如图 8-3 所示。

图 8-3　LogCat 日志信息

接下来点击模拟器上的后退键，程序退出，可以在 LogCat 日志输出发现程序依次调用了 onPause()方法、onStop()方法、onDestroy()方法。当调用了 onDestroy()方法之后 Activity 被销毁并清理出内存，运行结果如图 8-4 所示。

图 8-4　LogCat 日志信息

8.2　Activity 使用流程

Activity 的使用流程分为如下 5 个步骤。

（1）自定义 Activity 类名，继承 AppCompatActivity 类。

```
public class MainActivity extends AppCompatActivity{}
```

（2）重写 onCreate()方法，在该方法中调用 setContentView()方法设置要显示的视图。

```
protected void onCreate(Bundle savedInstanceState) {
        super.onCreate(savedInstanceState);
        setContentView(R.layout.activity_main); }
```

（3）在 AndroidManifest.xml 对 Activity 进行配置。

```
<activity
android:icon="图标"
android:name ="类名"
android:label="Activity 显示的标题"
android:theme ="要应用的主题"></activity>
```

每次新建的 Activity 都需要在 AndroidManifest.xml 文件中添加如下内容，并将元素添加为元素的子项。

```
<manifest ... >
    <application ... >
        <activity android:name=" .Main2Activity" />
        ...
    </application ... >
    ...
</manifest >
```

（4）启动 Activity。

创建完成 Activity 后，可以通过 startActivity()方法开启创建的 Activity，具体如下：

```
public void startActivity(Intent intent)
```

参数为 Intent，在创建 Intent 对象时，需要指定想要启动的 Activity。

在 MainActivity 的 onCreate()方法中启动 Main2Activity 的示例代码如下：

```
[1]  Intent intent = new Intent(MainActivity.this, Main2Activity.class);
[2]  startActivity(intent);
```

（5）关闭 Activity。

如果要关闭当前的 Activity，可以调用 Activity 提供的 finish()方法，具体如下：

```
public void finish()
```

finish()方法既没有参数，也没有返回值，只需要在 Activity 相应事件中调用该方法即可。

【案例 8-2】演示从一个 Activity 跳转到另一个 Activity。

（1）创建一个应用程序 Activity2。

（2）第 2 个 Activity 的创建。

点击菜单项"File"，选择"New"选项→选择"Activity"选项→选择"Empty Activity"选项，弹出 Configure Activity 窗口，如图 8-5 所示。

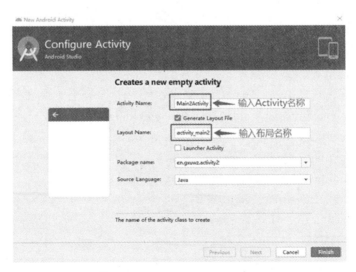

图 8-5　Configure Activity 窗口

在图中，输入框【Activity Name】中输入 Activity 名称，输入框【Layout Name】中输入布局名称，输入框【Package name】中的信息为默认的包名。

（3）Activity 的配置。

创建好的 Main2Activity 能够自动在清单文件 AndroidManifest.xml 中配置，代码如下：

```
[1]   <?xml version="1.0" encoding="utf-8"?>
[2]   <manifest xmlns:android="http://schemas.android.com/apk/res/android"
[3]       package="cn.gxuwz.activity2">
[4]       <application
[5]           android:allowBackup="true"
[6]           android:icon="@mipmap/ic_launcher"
[7]           android:label="@string/app_name"
[8]           android:roundIcon="@mipmap/ic_launcher_round"
[9]           android:supportsRtl="true"
[10]          android:theme="@style/AppTheme">
[11]          <activity android:name=".Main2Activity"></activity>
[12]          <activity android:name=".MainActivity">
[13]              <intent-filter>
[14]                  <action android:name="android.intent.action.MAIN" />
[15]                  <category android:name="android.intent.category.LAUNCHER" />
[16]              </intent-filter>
[17]          </activity>
[18]      </application>
[19]  </manifest>
```

因为 Main2Activity 所在的包与 AndroidManifest.xml 文件的<manifest></manifest>标签中通过 package 属性指定的包名一致，所以 android:name 属性的值可以直接设置为".Main2Activity"。

（4）界面设计。

在系统默认创建的 activity_main.xml 放置一张图片和一个按钮，按钮用于启动第 2 个 Activity。具体代码如下。

```
[1]   <?xml version="1.0" encoding="utf-8"?>
[2]   <LinearLayout xmlns:android="http://schemas.android.com/apk/res/android"
[3]       xmlns:tools="http://schemas.android.com/tools"
[4]       android:layout_width="match_parent"
[5]       android:layout_height="match_parent"
[6]       android:orientation="vertical"
[7]       tools:context=".MainActivity">
[8]       <ImageView
[9]           android:layout_width="200dp"
[10]          android:layout_height="200dp"
```

```
[11]            android:layout_gravity="center_horizontal"
[12]            android:src="@drawable/hua1" />
[13]        <Button
[14]            android:id="@+id/activity_btn"
[15]            android:layout_width="wrap_content"
[16]            android:layout_height="wrap_content"
[17]            android:layout_gravity="center_horizontal"
[18]            android:text="启动第 2 个 Activity"
[19]            android:textColor="#FF0000"
[20]            android:textSize="18sp" />
[21] </LinearLayout>
```

在新创建的 activity_main2.xml 放置一张图片和一个按钮，按钮用于关闭当前的 Activity
（即新打开的界面）。具体代码如下。

```
[1]  <?xml version="1.0" encoding="utf-8"?>
[2]  <LinearLayout xmlns:android="http://schemas.android.com/apk/res/android"
[3]        xmlns:tools="http://schemas.android.com/tools"
[4]        android:layout_width="match_parent"
[5]        android:layout_height="match_parent"
[6]        tools:context=".MainActivity"
[7]        android:orientation="vertical">
[8]        <ImageView
[9]            android:layout_width="200dp"
[10]            android:layout_height="200dp"
[11]            android:layout_gravity="center_horizontal"
[12]            android:src="@drawable/hua2" />
[13]        <Button
[14]            android:id="@+id/activity2_btn"
[15]            android:layout_width="match_parent"
[16]            android:layout_height="wrap_content"
[17]            android:text="关闭本 Activity 界面"
[18]            android:textColor="#0000FF"
[19]            android:textSize="18sp"
[20]            android:layout_marginTop="20dp"/>
[21] </LinearLayout>
```

（5）逻辑代码设计。

在主界面中，设置 Button 按钮的监听事件，当点击按钮时，启动新的 Activity 页面。
MainActivity.java 具体代码如下。

```
[1]  package cn.gxuwz.activity2;
[2]  import androidx.appcompat.app.AppCompatActivity;
```

```
[3]    import android.content.Intent;
[4]    import android.os.Bundle;
[5]    import android.view.View;
[6]    import android.widget.Button;
[7]
[8]    public class MainActivity extends AppCompatActivity {
[9]        @Override
[10]       protected void onCreate(Bundle savedInstanceState) {
[11]           super.onCreate(savedInstanceState);
[12]           setContentView(R.layout.activity_main);
[13]           Button btn1= findViewById(R.id.activity_btn);
[14]           btn1.setOnClickListener(new View.OnClickListener() {
[15]               @Override
[16]               public void onClick(View view) {
[17]                   Intent intent = new Intent(MainActivity.this, Main2Activity.class);
[18]                   startActivity(intent);
[19]               }
[20]           });
[21]       }
[22] }
```

第 17 行代码创建一个新的意图，指定了要启动的 Main2Activity。

第 18 行代码通过 startActivity()方法开启创建的 Main2Activity。

在新创建的界面中，设置 Button 按钮的监听事件，当点击按钮时，关闭当前的 Activity 页面。Main2Activity.java 具体代码如下。

```
[1]    package cn.gxuwz.activity2;
[2]    import androidx.appcompat.app.AppCompatActivity;
[3]    import android.os.Bundle;
[4]    import android.view.View;
[5]    import android.widget.Button;
[6]
[7]    public class Main2Activity extends AppCompatActivity {
[8]        @Override
[9]        protected void onCreate(Bundle savedInstanceState) {
[10]           super.onCreate(savedInstanceState);
[11]           setContentView(R.layout.activity_main2);
[12]           Button btn2= findViewById(R.id.activity2_btn);
[13]           btn2.setOnClickListener(new View.OnClickListener() {
[14]               @Override
[15]               public void onClick(View view) {
```

```
[16]                         finish();
[17]                     }
[18]              });
[19]      }
[20] }
```

（6）运行程序。测试结果如图 8-6、图 8-7 所示。

图 8-6　第 1 个 Activity 界面　　　　　图 8-7　第 2 个 Activity 界面

　　程序运行后，显示图 8-6 所示界面，点击"启动第 2 个 ACTIVITY"按钮后进入如图 8-7 所示界面；在图 8-7 界面中点击"关闭本 ACTIVITY 界面"则关闭了后打开的界面，返回到图 8-6 界面。

8.3　Intent

　　在 Android 组件中，Activity、Service、BroadcastReceiver 这 3 个组件与 Intent 相关，Intent 称为意图，是程序中各组件进行交互的一种重要方式，不仅可以指定当前组件要执行的动作，还可以在不同组件之间进行数据传递。

　　Intent 主要有以下几种重要用途：

　　（1）启动 Activity。Intent 对象可以传递给 startActivity()方法或 startActivityForResult() 方法以启动一个 Activity，该 Intent 对象包含了要启动的 Activity 的信息及其他必要的数据。

　　（2）启动 Service。Intent 对象可以传递给 startService()方法或 bindService()方法以启动一个 Service，该 Intent 对象包含了要启动的 Service 的信息及其他必要的数据。

　　（3）发送广播：广播是一种所有 App 都可以接收的信息。Android 系统会发布各种类型的广播，如发布开机广播或手机充电广播等。Intent 对象可以传递给 sendBroadcast()方法或 sendOrderedBroadcast()方法以发送自定义广播。

　　根据开启目标组件的方式不同，Intent 可以分为两种类型，分别为显式意图和隐式意图。

显式意图可以直接通过名称开启指定的目标组件；隐式意图通过指定 action 和 category 等属性，系统根据这些信息进行分析后寻找目标 Activity。

8.3.1　显示 Intent

如果 Intent 中明确包含了要启动的组件的完整类名（包名及类名），那么这个 Intent 就是显式的。

示例代码如下：

```
[1]  Intent intent = new Intent(MainActivity.this, Activity2.class);
[2]  startActivity(intent);
```

上述代码中，创建的 Intent 对象传入了两个参数，第 1 个参数 MainActivity.this 表示当前的 Activity，第 2 个参数 Activity2.class 表示要跳转到目标 Activity。

8.3.2　隐式 Intent

隐式意图相比显式意图来说更为抽象，它并没有明确指定要开启哪个控件，而是通过 action 和 category 等属性信息，由系统来进行分析，然后寻找目标。Intent 组件的 action 属性可以通过设置，来打开 android 内置的一些软件，例如：相机、浏览器等。

action：表示 Intent 对象要完成的动作。

category：表示为 action 添加的额外信息。

例如，在 Project1 应用程序的 MainActivity 中开启 Project2 应用程序中的 SecondActivity，假定 SecondActivity 的 action 为 "cn.gxuwz.START_ACTIVITY"。

具体步骤如下。

（1）在 Project2 应用程序的清单文件 AndroidManifest.xml 中，配置 SecondActivity 的 action 为 "cn.gxuwz.START_ACTIVITY"，并且指定 category 为 "android.intent.category.DEFAULT"。代码如下：

```
[1]  <activity android:name=".SecondActivity">
[2]      <intent-filter>
[3]          <action android:name="cn.gxuwz.START_ACTIVITY" />
[4]          <category android:name="android.intent.category.DEFAULT" />
[5]      </intent-filter>
[6]  </activity>
```

（2）在 Project1 应用程序的 MainActivity 中开启 SecondActivity 的代码如下：

```
[1]  Intent intent = new Intent();
[2]  intent.setAction("cn.gxuwz.START_ACTIVITY");
[3]  startActivity(intent);
```

上述代码中，第 2 行代码为设置 action 动作，该动作要与被启动的应用程序中清单文件里设置一样。

8.4   Activity 之间的跳转

一个 Android 应用程序通常包含多个 Activity，这些 Activity 之间可以互相跳转并传递数据。

8.4.1   Activity 之间的数据传递

Android 的 Intent 提供了很多重载的方法，可以在界面跳转时传递数据，使用 Intent 传递数据有两种方式：

1. 使用 putExtra()方法传递数据

```
//创建 Intent 对象
Intent intent=new Intent(MainActivity.this,SecondActivity.class);
//携带数据
intent.putExtra(name,value);
//跳转
startActivity(intent);
```

重载的 putExtra()方法都包含两个参数，第 1 个参数 name 表示传递的数据名称，第 2 个参数 value 表示传递的数据信息。

通过 putExtra()方法将传递的数据存储在 Intent 对象后，如果想获取该数据，可以通过 getStringExtra()、getIntExtra()、getBooleanExtra()等方法获取对应的数据。

```
//获取 intent 信息
Intent intent=getIntent();
//里面附带的参数
String data = intent.getStringExtra("data_name");
```

上述代码中，getStringExtra()方法中的参数表示由上一个界面传递过来的数据名称。

2. 使用 Bundle 类传递数据

Bundle 类是通过键值对的形式来保存数据。例如，在 MainActivity 中跳转到 SecondActivity 时，首先使用 Bundle 对象保存用户名（account）和用户密码（password），接着通过 putExtras()方法将数据封装到 Intent 对象中，并传递到 SecondActivity 中，代码如下：

```
[1]  Intent intent = new Intent();
[2]  intent.setClass(this,SecondActivity.class);
[3]  Bundle bundle = new Bundle();
[4]  bundle.putString("account", "李一");
[5]  bundle.putString("password", "123");
[6]  intent.putExtras(bundle);
[7]  startActivity(intent);
```

上述代码中，第 2 行代码设置跳转到 SecondActivity。

第 3 行代码，创建 Bundle 对象。

第 4～5 行代码，将用户名和密码信息封装到 Bundle 对象中。

第 6 行代码，将 Bundle 对象封装到 Intent 对象中。

在 SecondActivity 中获取传递的数据代码如下：

```
[1]  Bundle bundle = getIntent().getExtras();
[2]  String account = bundle.getString("account");
[3]  String password= bundle.getString("password");
```

上述代码中，第 1 行代码获取 Bundle 对象。

第 2～3 行代码，获取用户名和密码。

【案例 8-3】实现一个用户注册界面，并且把输入的用户名和性别信息传输到第 2 个界面，显示注册成功。

（1）创建一个应用程序 ActivityDataJump。

（2）按照案例 8-2 的步骤（2），创建第 2 个 Activity，产生两个文件：Main2Activity.java 和 activity_main2.xml。

（3）主界面设计：在系统默认创建的 activity_main.xml 放置 3 个 TextView 控件，用于显示"请输入注册信息:""用户名:""性别:"信息；1 个 EditText 控件，用于输入用户名；2 个 RadioButton 控件，用于显示"男""女"；1 个按钮，用于启动第 2 个 Activity。Activity_main.xml 具体代码如下。

```
[1]  <LinearLayout xmlns:android="http://schemas.android.com/apk/res/android"
[2]      android:layout_width="match_parent"
[3]      android:layout_height="match_parent"
[4]      android:orientation="vertical">
[5]      <TextView
[6]          android:layout_width="wrap_content"
[7]          android:layout_height="wrap_content"
[8]          android:text="请输入注册信息:"
[9]          android:textSize="20dp" />
[10]     <LinearLayout
[11]         android:layout_width="match_parent"
[12]         android:layout_height="wrap_content"
[13]         android:orientation="horizontal">
[14]         <TextView
[15]             android:layout_width="wrap_content"
[16]             android:layout_height="wrap_content"
[17]             android:text="用户名:"
[18]             android:textSize="20dp" />
[19]         <EditText
[20]             android:id="@+id/editname"
[21]             android:layout_width="match_parent"
```

```
[22]            android:layout_height="wrap_content"
[23]            android:hint="请输入用户名" />
[24]        </LinearLayout>
[25]        <LinearLayout
[26]            android:layout_width="match_parent"
[27]            android:layout_height="wrap_content"
[28]            android:orientation="horizontal">
[29]            <TextView
[30]                android:layout_width="wrap_content"
[31]                android:layout_height="wrap_content"
[32]                android:layout_marginTop="10dp"
[33]                android:text="性　别:"
[34]                android:textSize="20dp" />
[35]            <RadioGroup
[36]                android:id="@+id/radioGroup"
[37]                android:layout_width="wrap_content"
[38]                android:layout_height="wrap_content"
[39]                android:layout_marginTop="8dp"
[40]                android:orientation="horizontal">
[41]                <RadioButton
[42]                    android:id="@+id/btnman"
[43]                    android:layout_width="wrap_content"
[44]                    android:layout_height="wrap_content"
[45]                    android:checked="true"
[46]                    android:text="男"
[47]                    android:textSize="20dp" />
[48]                <RadioButton
[49]                    android:id="@+id/btnwoman"
[50]                    android:layout_width="wrap_content"
[51]                    android:layout_height="wrap_content"
[52]                    android:text="女"
[53]                    android:textSize="20dp" />
[54]            </RadioGroup>
[55]        </LinearLayout>
[56]        <Button
[57]            android:id="@+id/btnregister"
[58]            android:layout_width="wrap_content"
[59]            android:layout_height="wrap_content"
[60]            android:text="注册"
```

```
[61]            android:textSize="20dp" />
[62] </LinearLayout>
```

（4）第 2 个界面设计：放置 1 个 TextView 控件，用于显示由主界面传递过来的用户名、性别信息，并且显示注册成功。Activity_main2.xml 具体代码如下。

```
[1] <RelativeLayout xmlns:android="http://schemas.android.com/apk/res/android"
[2]     android:layout_width="match_parent"
[3]     android:layout_height="match_parent">
[4]     <TextView
[5]         android:id="@+id/txtshow"
[6]         android:layout_width="wrap_content"
[7]         android:layout_height="wrap_content"
[8]         android:textSize="20dp"/>
[9] </RelativeLayout>
```

（5）主界面逻辑代码设计：在 MainActivity.java 中编写逻辑代码，实现用户名的输入、性别的选择，设置按钮的点击事件。具体代码如下。

```
[1] package cn.gxuwz.activitydatajump;
[2] import androidx.appcompat.app.AppCompatActivity;
[3] import android.content.Intent;
[4] import android.os.Bundle;
[5] import android.view.View;
[6] import android.widget.Button;
[7] import android.widget.EditText;
[8] import android.widget.RadioButton;
[9] import android.widget.RadioGroup;
[10] public class MainActivity extends AppCompatActivity {
[11]     private Button btnRegister;
[12]     private EditText editName;
[13]     private RadioGroup rad;
[14]     @Override
[15]     protected void onCreate(Bundle savedInstanceState) {
[16]         super.onCreate(savedInstanceState);
[17]         setContentView(R.layout.activity_main);
[18]         btnRegister = (Button) findViewById(R.id.btnregister);
[19]         editName = (EditText) findViewById(R.id.editname);
[20]         rad = (RadioGroup) findViewById(R.id.radioGroup);
[21]         btnRegister.setOnClickListener(new View.OnClickListener() {
[22]             @Override
[23]             public void onClick(View v) {
[24]                 String name, sex = "";
```

```
[25]                        Intent it = new Intent(MainActivity.this, Main2Activity.class);
[26]                        name = editName.getText().toString();
[27]                        //遍历 RadioGroup 找出被选中的单选按钮
[28]                        for (int i =0; i < rad.getChildCount(); i++) {
[29]                            RadioButton radioButton = (RadioButton) rad.getChildAt(i);
[30]                            if (radioButton.isChecked()) {
[31]                                sex = radioButton.getText().toString();
[32]                                break;
[33]                            }
[34]                        }
[35]                        //新建 Bundle 对象,并把数据写入
[36]                        Bundle bundle = new Bundle();
[37]                        bundle.putCharSequence("user", name);
[38]                        bundle.putCharSequence("sex", sex);
[39]                        //将数据包 Bundle 绑定到 Intent 上
[40]                        it.putExtras(bundle);
[41]                        startActivity(it);
[42]                        //关闭第一个 Activity
[43]                        finish();
[44]                    }
[45]                });
[46]    }
[47] }
```

上述代码中，第 28 行代码 getChildCount()方法用于返回直接子元素的个数。

第 29 行代码，获取指定位置的 View，并对该 View 进行刷新。

（6）显示界面逻辑代码设计：在 Main2Activity.java 中编写逻辑代码，用于显示主界面传递过来的信息。具体代码如下。

```
[1]  package cn.gxuwz.activitydatajump;
[2]  import androidx.appcompat.app.AppCompatActivity;
[3]  import android.content.Intent;
[4]  import android.os.Bundle;
[5]  import android.widget.TextView;
[6]  public class Main2Activity extends AppCompatActivity {
[7]      private TextView txtShow;
[8]      private String name;
[9]      private String sex;
[10]     @Override
[11]     protected void onCreate(Bundle savedInstanceState) {
[12]         super.onCreate(savedInstanceState);
```

```
[13]            setContentView(R.layout.activity_main2);
[14]            txtShow = (TextView)findViewById(R.id.txtshow);
[15]            //获得 Intent 对象,并且用 Bundle 取出数据
[16]            Intent intent = getIntent();
[17]            Bundle bundle = intent.getExtras();
[18]            //按键值的方式取出 Bundle 中的数据
[19]            name = bundle.getString("user");
[20]            sex = bundle.getString("sex");
[21]            txtShow.setText("尊敬的"+name + " " + sex + "士:"+"\n 恭喜你,注册成功~");
[22]        }
[23] }
```

（7）运行结果如图 8-8 所示。在主界面中输入"李易",选择性别"男",点击"注册"按钮,跳转到第 2 个界面,显示注册成功。

图 8-8　运行结果

8.4.2　Activity 之间的数据回传

在 Activity 中,Intent 既可以将数据传给下一个 Activity,也可以将数据回传给上一个 Activity。这种功能在实际开发中很常见,例如发微信朋友圈时,进入图库选择好照片后,会返回到发表状态页面并带回所选的图片信息。

（1）startActivityForResult()方法用于启动 Activity,并且在当前 Activity 销毁时返回一个结果给上一个 Activity。

startActivityForResult(Intent intent,int requestCode)

该方法接收两个参数,第 1 个参数是 Intent 对象,第 2 个参数是请求码,用于判断数据的来源,输入一个唯一值即可。

例如:在 Activity01 里面跳转至 Activity02。

//创建 Intent 信息
Intent intent=new Intent(this,Activity02.class);
//使用 startActivityForResult 方法跳转,第二方数据回传时通过 requestCode 来判断是哪个页面
startActivityForResult(intent,1);

（2）setResult()方法用于携带数据进行回传。

setResult(int resultCode,Intent intent)

该方法中有 2 个参数，第 1 个参数 resultCode 表示返回码，用于标识返回的数据来自哪一个 Activity；第 2 个参数 intent 表示用于携带数据并回传到上一个界面。

接下来在 Activity02 中添加返回数据的示例代码：

```
//创建一个 Intent 对象，附加返回数据
Intent intent=new Intent();
intent.putExtra("extra_data","hello activity");
setResult(2,intent);
//手动调用 finish()方法
finish();
```

（3）onActivityResult()方法用于接收回传的数据。

onActivityResult(int requestCode, int resultCode, Intent data)

该方法根据传递的参数 requestCode、resultCode 来识别数据的来源。

在 Activity01 中重写 onActivityResult 方法以得到返回数据，因为在 Activtiy02 被销毁时会回调 Activity01 的 onActivityResult 方法。

```
protected void onActivityResult(int requestCode, int resultCode, Intent data) {
        super.onActivityResult(requestCode, resultCode, data);
        //通过判断请求码以判断是从哪个 activity 传递回来
        //因为通常会调用很多不同的页面，而被调用的页面最终传递数据都会回调当前方法
        if(requestCode==1&& resultCode==2){
            String acquiredData=data.getStringExtra("result");
            ……
        }
}
```

【案例 8-4】由主界面点击按钮进入鲜花图片选择界面，选择好鲜花后，返回到主界面并显示所选的鲜花。

（1）创建一个应用程序 ActivityDataReturn。

（2）按照案例 8-2 的步骤（2），创建第 2 个 Activity，产生两个文件：Main2Activity.java 和 activity_main2.xml。

ActivityDataReturn 源代码

（3）主界面设计：在系统默认创建的 activity_main.xml 放置 1 个 TextView 控件，用于显示"选择你喜欢的鲜花"信息；1 个 ImageView 控件，用于展示从鲜花图片界面里选择好的鲜花；1 个 Button 按钮，用于启动 Main2Activity。Activity_main.xml 具体代码如下。

```
[1]  <LinearLayout xmlns:android="http://schemas.android.com/apk/res/android"
[2]       android:layout_width="match_parent"
[3]       android:layout_height="match_parent"
[4]       android:orientation="vertical">
[5]       <TextView
[6]           android:layout_width="wrap_content"
```

```
[7]           android:layout_height="wrap_content"
[8]           android:text="选择你喜欢的鲜花"
[9]           android:textSize="18dp"
[10]          android:textColor="#0000FF"/>
[11]     <ImageView
[12]          android:id="@+id/imgicon"
[13]          android:layout_width="200dp"
[14]          android:layout_height="200dp"
[15]          android:layout_gravity="center_horizontal"/>
[16]     <Button
[17]          android:id="@+id/btnchoose"
[18]          android:layout_width="wrap_content"
[19]          android:layout_height="wrap_content"
[20]          android:text="选择鲜花"
[21]          android:textColor="#FF0000"
[22]          android:layout_gravity="center_horizontal"/>
[23] </LinearLayout>
```

（4）鲜花选择界面设计：放置 1 个网格视图控件 GridView，用于显示鲜花图片。Activity_main2.xml 具体代码如下。

```
[1]  <RelativeLayout xmlns:android="http://schemas.android.com/apk/res/android"
[2]       android:layout_width="match_parent"
[3]       android:layout_height="match_parent">
[4]       <GridView
[5]            android:id="@+id/gridView"
[6]            android:layout_width="match_parent"
[7]            android:layout_height="match_parent"
[8]            android:layout_marginTop="10dp"
[9]            android:horizontalSpacing="10dp"
[10]           android:numColumns="3"
[11]           android:verticalSpacing="10dp"/>
[12] </RelativeLayout>
```

上述代码中，第 9 行代码设置水平方向每个单元格的间距为 10 dp。

第 10 行代码设置列数为 3 列。

第 11 行代码设置垂直方向每个单元格的间距为 10 dp。

（5）主界面逻辑代码设计：在 MainActivity.java 中编写逻辑代码，实现按钮的点击事件。具体代码如下。

```
[1]  ackage cn.gxuwz.activitydatareturn;
[2]  import androidx.appcompat.app.AppCompatActivity;
[3]  import android.content.Intent;
```

```
[4]   import android.os.Bundle;
[5]   import android.view.View;
[6]   import android.widget.Button;
[7]   import android.widget.ImageView;
[8]   public class MainActivity extends AppCompatActivity {
[9]       private Button btnChoose;
[10]      @Override
[11]      protected void onCreate(Bundle savedInstanceState) {
[12]          super.onCreate(savedInstanceState);
[13]          setContentView(R.layout.activity_main);
[14]          btnChoose = (Button) findViewById(R.id.btnchoose);
[15]          btnChoose.setOnClickListener(new View.OnClickListener() {
[16]              @Override
[17]              public void onClick(View v) {
[18]                  Intent intent = new Intent(MainActivity.this, Main2Activity.class);
[19]                  startActivityForResult(intent,1);
[20]              }
[21]          });
[22]      }
[23]      @Override
[24]      protected void onActivityResult(int requestCode, int resultCode, Intent data) {
[25]          super.onActivityResult(requestCode, resultCode, data);
[26]          if (requestCode ==1&& resultCode ==2) {
[27]              Bundle bundle = data.getExtras();
[28]              int imgid = bundle.getInt("imgid");
[29]              //获取布局文件中的 ImageView 组件
[30]              ImageView img = (ImageView) findViewById(R.id.imgicon);
[31]              img.setImageResource(imgid);
[32]          }
[33]      }
[34] }
```

上述代码中，第 15 ~ 21 行代码设置了按钮点击监听事件。

第 19 行代码，用 startActivityForResult()方法启动 Main2Activity，请求码为 1。

第 23 ~ 33 行代码，重写了 onActivityResult()方法，并且当请求码为 1，结果码为 2 时，展示由鲜花选择界面传递过来的鲜花图片。

（6）鲜花图片选择界面逻辑代码设计：在 Main2Activity.java 中编写逻辑代码，用于显示待选择的鲜花图片，并且把选择的鲜花图片信息返回到主界面。具体代码如下。

```
[1]   package cn.gxuwz.activitydatareturn;
[2]   ……//省略导包
```

```
[3]   public class Main2Activity extends AppCompatActivity {
[4]       public int[] imgs = new int[]{
[5]               R.drawable.hua1, R.drawable.hua2, R.drawable.hua3, R.drawable.hua4,
[6]               R.drawable.hua5, R.drawable.hua6};
[7]       @Override
[8]       protected void onCreate(Bundle savedInstanceState) {
[9]           super.onCreate(savedInstanceState);
[10]          setContentView(R.layout.activity_main2);
[11]          GridView gridView = (GridView) findViewById(R.id.gridView);
[12]          MyBaseAdapter myBaseAdapter = new MyBaseAdapter();
[13]          gridView.setAdapter(myBaseAdapter);
[14]          gridView.setOnItemClickListener(new AdapterView.OnItemClickListener() {
[15]              @Override
[16]              public void onItemClick(AdapterView<?> parent, View view, int position, long id) {
[17]                  Intent intent = getIntent();
[18]                  Bundle bundle = new Bundle();
[19]                  bundle.putInt("imgid", imgs[position]);
[20]                  intent.putExtras(bundle);
[21]                  setResult(2, intent);
[22]                  finish();
[23]              }
[24]          });
[25]      }
[26]      class MyBaseAdapter extends BaseAdapter {
[27]          //获得数量
[28]          @Override
[29]          public int getCount() {
[30]              return imgs.length;
[31]          }
[32]          //获得当前选项
[33]          @Override
[34]          public Object getItem(int position) {
[35]              return position;
[36]          }
[37]          //获得当前选项对应的 id
[38]          @Override
[39]          public long getItemId(int position) {
[40]              return position;
[41]          }
```

```
[42]          @Override
[43]          public View getView(int position, View convertView, ViewGroup parent) {
[44]              ImageView imageView;
[45]              if (convertView == null) {
[46]                  imageView = new ImageView(Main2Activity.this);
[47]                  //设置图片宽高
[48]                  imageView.setAdjustViewBounds(true);
[49]                  imageView.setMaxHeight(111);
[50]                  imageView.setMaxWidth(111);
[51]                  imageView.setPadding(5,5,5,5);
[52]              } else imageView = (ImageView) convertView;
[53]              imageView.setImageResource(imgs[position]);
[54]              return imageView;
[55]          }
[56]      }
[57] }
```

上述代码中，第 14～24 行代码设置了对 GridView 的 Item 点击响应。

第 26～56 行代码创建一个 MyBaseAdapter 类继承 BaseAdapter 类，并且重写了 4 个方法。

（7）运行结果如图 8-9 所示。在主界面点击"选择鲜花"按钮，则进入第 2 个页面，点击所选鲜花的图片，则返回到主界面，并且显示所选择的鲜花。

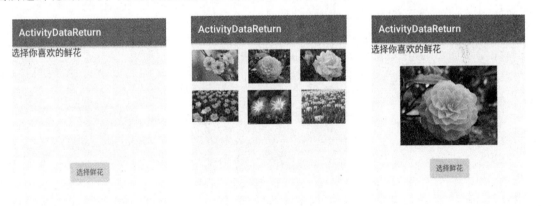

图 8-9   运行结果

8.5   项目实战："移动校园导航"登录注册界面逻辑代码设计

对第 7 章中 7.5 节的"登录界面"（见图 7-16）进行逻辑代码设计。LoginActivity.java 具体代码如下。

```
[1]   package com.app.demo.activitys;
```

```
[2]    ……//省略导包
[3]    public class LoginActivity extends BaseActivity {
[4]        @BindView(R.id.imgv_return)
[5]        ImageView imgvReturn;
[6]        @BindView(R.id.tv_title)
[7]        TextView tvTitle;
[8]        @BindView(R.id.inputName)
[9]        EditText inputName;
[10]       @BindView(R.id.inputpwd)
[11]       EditText inputpwd;
[12]       List<UserBean> list = new ArrayList<>();
[13]       @Override
[14]       protected void onCreate(Bundle savedInstanceState) {
[15]           super.onCreate(savedInstanceState);
[16]           setContentView(R.layout.activity_login);
[17]           ButterKnife.bind(this);
[18]           setSwipeEnabled(false);
[19]           imgvReturn.setVisibility(View.GONE);
[20]           tvTitle.setText("登录");
[21]       }
[22]       private Handler handler = new Handler() {
[23]           @Override
[24]           public void handleMessage(Message msg) {
[25]               switch (msg.what) {
[26]                   case0x11:
[27]                       String id = inputName.getText().toString();
[28]                       String pwd = inputpwd.getText().toString();
[29]                       List<String> list_id = new ArrayList<>();
[30]                       if (list == null || list.size() ==0) {
[31]               Toast.makeText(LoginActivity.this, "没有用户", Toast.LENGTH_SHORT).show();
[32]                       } else {
[33]                           if (list != null) {
[34]                               for (int i =0; i < list.size(); i++) {
[35]                                   list_id.add(list.get(i).user_id);
[36]                               }
[37]                           }
[38]                       }
[39]                       boolean isHaveUser = list_id.contains(id);
[40]                       if (isHaveUser) {//有该用户
```

```
[41]                              UserBean userBean = null;
[42]                              for (int i =0; i < list.size(); i++) {
[43]                                  if (id.equals(list.get(i).user_id)) {
[44]                                      userBean = list.get(i);
[45]                                  }
[46]                              }
[47]                              if (pwd.equals(userBean.password)) {
[48]              SharedPreferencesUtil.saveDataBean(LoginActivity.this, userBean, "user");
[49]                  EventBus.getDefault().post(new EventMessage(EventMessage.LOGIN));
[50]                                  showActivity(LoginActivity.this, MainActivity.class);
[51]                                  finish();
[52]                              } else {
[53]                                  ToastUtil.showToast(LoginActivity.this, "密码不匹配");
[54]                              }
[55]                          } else {
[56]                  ToastUtil.showToast(LoginActivity.this, "该身份无此用户，请先注册");
[57]                          }
[58]                          break;
[59]                  }
[60]              }
[61]          };
[62]      @OnClick({R.id.imgv_return, R.id.toLogin, R.id.tv_register})
[63]      public void onViewClicked(View view) {
[64]          switch (view.getId()) {
[65]              case R.id.imgv_return:
[66]                  onBackPressed();
[67]                  break;
[68]              case R.id.toLogin:
[69]                  if (StringUtil.isEmpty(inputName.getText().toString())) {
[70]                      ToastUtil.showToast(this, "请输入用户名");
[71]                      return;
[72]                  }
[73]                  if (StringUtil.isEmpty(inputpwd.getText().toString())) {
[74]                      ToastUtil.showToast(this, "请输入密码");
[75]                      return;
[76]                  }
[77]                  new Thread(new Runnable() {
[78]                      @Override
[79]                      public void run() {
```

```
[80]                    //调用数据库工具类 DBUtils 的 getInfoByName 方法获取数据库表中数据
[81]                         list = DBUtils.getUserList();
[82]                         Message message = handler.obtainMessage();
[83]                         message.what =0x11;
[84]                         message.obj = "查询结果为空";
[85]                         //发消息通知主线程更新 UI
[86]                         handler.sendMessage(message);
[87]                    }
[88]                }).start();
[89]                break;
[90]            case R.id.tv_register:
[91]                showActivity(this, RegisterActivity.class);
[92]                break;
[93]        }
[94]    }
[95] }
```

上述代码功能：用户在登录界面输入账号信息进行登录操作，和数据库中的信息进行比对，如数据库识别到正确的账户密码便会自动跳转到功能界面。

新用户则需要点击"注册"，进入注册界面，先要完成注册。"注册界面"的布局代码 activity_register.xml 如下。

```
[1]  <?xml version="1.0" encoding="utf-8"?>
[2]  <LinearLayout xmlns:android="http://schemas.android.com/apk/res/android"
[3]      android:layout_width="match_parent"
[4]      android:layout_height="match_parent"
[5]      android:background="@color/color_theme_bg"
[6]      android:fitsSystemWindows="true"
[7]      android:focusable="true"
[8]      android:focusableInTouchMode="true"
[9]      android:orientation="vertical">
[10]    <include layout="@layout/layout_title_view"    android:visibility="gone"/>
[11]    <androidx.core.widget.NestedScrollView
[12]        android:layout_width="match_parent"
[13]        android:layout_height="match_parent">
[14]        <LinearLayout
[15]            android:layout_width="match_parent"
[16]            android:layout_height="match_parent"
[17]            android:focusable="true"
[18]            android:focusableInTouchMode="true"
[19]            android:orientation="vertical"
```

[20]　　　　　　　android:paddingBottom="40dp">

[21]　　　　　<TextView

[22]　　　　　　　android:layout_width="wrap_content"

[23]　　　　　　　android:layout_height="wrap_content"

[24]　　　　　　　android:layout_margin="12dp"

[25]　　　　　　　android:text="账号"

[26]　　　　　　　android:textColor="@color/color_333333"

[27]　　　　　　　android:textSize="16dp" />

[28]　　　　　<EditText

[29]　　　　　　　android:id="@+id/edtNo"

[30]　　　　　　　android:layout_width="match_parent"

[31]　　　　　　　android:layout_height="40dp"

[32]　　　　　　　android:layout_marginLeft="12dp"

[33]　　　　　　　android:layout_marginRight="12dp"

[34]　　　　　　　android:background="@drawable/shape_fff_4"

[35]　　　　　　　android:hint="输入登陆手机号"

[36]　　　　　　　android:inputType="number"

[37]　　　　　　　android:maxLength="11"

[38]　　　　　　　android:paddingLeft="12dp"

[39]　　　　　　　android:paddingRight="12dp"

[40]　　　　　　　android:textColor="#43496A"

[41]　　　　　　　android:textColorHint="#bbbbbb"

[42]　　　　　　　android:textSize="14sp" />

[43]　　　　　<TextView

[44]　　　　　　　android:layout_width="wrap_content"

[45]　　　　　　　android:layout_height="wrap_content"

[46]　　　　　　　android:layout_margin="12dp"

[47]　　　　　　　android:text="昵称"

[48]　　　　　　　android:textColor="@color/color_333333"

[49]　　　　　　　android:textSize="16dp" />

[50]　　　　　<EditText

[51]　　　　　　　android:id="@+id/edtName"

[52]　　　　　　　android:layout_width="match_parent"

[53]　　　　　　　android:layout_height="40dp"

[54]　　　　　　　android:layout_marginLeft="12dp"

[55]　　　　　　　android:layout_marginRight="12dp"

[56]　　　　　　　android:background="@drawable/shape_fff_4"

[57]　　　　　　　android:hint="输入昵称"

[58]　　　　　　　android:paddingLeft="12dp"

```
[59]                android:paddingRight="12dp"
[60]                android:textColor="#43496A"
[61]                android:textColorHint="#bbbbbb"
[62]                android:textSize="14sp" />
[63]          <TextView
[64]                android:layout_width="wrap_content"
[65]                android:layout_height="wrap_content"
[66]                android:layout_margin="12dp"
[67]                android:text="密码"
[68]                android:textColor="@color/color_333333"
[69]                android:textSize="16dp" />
[70]          <EditText
[71]                android:id="@+id/edtpwd"
[72]                android:layout_width="match_parent"
[73]                android:layout_height="40dp"
[74]                android:layout_marginLeft="12dp"
[75]                android:layout_marginRight="12dp"
[76]                android:background="@drawable/shape_fff_4"
[77]                android:hint="输入密码"
[78]                android:paddingLeft="12dp"
[79]                android:paddingRight="12dp"
[80]                android:textColor="#43496A"
[81]                android:textColorHint="#bbbbbb"
[82]                android:textSize="14sp" />
[83]          <TextView
[84]                android:id="@+id/tv_register"
[85]                android:layout_width="150dp"
[86]                android:layout_height="40dp"
[87]                android:layout_gravity="center_horizontal"
[88]                android:layout_marginTop="30dp"
[89]                android:background="@drawable/shape_button_4"
[90]                android:gravity="center"
[91]                android:text="确定"
[92]                android:textColor="#ffffff"
[93]                android:textSize="16sp" />
[94]       </LinearLayout>
[95]     </androidx.core.widget.NestedScrollView>
[96] </LinearLayout>
```

注册界面有 3 个 TextView 控件，分别显示"账号""昵称""密码"文字提示；3 个 EditText

控件，用于输入对应的信息，默认以手机号作为用户名进行注册，如图 8-10 所示为注册界面。

图 8-10　欢迎界面

"注册界面"的逻辑代码设计。RegisterActivity.java 具体代码如下。

```
[1]   package com.app.demo.activitys;
[2]   ……//省略导包
[3]   public class RegisterActivity extends BaseActivity {
[4]       @BindView(R.id.tv_title)
[5]       TextView tvTitle;
[6]       @BindView(R.id.edtNo)
[7]       EditText edtNo;
[8]       @BindView(R.id.edtName)
[9]       EditText edtName;
[10]      @BindView(R.id.edtpwd)
[11]      EditText edtpwd;
[12]      @BindView(R.id.tv_register)
[13]      TextView tvRegister;
[14]      UserBean bean;
[15]      List<UserBean> list = new ArrayList<>();
[16]      List<String> ids = new ArrayList<>();
[17]      @Override
[18]      protected void onCreate(Bundle savedInstanceState) {
[19]          super.onCreate(savedInstanceState);
[20]          setContentView(R.layout.activity_register);
[21]          ButterKnife.bind(this);
[22]          Bundle bundle = getIntent().getExtras();
```

```
[23]            if (bundle != null) {
[24]                bean = (UserBean) bundle.getSerializable("bean");
[25]            }
[26]            if (bean != null) {
[27]                tvTitle.setText("编辑");
[28]                tvRegister.setText("确定");
[29]                edtNo.setText(bean.user_id);
[30]                edtNo.setClickable(false);
[31]                edtNo.setFocusable(false);
[32]                edtName.setText(bean.name);
[33]                edtpwd.setText(bean.password);
[34]            } else {
[35]                tvTitle.setText("新建");
[36]                tvRegister.setText("确定");
[37]            }
[38]            new Thread(new Runnable() {
[39]                @Override
[40]                public void run() {
[41]                    list = DBUtils.getUserList();
[42]                    for (int i =0; i < list.size(); i++) {
[43]                        ids.add(list.get(i).user_id);
[44]                    }
[45]                }
[46]            }).start();
[47]        }
[48]    @OnClick({R.id.imgv_return, R.id.tv_register})
[49]    public void onViewClicked(View view) {
[50]        switch (view.getId()) {
[51]            case R.id.imgv_return:
[52]                onBackPressed();
[53]                break;
[54]            case R.id.tv_register:
[55]                String user_id = edtNo.getText().toString();
[56]                String name = edtName.getText().toString();
[57]                String pwd = edtpwd.getText().toString();
[58]                if (StringUtil.isEmpty(user_id)) {
[59]                    ToastUtil.showToast(this, "请输入 id");
[60]                    return;
[61]                }
```

```
[62]                          if (StringUtil.isEmpty(name)) {
[63]                               ToastUtil.showToast(this, "请输入昵称");
[64]                               return;
[65]                          }
[66]                     if (bean != null) {
[67]                          new Thread(new Runnable() {
[68]                               @Override
[69]                               public void run() {
[70]                                    DBUtils.updateUser(bean.user_id, name, pwd);
[71]                               }
[72]                     }).start();
[73]                bean.name = name;
[74]                EventBus.getDefault().post(new EventMessage(EventMessage.modify, bean));
[75]                onBackPressed();
[76]                     } else {
[77]                          if (StringUtil.isEmpty(pwd)) {
[78]                               ToastUtil.showToast(this, "请输入密码");
[79]                               return;
[80]                          }
[81]                          if (ids.contains(user_id)) {
[82]                               ToastUtil.showToast(this, "已存在该用户，请更换用户名");
[83]                          } else {
[84]                               new Thread(new Runnable() {
[85]                                    @Override
[86]                                    public void run() {
[87]                                         DBUtils.insertUser(RegisterActivity.this, user_id, name, pwd);
[88]                                    }
[89]                               }).start();
[90]                               EventBus.getDefault().post(new EventMessage
                                  (EventMessage.Refresh));
[91]                               ToastUtil.showToast(this, "添加成功");
[92]                               onBackPressed();
[93]                          }
[94]                     }
[95]                break;
[96]          }
[97]     }
[98] }
```

用户注册成功后便会跳转到登录界面，否则，会进行冲突提示。

思考与练习

一、填空题

（1）启动一个新的 Activity 并且获取这个 Activity 的返回数据，需要重写_____方法。

（2）打开一个新页面，新页面的生命周期方法依次为 onCreate→_____。

（3）关闭现有的页面，现有页面的生命周期方法依次为 onPause→_____。

（4）Activity 的生命周期分 4 种状态，分别是_____、_____、_____、_____。

二、简答题

（1）简述 Activity 的生命周期的方法及什么时候被调用。

（2）两个 Activity 之间跳转时必然会执行的是哪几个方法？

（3）简述 Android 系统的 4 种基本组件 Activity、Service、BroadcastReceiver 和 ContentProvider 的用途。

第 9 章　内容提供者

【教学目的与要求】

（1）掌握内容提供者的创建；
（2）如何使用内容提供者；
（3）如何访问其他应用程序数据。

【思维导图】

Android 开发中，为了实现跨程序共享数据的功能，Android 系统提供了内容提供者（ContentProvider）组件，ContentProvider 也是 Android 的 4 大组件之一，在一般的开发中，可能使用比较少，但在 Android 中具有着重要的作用，如图 9-1 所示。

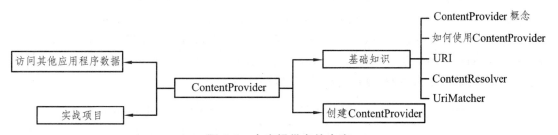

图 9-1　内容提供者的内容

9.1 概　述

9.1.1　什么是内容提供者

在 Android 系统中，应用程序之间是相互独立的，分别运行在自己的进程中。若应用程序之间需要共享数据，则需用到 ContentProvider，该组件为不同的程序之间数据共享，提供统一的接口，它不仅允许一个程序访问另一个程序中的数据，同时还可以选择只对哪一部分数据进行共享，从而保证程序中的隐私数据不被泄露。

如果想让其他的应用使用本应用内的数据，就可以使用 ContentProvider 定义一个对外开放的接口，从而使得其他的应用可以使用本应用中的文件、数据库内存储的信息。在 Android 系统中，很多数据如联系人信息、短信信息、图片库、音频库等，这些信息在开发中会经常用到，就可以使用谷歌提供的 URI 直接访问这些数据。

9.1.2　如何使用内容提供者

ContentProvider 是不同应用程序之间进行数据共享的标准 API，访问 ContentProvider 中共享的数据,要借助 ContentResolver 类,该类的实例需要通过 Context 中的 getContentResolver() 方法获取。下面通过图例的方式来讲解 ContentProvider 的工作原理，如图 9-2 所示。

图中 A 程序需要使用 ContentProvider 暴露数据，才能被其他程序操作。B 程序必须通过 ContentResolver 操作 A 程序暴露出来的数据,而 A 程序会将操作结果返回给 ContentResolver，然后 ContentResolver 再将操作结果返回给 B 程序。

图 9-2　ContentProvider 工作原理

ContentProvider 是以类似数据库中表的方式将数据暴露，ContentResolver 提供了一系列增、删、改、查的方法对数据进行操作，这些方法是根据 URI 来操作 CotentProvide 提供的数据。当应用继承 ContentProvider 类，并重写该类用于提供数据和存储数据的方法，就可以向其他应用共享其数据。虽然使用其他方法也可以对外共享数据，但数据访问方式会因数据存储的方式而不同，例如：采用文件方式对外共享数据，需要进行文件操作读写数据；采用 SharedPreferences 共享数据，需要使用 SharedPreferences API 读写数据。而使用 ContentProvider 共享数据的好处是统一了数据访问方式。

要创建一个内容提供者，首先需要创建一个类继承抽象类 ContentProvider，接着重写该类中的 onCreate()、insert()、delete()、update()、query()、getType()方法。具体说明如表 9-1 所示。

表 9-1　ContentProvider 中的抽象方法

抽象方法	说　　明
onCreate()	初始化 ContentProvider，在创建内容提供者时调用
insert()	插入新数据到 ContentProvider，根据指定的 URI 对数据进行增加
delete()	从 ContentProvider 中删除数据，根据指定的 URI 对数据进行删除
update()	更新 ContentProvider 中已经存在的数据,根据指定的 URI 对数据进行修改
query()	返回数据给调用者，根据指定的 URI 对数据进行查询
getType()	返回 ContentProvider 数据的 MIME 类型

9.1.3　URI 详解

URI 通用资源标识符（Universal Resource Identifier）为内容提供者中的数据建立唯一标识符，代表要操作的数据。Android 中可用的每种资源（图像、视频片段等）都可以用 URI 来表示。

URI 的格式如下，其中 authority 又分为 host 和 port：

```
//规则
[scheme:][//host:port][path][?query]
//示例
content://cn.gxuwz.provider.myprovider/tablename/id
```

（1）标准前缀（scheme）："content://"，用来说明一个 ContentProvider 控制这些数据。

（2）URI 的标识（host:port）："cn.gxuwz.provider.myprovider"，用于唯一标识这个 Content Provider，外部调用者可以根据这个标识来找到它。对于第三方应用程序，为了保证 URI 标识的唯一性，它必须是一个完整的、小写的类名。这个标识在元素的 authority 属性中说明，一般是定义该 ContentProvider 的包.类的名称；

（3）路径（path）："/tablename"，要操作的数据库中表的名字，也可以自己定义，在使用的时候保持一致。

（4）记录 ID(query)："id"，如果 URI 中包含表示需要获取的记录的 ID，则返回该 id 对应的数据，如果没有 ID，就表示返回全部。

对路径（path）做进一步的说明，用来表示要操作的数据，构建时应根据实际项目需求而定。例如：

（1）操作 tablename 表中 id 为 11 的记录，构建路径为/tablename/11；

（2）操作 tablename 表中 id 为 11 的记录的 name 字段为 tablename/11/name；

（3）操作 tablename 表中的所有记录为/tablename；

（4）操作来自文件、xml 或网络等其他存储方式的数据，如要操作 xml 文件中 tablename 节点下 name 字段为/tablename/name。

URI 的各个部分在 Android 中都是可以通过代码获取。

//示例

http://www.baidu.com:8080/wenku/wuzhou.html?id=123&name=gxuwz

（1）getScheme()：获取 Uri 中的 scheme 字符串部分，即 http；

（2）getHost()：获取 Authority 中的 Host 字符串，即 www.baidu.com；

（3）getPost()：获取 Authority 中的 Port 字符串，即 8080；

（4）getPath()：获取 Uri 中 path 部分，即 wenku/wuzhou.html；

（5）getQuery()：获取 Uri 中的 query 部分，即 id=123&name=gxuwz。

9.1.4　ContentResolver 详解

ContentProvider 共享数据是通过定义一个对外开放的统一的接口来实现的。但应用程序并不直接调用这些方法，而是使用一个 ContentResolver 对象，调用它的方法作为替代。

ContentResolver 可以与任意内容提供者进行会话，与其合作来对所有相关交互通信进行管理。当外部应用需要对 ContentProvider 中的数据进行添加、删除、修改和查询操作时，程序员可以使用 ContentResolver 类来完成，要获取 ContentResolver 对象，可以使用 Context 提供的 getContentResolver()方法。

ContentResolver cr = getContentResolver();

ContentProvider 可以向其他应用程序提供数据，与之对应的 ContentResolver 则负责获取 ContentProvider 提供的数据，修改、添加、删除、更新数据等。

ContentResolver 类提供了与 ContentProvider 类相对应的 4 个方法，如表 9-2 所示。

表 9-2　ContentResolver 中的方法

方　法	说　明
query(Uri uri, String[] projection, String selection, String[] selectionArgs, String sortOrder)	用于对 URI 指定的 ContentProvider 进行查询
insert(Uri uri, ContentValues values)	用于添加数据到 URI 指定的 ContentProvider 中
delete(Uri uri, String selection, String[] selectionArgs)	用于从 URI 指定的 ContentProvider 中删除数据
update(Uri uri, ContentValues values, String selection, String[] selectionArgs)	用于更新 URI 指定的 ContentProvider 中的数据

这些方法的第一个参数为 Uri，代表要操作的是哪个 ContentProvider 和对其中的什么数据进行操作。

9.1.5　UriMatcher 详解

URI 保存了资源文件的路径，代表了资源文件。一个应用内有很多资源，如果想把其中一部分资源共享给其他应用，并集中起来管理，方便查询和匹配，这就需要另外一个类来协调，Android 系统提供了 UriMatcher 类。

使用步骤如下：

（1）创建 UriMatcher 类对象。

（2）通过 UriMatcher.addURI(String,String,int）方法对其增加需要匹配的 URI 路径，所对应的匹配码由第三个参数指定。

（3）通过 UriMatcher.match(Uri）方法进行匹配，并返回匹配码。

```
[1]   //构建 UriMatcher 对象，常量 UriMatcher.NO_MATCH 表示不匹配任何路径，返回码-1
[2]   UriMatcher uriMatcher=new UriMatcher (UriMatcher.NO_MATCH)；
[3]   //添加需要匹配的 URI，并指定匹配时返回的匹配码
[4]   UriMatcher.addURI ("introduction.android.myprovider", "text",1)；
[5]   uriMatcher.addURI ("introduction.android.myprovider", "text/#",2)；
[6]   Uri uri=Uri.parse ("content:// introduction.android.myprovider/text/10")；
[7]   switch (uriMatcher.match (uri)) {
[8]       case1: //匹配操作码为 1
[9]           //执行相应操作
[10]          break;
[11]      case2: //匹配返回码为 2
[12]          //执行相应的操作
[13]          break;
[14]      default: //不匹配
[15]          //执行相应的操作
[16]          break;
[17]  }
```

语句[5]中的"#"号为通配符，如果 match()方法匹配 content:// introduction. android. Myprovider /text/230 路径，则对应匹配码为 2。

9.2　创建内容提供者

接下来，创建一个内容提供者 MyContentProvider，具体步骤如下：

（1）创建一个应用程序 ContentProvider。

（2）创建 MyContentProvider：在程序包名处右击选择[New]→[Other]→[Content Provider]选项，在弹出窗口中输入内容提供者的 Class Name 为"MyContentProvider"和 URI Authorities 为"cn.gxuwz.contentprovider"。填写完成后点击[Finish]按钮，内容提供者便创建完成，此时打开 MyContentProvider.java，具体代码如下。

```
[1]   package cn.gxuwz.contentprovider;
[2]   import android.content.ContentProvider;
[3]   import android.content.ContentValues;
[4]   import android.database.Cursor;
[5]   import android.net.Uri;
```

```
[6]     public class MyContentProvider extends ContentProvider {
[7]         public MyContentProvider() {
[8]         }
[9]         @Override
[10]        public int delete(Uri uri, String selection, String[] selectionArgs) {
[11]            // Implement this to handle requests to delete one or more rows.
[12]            throw new UnsupportedOperationException("Not yet implemented");
[13]        }
[14]        @Override
[15]        public String getType(Uri uri) {
[16]            // TODO: Implement this to handle requests for the MIME type of the data
[17]            // at the given URI.
[18]            throw new UnsupportedOperationException("Not yet implemented");
[19]        }
[20]        @Override
[21]        public Uri insert(Uri uri, ContentValues values) {
[22]            // TODO: Implement this to handle requests to insert a new row.
[23]            throw new UnsupportedOperationException("Not yet implemented");
[24]        }
[25]        @Override
[26]        public boolean onCreate() {
[27]            // TODO: Implement this to initialize your content provider on startup.
[28]            return false;
[29]        }
[30]        @Override
[31]        public Cursor query(Uri uri, String[] projection, String selection,
[32]                            String[] selectionArgs, String sortOrder) {
[33]            // TODO: Implement this to handle query requests from clients.
[34]            throw new UnsupportedOperationException("Not yet implemented");
[35]        }
[36]        @Override
[37]        public int update(Uri uri, ContentValues values, String selection,
[38]                           String[] selectionArgs) {
[39]            // TODO: Implement this to handle requests to update one or more rows.
[40]            throw new UnsupportedOperationException("Not yet implemented");
[41]        }
[42] }
```

（3）清单配置文件 AndroidManifest.xml：内容提供者创建完成后，AndroidStudio 会自动在 AndroidManifest.xml 文件中对内容提供者进行注册，具体代码如下。

```
[1]    <?xml version="1.0" encoding="utf-8"?>
[2]    <manifest xmlns:android="http://schemas.android.com/apk/res/android"
[3]        package="cn.gxuwz.contentprovider">
[4]        <application……>
[5]            ……
[6]            <provider
[7]                android:name=".MyContentProvider"
[8]                android:authorities="cn.edu.contentprovider"
[9]                android:enabled="true"
[10]               android:exported="true">
[11]           </provider>
[12] </manifest>
```

上述代码中，<provider>标签中的配置用于注册创建的 MyContentProvider，该标签中设置的属性信息如下。

（1）name：该属性的值是 MyContentProvider 的全名称，在 AndroidManifest.xml 文件中的全名称可以用.MyContentProvider 来代替。

（2）authorities：该属性的值标识了 MyContentProvider 提供的数据，通常设置为包名。

（3）enabled：该属性的值表示 MyContentProvider 能否被系统实例化，如果属性 enabled 的值为 true，表示可以被系统实例化，如果为 false，则表示不允许被系统实例化，该属性默认的值为 true。

（4）exported：该属性的值表示 MyContentProvider 能否被其他应用程序使用，如果属性 exported 的值为 true，则表示任何应用程序都可以通过 URI 访问 MyContentProvider，如果为 false，则表示只有用户 ID（程序的 build.gradle 文件中 applicationId，applicationId 是每个应用的唯一标识）相同的应用程序才能访问到它。需要注意的是，每个应用程序中创建的 ContentProvider 都必须在 AndroidManifest.xml 文件的<provider>标签中定义，否则系统将找不到需要运行的 ContentProvider。

9.3　访问其他应用程序的数据

在不同应用程序之间交换数据时，A 应用程序会通过 ContentProvider 暴露自己的数据，B 应用程序通过 ContentResolver 对暴露的数据进行操作。因为在使用 ContentProvider 暴露数据时提供了相应操作的 URI，因此在访问现有的 ContentProvider 时要指定相应的 URI，然后再通过 ContentResolver 对象来实现对数据的操作。通过 ContenProvider 查询其他程序数据的具体步骤如下。

1. 通过 parse()方法解析 Uri

首先通过 Uri 的 parse()方法将字符串 Uri 解析为 Uri 类型的一个对象，示例代码如下：
```
Uri uri = Uri.parse("content://cn.gxuwz.contentprovider/person");
```

2. 通过 query()方法查询数据

通过 getContentResolver()方法获取 ContentResolver 对象,调用该对象的 query()方法查询数据,示例代码如下:

```
ContentResolver resolver = context.getContentResolver();
Cursor cursor = resolver.query(Uri uri, String[] projection, String selection,
                    String[] selectionArgs, String sortOrder);
```

通过 getContentResolver()方法获取一个 ContentResolver 对象 resolver,通过该对象的 query()方法来查询 Uri 中的数据信息,该方法传递的 5 个参数。

（1）uri：表示查询其他程序的数据需要的 Uri。

（2）projection：表示要查询的内容,该内容相当于数据库表中每列的名称。如果要查询名称、年龄和性别信息,则可以将该参数设置为 new String[]{"name","age","sex"}。

（3）selection：表示设置查询的条件,相当于 SQL 语句中的 where,如果该参数传入的值为 null,则表示没有查询条件。如果想要查询地址为北京的信息,则该参数传递的值为字符串"address= '北京'",也可以传递为"address=?",并将传递的参数 selectionArgs 设置为 new String[]{"北京"}。

（4）selectionArgs：该参数需要配合参数 selection 使用,如果参数 selection 中有"？",则传递的参数 selectionArgs 会替换掉"？",否则,参数 selectionArgs 可以传递为 null。

（5）sortOrder：表示查询的数据按照什么顺序进行排序,相当于 SQL 语句中的 Order by。如果该参数传递为 null,则数据默认是按照升序排序的。如果想要让查询的数据按照降序排序,则该参数传递的值为字符串 "DESC"。

3. 通过 while()循环语句遍历查询到的数据

通过 query()方法查询完数据后,该数据存放在 Cursor 对象中,接着通过 while 循环语句 Cursor 对象中的数据被遍历出来,最后 Cursor 对象的 close()方法被调用以关闭 Cursor 释放资源。以查询到的数据为 String 类型的 address、long 类型的 date 以及 int 类型的 type 为例,while()循环遍历查询数据的示例代码如下。

```
while (cursor.moveToNext()) {
    String address = cursor.getString(0);
    long date = cursor.getLong(1);
    int type = cursor.getInt(2);
}
cursor.close ();
```

【案例 9-1】使用 ContentResolver 读取手机通讯录。

（1）创建一个应用程序 ReadContacts。

（2）主界面设计：在系统默认创建的 activity_main.xml 放置 1 个 ListView 控件,用于显示手机通讯录中的姓名和电话号码。activity_main.xml 具体代码如下。

```
[1]    <?xml version="1.0" encoding="utf-8"?>
[2]    <LinearLayout xmlns:android="http://schemas.android.com/apk/res/android"
```

```
[3]        android:layout_width="match_parent"
[4]        android:layout_height="match_parent">
[5]    <ListView
[6]            android:layout_width="match_parent"
[7]            android:layout_height="match_parent"
[8]            android:id="@+id/contact_view"/>
[9]    </LinearLayout>
```

（3）主界面逻辑代码设计：在 MainActivity.java 中编写逻辑代码，实现读取手机通讯录。具体代码如下。

```
[1]    package cn.gxuwz.readcontacts;
[2]    import androidx.appcompat.app.AppCompatActivity;
[3]    import androidx.core.app.ActivityCompat;
[4]    import androidx.core.content.ContextCompat;
[5]    import android.Manifest;
[6]    import android.content.pm.PackageManager;
[7]    import android.database.Cursor;
[8]    import android.os.Bundle;
[9]    import android.provider.ContactsContract;
[10]   import android.widget.ArrayAdapter;
[11]   import android.widget.ListView;
[12]   import java.util.ArrayList;
[13]   import java.util.List;
[14]   public class MainActivity extends AppCompatActivity {
[15]       ListView contactsView;
[16]       ArrayAdapter<String> adapter;
[17]       List<String> contactsList = new ArrayList<String>();
[18]       @Override
[19]       protected void onCreate(Bundle savedInstanceState) {
[20]           super.onCreate(savedInstanceState);
[21]           setContentView(R.layout.activity_main);
[22]           contactsView = (ListView) findViewById(R.id.contact_view);
[23]           adapter = new ArrayAdapter<String>(this,
[24]                           android.R.layout.simple_list_item_1, contactsList);
[25]           contactsView.setAdapter(adapter);
[26]           if(ContextCompat.checkSelfPermission(this, Manifest.permission.READ_CONTACTS)
[27]                   != PackageManager.PERMISSION_GRANTED) {
[28]               ActivityCompat.requestPermissions(
[29]                   MainActivity.this, new String[]{Manifest.permission.READ_CONTACTS},1);
[30]           } else {
```

```
[31]                    readContacts();
[32]            }
[33]        }
[34]    private void readContacts() {
[35]        Cursor cursor = null;
[36]        try {
[37]            cursor = getContentResolver().query(
[38]                    ContactsContract.CommonDataKinds.Phone.CONTENT_URI,
[39]                    null, null, null, null);
[40]            while (cursor.moveToNext()) {
[41]                int i_name = cursor.getColumnIndex(
[42]                        ContactsContract.CommonDataKinds.Phone.DISPLAY_NAME);
[43]                String displayName = cursor.getString(i_name);
[44]                int i_number = cursor.getColumnIndex(
[45]                        ContactsContract.CommonDataKinds.Phone.NUMBER);
[46]                String number = cursor.getString(i_number);
[47]                contactsList.add(displayName + "\n" + number);
[48]            }
[49]        } catch (Exception e) {
[50]            e.printStackTrace();
[51]        } finally {
[52]            if (cursor != null) {
[53]                cursor.close();
[54]            }
[55]        }
[56]    }
[57] }
```

上述代码中,第 23～24 行代码创建一个数组适配器。有 3 个参数,第一个参数是上下文,就是当前的 Activity;第二个参数是 android sdk 中自己内置的一个布局,它里面只有一个 TextView,这个参数传入的是 ListView 每个列表项中的布局文件,以保证每个列表项的显示样式是一样的;第三个参数是要显示的数据。ListView 会根据这 3 个参数,遍历 adapter 里面的每一条数据,读出一条,显示到第二个参数对应的布局中,这样就形成了看到的 ListView。

第 25 行代码通过 ListView 控件中的 setAdapter()方法,将初始化好的 ArrayAdapter 对象作为参数传递进去。

第 26～29 行代码通过 ContextCompat 类的 checkSelfPermission()方法用于检测用户是否授权允许程序读取用户联系人数据,该方法需要传递两个参数,第一个参数需要传入 Context,第二个参数需要传入需要检测的权限。如果没有授权,则通过 ActivityCompat.requestPermissions()方法向用户申请权限。

第 34～56 行代码实现了通过 getContentResolver()方法获取一个 ContentResolver 对象,

通过该对象的 query()方法来查询 Uri 中的数据信息，实现读取用户联系人数据。

（4）设置权限：读取通讯录属于危险权限，因此需要在 AndroidManifest.xml 文件中开启权限。

<uses-permission android:name="android.permission.READ_CONTACTS" />

（5）运行结果如图 9-3 所示。

注：本案例采用 ListView 控件实现，感兴趣的同学可以根据第 8 章学习的 RecyclerView 控件实现读取手机中的通讯录。

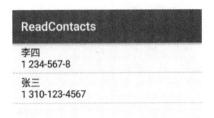

ContentResolver 读取手
机通讯录源代码

图 9-3　运行结果

思考与练习

一、填空题

（1）在 AndroidManifest.xml 里面声明内容提供者的标签名称是＿＿＿＿。

（2）ContentProvider 的作用是在不同的应用程序之间＿＿＿＿。

（3）内容观察者 ContentObserver 用于观察指定＿＿＿＿代表的数据的变化。

二、简答题

（1）简述内容提供者的工作原理。

（2）简述 ContentResolver、ContentProvider 和 ContentObserver 的关系。

第 10 章　广播与服务

【教学目的与要求】

（1）掌握广播机制原理；

（2）掌握创建广播接收者；

（3）掌握服务的生命周期；

（4）掌握服务的两种启动方式。

【思维导图】

在 Android 系统中，广播（Broadcast）是一种运用在组件之间传递信息的机制，广播的发送者和接收者事先不需要知道对方的存在。本章的内容如图 10-1 所示。

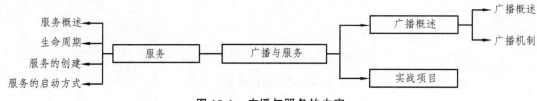

图 10-1　广播与服务的内容

10.1　广播概述

Android 中的广播机制最大特点就是发送方并不关心接收方是否接收到数据，也不关心接收方是如何处理数据的。Android 中的每个应用程序都可以对自己感兴趣的广播进行注册，这样该程序就只会收到自己所关心的广播内容，这些广播可能是来自于系统，也可能是来自于其他应用程序。

Android 中的广播使用了观察者模式：基于消息的发布/订阅事件模型，将广播的发送者和接收者解耦，使得系统方便集成，更易扩展。

消息的事件模型中有 3 个角色：

（1）消息订阅者（广播接收者）；

（2）消息发布者（广播发送者）；

（3）消息中心（AMS，即 Activity Manager Service）。

10.1.1　广播的分类

1. 按照发送的方式分类

（1）无序广播：一种异步的方式来进行传播的，广播发出去之后，所有的广播接收者几乎是同一时间收到消息的，没有先后顺序，这种广播不能被拦截。

（2）有序广播：一种同步执行的广播，按照广播接收者声明的优先级别被依次接收。在广播发出去之后，同一时刻只有一个广播接收者可以收到消息，当广播中的逻辑执行完成后，广播才会继续传播。优先级高的 BroadcastReceiver 先收到广播消息，并且前面的 BroadcastReceiver 还可以截断正在传递的广播，后面的 BroadcastReceiver 就无法收到广播消息。

2. 按照注册的方式分类

（1）动态注册广播：在代码中注册的，要求程序必须在运行时才能进行。

（2）静态注册广播：在 AndroidManifest 中进行注册的。但在 Android8.0 之后，一些广播无法静态注册，只能使用动态注册的方式监听广播。

3. 按照定义的方式分类

（1）系统广播：Android 系统中内置了多个系统广播，只要涉及手机的基本操作，基本上都会发出相应的系统广播。例如：开机启动、网络状态改变、拍照、屏幕关闭与开启、电量不足等。每个系统广播都具有特定的 intent-filter，其中主要包括具体的 action，系统广播发出后，将被相应的 BroadcastReceiver 接收。当使用系统广播时，只需在注册广播接收者时定义相关的 action 即可，不需要手动发送广播，系统广播在系统内部当特定事件发生时，由系统自动发出。

（2）自定义广播：由应用程序开发者自己定义的广播。

10.1.2 广播机制实现流程

广播机制实现流程如下：

（1）广播接收者通过 Binder 机制向 AMS 进行注册，并指定要接收的广播类型；

（2）广播发送者通过 Binder 机制向 AMS 发送广播；

（3）AMS 查找符合相应条件（IntentFilter/Permission）的广播接收者（BroadcastReceiver），将广播发送到相应的消息循环队列中；

（4）执行消息循环时获取到此广播，会回调广播接收者（BroadcastReceiver）中的 onReceive() 方法，并在该方法中进行相关处理。

不同的广播类型，以及不同的 BroadcastReceiver 注册方式，在具体实现上会有不同，但总体流程大致如上。

10.2 广播接收者

Android 内置了很多系统级别的广播，可以在应用程序中通过监听这些广播得到各种系统的状态信息，如手机开机完成后会发出一条广播，电池的电量发生变化会发出一条广播，系统时间发生改变也会发出一条广播等。如果想要接收这些广播，就需要使用 BroadcastReceiver。

10.2.1 什么是广播接收者

广播接收者（BroadcastReceiver）是 Android 的 4 大组件之一，该组件可以监听来自系统或应用程序的广播，可以很方便地进行系统组件之间的通信。只要存在与之匹配的 Broadcast 以 Intent 的形式发送出来，BroadcastReceiver 就会被激活，并自动触发它的 onReceive() 方法。当 onReceive() 方法被执行完成之后，BroadcastReceiver 的实例就会被销毁。

广播接收者具有以下特性：

（1）广播接收者的生命周期是非常短暂的，在接收到广播的时候创建，onReceive() 方法结束之后销毁；

（2）广播接收者中不要做一些耗时的工作，否则会弹出 Application No Response 错误对话框；

（3）要在广播接收者中创建子线程做耗时的工作，因为广播接收者被销毁后进程就成为了空进程，很容易被系统杀掉。

10.2.2　广播接收者创建

广播接收者的注册由两种方式，动态注册和静态注册。在 Android8.0 之后，一些广播无法静态注册，所以这里只讨论采用动态注册方式，创建一个广播接收者。

动态注册的广播接收者是否被注销依赖于注册广播的组件，如果在 MainActivity 中注册，那么 MainActivity 被销毁时，广播接收者也随之被注销。

要接收程序或者系统发出的广播消息，需创建一个广播接收者，可以在程序的包中创建一个 MyReceiver 类继承自 BroadcastReceiver，并重写 onReceive()方法，接收以 Intent 对象为参数的消息。

MyReceiver.java 代码如下：

```
public class MyReceiver extends BroadcastReceiver {
    @Override
    public void onReceive(Context context, Intent intent) {
        Toast.makeText(context, "Intent Detected.", Toast.LENGTH_LONG).show();
    }
}
```

创建广播接收者完成后，需要在 MainActivity 中注册广播接收者 MyReceiver。

MainActivity.java 代码如下：

```
[1]    public class MainActivity extends AppCompatActivity {
[2]        private MyReceiver myReceiver;
[3]        private IntentFilter intentFilter;
[4]        @Override
[5]        protected void onCreate(Bundle savedInstanceState) {
[6]            super.onCreate(savedInstanceState);
[7]            setContentView(R.layout.activity_main);
[8]            myReceiver = new MyReceiver ();
[9]            intentFilter = new IntentFilter("android.intent.action.BATTERY_LOW");
[10]           registerReceiver(myReceiver, intentFilter);
[11]       }
[12]       @Override
[13]       protected void onDestroy() {
[14]           super.onDestroy();
[15]           unregisterReceiver(myReceiver);
[16]       }
[17]   }
```

上述代码中，第 8 行代码实例化广播接收者 myReceiver。

第 9 行代码实例化过滤器并设置要过滤的广播，也可以写成如下语句：

```
String action = "android.intent.action.BATTERY_LOW";
intentFilter = new IntentFilter();
```

intentFilter.addAction(action);

第 10 行代码通过 registerReceiver()方法实现注册广播。第一个参数表示广播接收者,第二个参数表示实例化的过滤器。

第 12～16 行代码重写了 onDestroy()方法,通过 unregisterReceiver()方法注销广播接收者。

【案例 10-1】演示自定义广播的发送和接收。

(1)创建一个应用程序 BroadcastReceiver。

(2)主界面设计:在系统默认创建的 activity_main.xml 放置 1 个 Button 控件,用于点击"发送自定义广播"。activity_main.xml 具体代码如下。

```
[1]   <?xml version="1.0" encoding="utf-8"?>
[2]   <LinearLayout xmlns:android="http://schemas.android.com/apk/res/android"
[3]        android:layout_width="match_parent"
[4]        android:layout_height="match_parent">
[5]   <Button
[6]        android:id="@+id/btn"
[7]        android:layout_width="match_parent"
[8]        android:layout_height="wrap_content"
[9]        android:text="发送自定义广播"
[10]       android:textSize="20dp"
[11]       android:textColor="#0000FF"
[12]       android:layout_marginTop="100dp"/>
[13]  </LinearLayout>
```

(3)创建广播接收者:选中程序的包,在该包中创建一个 MyBroadcastReceiver 类并继承 BroadcastReceiver 类,重写 onReceive()方法,用于接收发送的广播信息。

MyBroadcastReceiver.java 具体代码如下。

```
[1]   package cn.gxuwz.broadcastreceiver;
[2]   import android.content.BroadcastReceiver;
[3]   import android.content.Context;
[4]   import android.content.Intent;
[5]   import android.widget.Toast;
[6]   public class MyBroadcastReceiver extends BroadcastReceiver {
[7]       @Override
[8]       public void onReceive(Context context, Intent intent) {
[9]           Toast.makeText(context, "收到了自定义的广播", Toast.LENGTH_LONG).show();
[10]      }
[11] }
```

(4)主界面逻辑代码设计:在 MainActivity.java 中编写逻辑代码,获取发送自定义广播的控件并实现该控件的点击事件。具体代码如下。

```
[1]   package cn.gxuwz.broadcastreceiver;
[2]   import androidx.appcompat.app.AppCompatActivity;
```

```
[3]    import android.content.Intent;
[4]    import android.content.IntentFilter;
[5]    import android.os.Bundle;
[6]    import android.view.View;
[7]    import android.widget.Button;
[8]    public class MainActivity extends AppCompatActivity {
[9]        private Button mButton;
[10]       private IntentFilter mIntentFilter;
[11]       private MyBroadcastReceiver mMyBroadcastRecvier;
[12]       @Override
[13]       protected void onCreate(Bundle savedInstanceState) {
[14]           super.onCreate(savedInstanceState);
[15]           setContentView(R.layout.activity_main);
[16]
[17]           //实例化过滤器
[18]           mIntentFilter = new IntentFilter("gxuwz");
[19]           //创建广播接收者的对象
[20]           mMyBroadcastRecvier =   new MyBroadcastReceiver();
[21]           //注册广播接收者的对象
[22]           registerReceiver(mMyBroadcastRecvier, mIntentFilter);
[23]           mButton = (Button) findViewById(R.id.btn);
[24]           mButton.setOnClickListener(new View.OnClickListener(){
[25]               @Override
[26]               public void onClick(View v) {
[27]                   Intent intent = new Intent("gxuwz");
[28]                   //发送一个广播
[29]                   sendBroadcast(intent);
[30]               }
[31]           });
[32]       }
[33]       @Override
[34]       protected void onDestroy() {
[35]           super.onDestroy();
[36]           //取消广播接收者的注册
[37]           unregisterReceiver(mMyBroadcastRecvier);
[38]       }
[39] }
```

（5）运行结果：点击"发送自定义广播"按钮，程序会发送一条广播信息，此时在界面下端通过 Toast 显示提示信息"收到自定义的广播"，如图 10-2 所示。

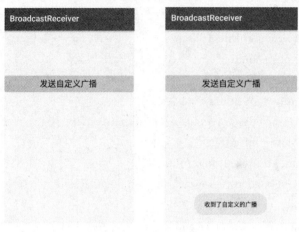

图 10-2　运行结果

10.3　服务概述

Service（服务）是 Android 的 4 大组件之一，能够在后台长时间执行操作并且不提供用户界面的应用程序组件。服务可由其他应用组件启动（如 Activity），服务一旦被启动将在后台一直运行，即使启动服务的组件（Activity）已销毁也不受影响。此外，组件可以绑定到服务，以与之进行交互，甚至是执行进程间通信（IPC）。Service 基本上分为两种形式。

1. 启动状态

当应用组件（如 Activity）通过调用 startService()启动服务时，服务即处于"启动"状态。一旦启动，服务即可在后台无限期运行，即使启动服务的组件已被销毁也不受影响，除非手动调用才能停止服务，已启动的服务通常是执行单一操作，而且不会将结果返回给调用方。

2. 绑定状态

当应用组件通过调用 bindService()绑定到服务时，服务即处于"绑定"状态。绑定服务允许组件与服务进行交互、发送请求、获取结果，甚至是利用进程间通信（IPC）跨进程执行这些操作。仅当与另一个应用组件绑定时，绑定服务才会运行。多个组件可以同时绑定到该服务，全部取消绑定后，该服务即会被销毁。

10.4　服务的生命周期

与 Activity 类似，服务也有生命周期，服务的生命周期与启动服务的方式有关。服务的启动方式有两种：一种是通过 startService()方法启动，另一种是通过 bindService()方法启动。使用不同的方式启动服务，其生命周期会不同。使用不同方式启动服务的生命周期如图 10-3 所示。

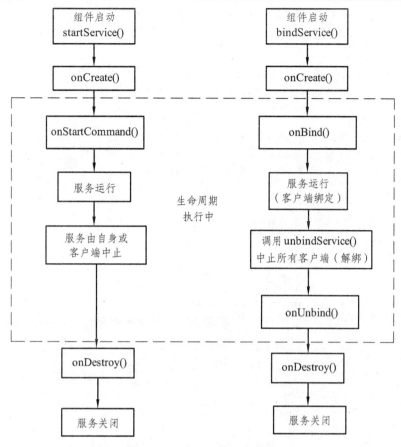

图 10-3 Service 的生命周期

当通过 startService()方法启动服务时，执行的生命周期方法依次为 onCreate()、onStartCommand()、onDestroy()。

当通过 bindService()方法启动服务时，执行的生命周期方法依次为 onCreate()、onBind()、onUnbind()、onDestroy()。

生命周期中的方法说明如表 10-1 所示。

表 10-1 Service 的生命周期方法说明

方　　法	描　　述
onStartCommand()	其他组件（如 Activity）通过调用 startService()来请求启动服务时，系统调用该方法。在工作完成时通过 stopSelf()或者 stopService()方法来停止服务
onBind()	当其他组件想要通过 bindService()来绑定服务时，系统调用该方法。实现该方法需要返回 IBinder 对象来提供一个接口，以便用户与服务通信
onUnbind()	当客户中断所有服务发布的特殊接口时，系统调用该方法
onRebind()	当新的客户端与服务连接，且此前它已经通过 onUnbind（Intent）通知断开连接时，系统调用该方法
onCreate()	当服务通过 onStartCommand()和 onBind()被第一次创建的时候，系统调用该方法
onDestroy()	当服务不再有用或者被销毁时，系统调用该方法。服务需要实现该方法来清理任何资源，如线程、已注册的监听器、接收器等

10.5 服务的创建

服务的创建方式与广播接收者类似，选中程序包名，右击选择【New】→【Service】→
【Service】选项，在弹出的窗口中输入服务名称，创建服务完成。
MyService.java 代码如下。

```
[1]  package cn.gxuwz.service;
[2]  import android.app.Service;
[3]  import android.content.Intent;
[4]  import android.os.IBinder;
[5]  public class MyService extends Service {
[6]      public MyService() {
[7]      }
[8]      @Override
[9]      public IBinder onBind(Intent intent) {
[10]         // TODO: Return the communication channel to the service.
[11]         throw new UnsupportedOperationException("Not yet implemented");
[12]     }
[13] }
```

上述代码中，创建的 MyService 类继承自 Service 类，默认创建了一个构造方法
MyService()，重写了 onBind()方法。onBind()方法是 Service 子类必须实现的方法，该方法返
回一个 IBinder 对象，应用程序可通过该对象与 Service 组件通信。由于 onBind()方法在此处
暂未实现，程序会默认抛出一个未支持操作异常 UnsupportedOperationException，在后续程
序中实现 onBind()方法时，删除该方法中默认抛出的异常即可。

服务创建完成后，Android Studio 工具会自动在 AndroidManifest.xml 文件中注册服务，
具体代码如下。

```
[1]  <?xml version="1.0" encoding="utf-8"?>
[2]  <manifest xmlns:android="http://schemas.android.com/apk/res/android"
[3]      package="cn.gxuwz.service">
[4]      <application
[5]          android:allowBackup="true"
[6]          android:icon="@mipmap/ic_launcher"
[7]          android:label="@string/app_name"
[8]          android:roundIcon="@mipmap/ic_launcher_round"
[9]          android:supportsRtl="true"
[10]         android:theme="@style/AppTheme">
[11]         <service
[12]             android:name=".MyService"
[13]             android:enabled="true"
```

```
[14]            android:exported="true"></service>
[15]        <activity android:name=".MainActivity">
[16]            <intent-filter>
[17]                <action android:name="android.intent.action.MAIN" />
[18]                <category android:name="android.intent.category.LAUNCHER" />
[19]            </intent-filter>
[20]        </activity>
[21]    </application>
[22] </manifest>
```

上述代码中，<service/>标签中有 3 个属性，分别是 name、enabled、exported。

（1）name 属性表示服务的路径。

（2）enabled 属性表示系统是否能够实例化该服务。

（3）exported 属性表示该服务是否能够被其他应用程序中的组件调用或进行交互。

10.6　服务的启动方式

10.6.1　通过 startService()方法启动服务

由其他组件调用 startService()方法启动服务，服务的 onStartCommand()方法被调用。其生命周期与启动它的组件无关，可以在后台无限期运行，即使启动服务的组件已经被销毁。因此，服务需要在完成任务后调用 stopSelf()方法停止，或者由其他组件调用 stopService()方法停止。

通过 Context.startService(Intent intent）启动服务的生命周期：

（1）启动时，startService：onCreate()→onStartCommand ()。

（2）停止时，stopService：onDestroy()。

1. 启动 Service

通过类名称来启动，Intent 需要指明 Service 所在的类，并调用 startService(Intent)启动 service，启动代码如下：

```
Intent intent = new Intent(this, StartService.class);
startService(intent);
```

在上面的代码中，Intent 指明了启动的 Service 所在类为 StartService。

2. 停止 service

已启动 Service 的 Intent 需要传递给 stopService(Intent)函数，代码如下。

```
stopService(intent);
```

【案例 10-2】演示通过 startService()方法与 stopService()启动、关闭服务。

（1）创建一个应用程序 StartService。

（2）主界面设计：在系统默认创建的 activity_main.xml 文件中放置两个 Button 控件，用于"启动服务"和"停止服务"。activity_main.xml 具体代码如下。

```
[1]  <?xml version="1.0" encoding="utf-8"?>
[2]  <LinearLayout xmlns:android="http://schemas.android.com/apk/res/android"
[3]      android:layout_width="match_parent"
[4]      android:layout_height="match_parent"
[5]      android:orientation="vertical">
[6]      <Button
[7]          android:id="@+id/btn_start"
[8]          android:layout_width="match_parent"
[9]          android:layout_height="wrap_content"
[10]         android:text="启动服务"
[11]         android:layout_marginTop="100dp"/>
[12]     <Button
[13]         android:id="@+id/btn_stop"
[14]         android:layout_width="match_parent"
[15]         android:layout_height="wrap_content"
[16]         android:text="停止服务" />
[17] </LinearLayout>
```

（3）创建服务 MyService：详细如上面说明，重写 Service 生命周期中的方法。MyService.java 具体代码如下。

```
[1]  package cn.gxuwz.startservice;
[2]  import android.app.Service;
[3]  import android.content.Intent;
[4]  import android.os.IBinder;
[5]  import android.util.Log;
[6]  public class MyService extends Service {
[7]      @Override
[8]      public void onCreate() {
[9]          super.onCreate();
[10]         Log.i(getClass().getName(), "onCreate");
[11]     }
[12]     @Override
[13]     public int onStartCommand(Intent intent, int flags, int startId) {
[14]         Log.i(getClass().getName(), "onStartCommand");
[15]         return super.onStartCommand(intent, flags, startId);
[16]     }
[17]     @Override
```

```
[18]      public void onDestroy() {
[19]          Log.i(getClass().getName(), "onDestroy");
[20]          super.onDestroy();
[21]      }
[22]      @Override
[23]      public IBinder onBind(Intent intent) {
[24]          return null;
[25]      }
[26] }
```

上述代码中，在 onCreate()方法、onStartCommand()方法、onDestroy()方法中分别通过 Log 打印程序执行相应方法时的提示信息。

（4）主界面逻辑代码设计：在 MainActivity.java 中编写逻辑代码，获取界面控件并实现控件的点击事件。具体代码如下。

```
[1]  package cn.gxuwz.startservice;
[2]  import androidx.appcompat.app.AppCompatActivity;
[3]  import android.content.Intent;
[4]  import android.os.Bundle;
[5]  import android.view.View;
[6]  public class MainActivity extends AppCompatActivity {
[7]      private Intent intent;
[8]      @Override
[9]      protected void onCreate(Bundle savedInstanceState) {
[10]          super.onCreate(savedInstanceState);
[11]          setContentView(R.layout.activity_main);
[12]          intent = new Intent(this, MyService.class);
[13]          findViewById(R.id.btn_start).setOnClickListener(new View.OnClickListener() {
[14]              @Override
[15]              public void onClick(View v) {
[16]                  startService(intent);
[17]              }
[18]          });
[19]          findViewById(R.id.btn_stop).setOnClickListener(new View.OnClickListener() {
[20]              @Override
[21]              public void onClick(View v) {
[22]                  stopService(intent);
[23]              }
[24]          });
[25]      }
[26] }
```

上述代码中，第 13～18 行代码实现了"开启服务"按钮的点击事件，通过调用 startService() 方法开启了 MyService 服务。

第 19～24 行代码实现了"关闭服务"按钮的点击事件，通过调用 stopService()方法关闭了 MyService 服务。

（5）运行结果：在如图 10-4 所示界面中点击"开启服务"按钮和"关闭服务"按钮，在 LogCat 窗口中打印出开启服务、关闭服务时，程序执行的生命周期方法，如图 10-5 所示。

图 10-4　运行界面

图 10-5　LogCat 窗口信息

10.6.2　通过 bindService()方法启动服务

使用 bindService()方法启用服务，调用者与服务绑定在一起，调用者一旦退出，服务也就终止。

通过 Context.bindService(Intent intent, ServiceConnection conn, int flags) 启动服务的生命周期：

（1）绑定时，bindService：onCreate()→onBind()。

（2）解绑时，unbindService：onUnbind()→onDestroy()。

1. 使用 bindService()方法启动 Service

绑定模式使用 bindService()方法启动 Service，其格式如下：

```
bindService(Intent intent,ServiceConnection conn,int flags);
```

其中的参数说明如下。

（1）intent：该参数通过 Intent 指定需要启动的 service。

（2）conn：该参数是 ServiceConnnection 对象，当绑定成功后，系统将调用 serviceConnnection

的 onServiceConnected()方法，当绑定意外断开后，系统将调用 ServiceConnnection 中的 onServiceDisconnected()方法。

（3）flags：该参数指定绑定时是否自动创建 Service。如果指定为 BIND_AUTO_CREATE，则自动创建，指定为 0，则不自动创建。

2. 使用 unbindService()方法取消绑定

取消绑定仅需要使用 unbindService()方法，并将 ServiceConnnection 传递给 unbindService()方法。

【案例 10-3】演示通过 bindService()方法与 unbindService()方法绑定与解绑服务。

（1）创建一个应用程序 BindService。

（2）主界面设计：在系统默认创建的 activity_main.xml 文件中放置两个 Button 控件，用于"BIND 服务绑定"和"BIND 解除绑定"。activity_main.xml 具体代码实现参考【案例 10-2】。

（3）创建服务 MyService：重写 Service 生命周期中的方法。MyService.java 具体代码如下。

```
[1]  package cn.gxuwz.bindservice;
[2]  import android.app.Service;
[3]  import android.content.Intent;
[4]  import android.os.Binder;
[5]  import android.os.IBinder;
[6]  import android.util.Log;
[7]  import java.util.Random;
[8]  public class MyService extends Service {
[9]      public class MyBinder extends Binder {
[10]         public MyService getService() {
[11]             return MyService.this;
[12]         }
[13]     }
[14]     //通过 binder 实现调用者 client 与 Service 之间的通信
[15]     private MyBinder binder = new MyBinder();
[16]     private final Random generator = new Random();
[17]     @Override
[18]     public void onCreate() {
[19]         Log.i("BindService", "MyService -> onCreate, Thread: " + Thread.currentThread().
                  getName());
[20]         super.onCreate();
[21]     }
[22]     @Override
[23]     public IBinder onBind(Intent intent) {
[24]         Log.i("BindService", "MyService -> onBind, Thread: " + Thread.currentThread().
                  getName());
```

```
[25]                return binder;
[26]            }
[27]        @Override
[28]        public boolean onUnbind(Intent intent) {
[29]                Log.i("BindService", "MyService -> onUnbind, from:" + intent.getStringExtra("from"));
[30]                return false;
[31]            }
[32]        @Override
[33]        public void onDestroy() {
[34]                Log.i("BindService", "MyService -> onDestroy, Thread: " + Thread.currentThread().
                    getName());
[35]                super.onDestroy();
[36]            }
[37]        //getRandomNumber 是 Service 暴露出去供 client 调用的公共方法
[38]        public int getRandomNumber() {
[39]                return generator.nextInt();
[40]            }
[41] }
```

使用 bindService 将 client 与 server 联系在一起的关键是 binder，第 9 ~ 13 行代码创建了一个 MyBinder 类继承 Binder 类，通过 getService()方法可以获取包含 MyBinder 的 MyService。

第 15 行代码实例化了一个 MyBinder 的实例 binder，并且将其作为 onBind()方法的返回值。

第 17 ~ 36 行代码分别重写了 MyService 服务生命周期的方法 onCreate()、onBind()、onUnbind()，并在各个方法中通过 Log 打印了执行对应方法时的提示信息。

（4）主界面逻辑代码设计：在 MainActivity.java 中编写逻辑代码，MainActivity 是 Service 的调用者，获取界面控件并实现控件的点击事件。具体代码如下。

```
[1]  package cn.gxuwz.bindservice;
[2]  //…省略导入包
[3]  public class MainActivity extends AppCompatActivity implements View.OnClickListener {
[4]      private MyService service = null;
[5]      private boolean isBound = false;
[6]      private ServiceConnection conn = new ServiceConnection() {
[7]          @Override
[8]          public void onServiceConnected(ComponentName name, IBinder binder) {
[9]                  isBound = true;
[10]                 MyService.MyBinder myBinder = (MyService.MyBinder) binder;
[11]                 service = myBinder.getService();
[12]                 Log.i("BindService", "MainActivity onServiceConnected");
[13]                 int num = service.getRandomNumber();
```

```
[14]        Log.i("BindService", "MainActivity 中调用 TestService 的 getRandomNumber 方法,
            结果: " + num);
[15]        }
[16]        @Override
[17]        public void onServiceDisconnected(ComponentName name) {
[18]            isBound = false;
[19]            Log.i("BindService", "MainActivity onServiceDisconnected");
[20]        }
[21]    };
[22]    @Override
[23]    protected void onCreate(Bundle savedInstanceState) {
[24]        super.onCreate(savedInstanceState);
[25]        setContentView(R.layout.activity_main);
[26]        Log.i("BindService", "MainActivity -> onCreate, Thread: " + Thread.currentThread().
            getName());
[27]        findViewById(R.id.btn_bind).setOnClickListener(this);
[28]        findViewById(R.id.btn_unbind).setOnClickListener(this);
[29]    }
[30]    @Override
[31]    protected void onDestroy() {
[32]        super.onDestroy();
[33]        Log.i("BindService", "MainActivity -> onDestroy");
[34]    }
[35]    @Override
[36]    public void onClick(View view) {
[37]        if (view.getId() == R.id.btn_bind) {
[38]            //单击了 "bindService" 按钮
[39]            Intent intent = new Intent(MainActivity.this, MyService.class);
[40]            intent.putExtra("from", "MainActivity");
[41]            Log.i("BindService", "MainActivity 执行 bindService");
[42]            bindService(intent, conn, BIND_AUTO_CREATE);
[43]        } else if (view.getId() == R.id.btn_unbind) {
[44]            //单击了 "unbindService" 按钮
[45]            if (isBound) {
[46]                Log.i("BindService", "------------------------------------------------------");
[47]                Log.i("BindService", "MainActivity 执行 unbindService");
[48]                unbindService(conn);
[49]            }
[50]        }
```

[51]   }
[52] }

上述代码中，第 6~21 行代码初始化了一个 ServiceConnection 类型的实例，并重写其
onServiceConnected()方法和 onServiceDisconnected()方法。

第 35~51 行代码实现了 OnClickListener 接口中的 onClick()方法，在该方法中实现了
"BIND 服务绑定"按钮、"BIND 解除绑定"按钮的点击事件。

（5）运行结果：在如图 10-6 所示界面中点击"BIND 服务绑定"按钮和"BIND 解除绑
定"按钮，在 LogCat 窗口中会打印出绑定服务、解绑服务时，程序执行的生命周期方法，如
图 10-7 所示。

BindService 源代码

图 10-6　运行界面

图 10-7　LogCat 窗口信息

思 考 与 练 习

一、填空题

（1）_____用来监听来自系统或者应用程序的广播。

（2）广播接收者的注册方式有两种，分别是_____和_____。

（3）活动只能一对一通信，而广播可以_____通信。

（4）手机的屏幕方向默认是_____。

（5）在 Android 系统中运行 Service 有_____、_____两种方式。

二、判断题

（1）有序广播的广播效率比无序广播更高。（   ）

（2）动态注册的广播接收者的生命周期依赖于注册广播的组件。（　　　）

（3）标准广播是无序的，有可能后面注册的接收器反而比前面注册的接收器先收到广播。（　　　）

（4）通过 setPriority 方法设置优先级，优先级越小的接收器，越先收到有序广播。（　　　）

三、简答题

（1）简述广播的基本思想，如何基于广播思想设计一款 App？

（2）简述广播接收者的实现流程。

（3）简述有序广播和无序广播的区别。

第 11 章　数据存储

【教学目的与要求】

- 掌握使用文件存储数据；
- 掌握使用 SharedPreferences 存储数据；
- 掌握使用 SQLite 数据库，实现数据的增删改查功能。

【思维导图】

本章内容如图 11-1 所示。

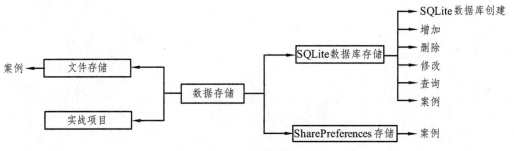

图 11-1　数据存储内容

Android 中的数据存储方式有 5 种，分别为文件存储、SharedPreferences、SQLite 数据库、内容提供者以及网络存储。具体说明如表 11-1 所示。

表 11-1　Android 数据存储方式

类　型	说　明
文件存储	以 IO 流形式存放，可分为手机内部和手机外部（SD 卡等）存储，可存放较大数据
SharedPreferences	以 Map 形式存放简单的配置参数
SQLite	轻量级、跨平台数据库，将数据存放在手机上的单一文件内，占用内存小
ContentProvider	将应用的私有数据提供给其他应用使用
网络存储	数据存储在服务器上，通过连接网络获取数据

本章介绍前 3 种存储方式。

11.1 文件存储

在 Android 平台下，当应用程序安装后，其所在的包会有一个文件夹用于存放自己的数据，只有这个应用程序才有对这个文件夹的写入权限，这个私有的文件夹位于 Android 系统的 data\data\<包名>files\目录下，应用程序卸载时，其内部存储文件也随之删除。

发展到今天，Android 手机的机身内存已足够大，不需要外加 SDCard，甚至很多手机都已经不支持 SDCard 了。所以这里不讨论对 SDCard 的读写操作。

Android 平台支持 Java 平台下的文件 I/O 操作，Context 中提供了两个方法来打开应用程序的数据文件夹中文件 I/O 流。获取这两个类对象的方式如下：

Context.openFileInput(String filename)
Context.openFileOutput(String name，int mode)

在 openFileOutput(String name, int mode)方法中，mode 参数是指打开文件的模式，支持的模式值如表 11-2 所示。

表 11-2 打开文件的模式

模式值	说　明
MODE_PRIVATE	该文件只能被当前程序读写
MODE_AppEND	以追加的方式打开该文件，应用程序可以在该文件中追加内容
MODE_WORLD_READABLE	该文件能被其他程序读，但不能写
MODE_WORLD_WRITEABLE	该文件能被其他应用程序读写

Android 中还提供了访问应用程序的数据文件夹方法，如表 11-3 所示。

表 11-3 访问文件夹方法

方　法	说　明
getDir(String name,int mode)	在应用程序的数据文件夹下获取或创建 name 对应的子目录
File getFilesDir()	获取文件夹的绝对路径
String[] fileList()	返回文件夹下的全部文件
deleteFile(String name)	删除文件夹下的指定文件

【案例 11-1】使用文件存储方式实现信息的存储与读取:先让用户输入，然后写入文件，最后读出该文件。

（1）创建一个应用程序 FileReadWrite。

（2）主界面设计：在 activity_main.xml 文件中放置 1 个 EditText 控件，用于信息的输入，两个 Button 控件，分别用于存储和读取功能，1 个 TextView 控件，用于显示从文件中读取的信息。activity_main.xml 具体代码如下。

```
[1]  <LinearLayout xmlns:android="http://schemas.android.com/apk/res/android"
[2]      android:layout_width="match_parent"
[3]      android:layout_height="match_parent"
[4]      android:orientation="vertical">
```

```
[5]      <EditText
[6]          android:id="@+id/editText"
[7]          android:layout_width="match_parent"
[8]          android:layout_height="wrap_content"
[9]          android:hint="请输入......" />
[10]     <Button
[11]         android:id="@+id/btn_write"
[12]         android:layout_width="wrap_content"
[13]         android:layout_height="wrap_content"
[14]         android:text="存储" />
[15]     <Button
[16]         android:id="@+id/btn_read"
[17]         android:layout_width="wrap_content"
[18]         android:layout_height="wrap_content"
[19]         android:text="读取" />
[20]     <TextView
[21]         android:id="@+id/textView"
[22]         android:layout_width="wrap_content"
[23]         android:layout_height="wrap_content"
[24]         android:textSize="20dp" />
[25] </LinearLayout>
```

（3）主界面逻辑代码设计：在 MainActivity.java 中编写逻辑代码，实现信息的存储与读取。具体代码如下。

```
[1]   package cn.gxuwz.filereadwrite;
[2]   ……//省略导包
[3]   public class MainActivity extends AppCompatActivity {
[4]       Button btn_write, btn_read;
[5]       EditText edit;
[6]       private TextView textView;
[7]       @Override
[8]       protected void onCreate(Bundle savedInstanceState) {
[9]           super.onCreate(savedInstanceState);
[10]          setContentView(R.layout.activity_main);
[11]          btn_write = (Button) findViewById(R.id.btn_write);
[12]          btn_read = (Button) findViewById(R.id.btn_read);
[13]          edit = (EditText) findViewById(R.id.editText);
[14]          textView = findViewById(R.id.textView);
[15]          btn_write.setOnClickListener(new View.OnClickListener() {
[16]              public void onClick(View v) {
```

246

```
[17]                    String text = edit.getText().toString();
[18]                    save(text);
[19]                    Toast.makeText(MainActivity.this, "保存成功！", Toast.LENGTH_SHORT).
                        show();
[20]                }
[21]            });
[22]        btn_read.setOnClickListener(new View.OnClickListener() {
[23]            public void onClick(View v) {
[24]                String text = load();
[25]                textView.setText(text);
[26]                Toast.makeText(MainActivity.this, "读取成功！", Toast.LENGTH_SHORT).
                    show();
[27]            }
[28]        });
[29]    }
[30]    public void save(String text) {
[31]        FileOutputStream out = null;
[32]        BufferedWriter writer = null;
[33]        try {
[34]            out = openFileOutput("data", Context.MODE_PRIVATE);
[35]            writer = new BufferedWriter(new OutputStreamWriter(out));
[36]            writer.write(text);
[37]        } catch (IOException e) {
[38]            e.printStackTrace();
[39]        } finally {
[40]            if (writer != null) {
[41]                try {
[42]                    writer.close();
[43]                } catch (IOException e) {
[44]                    e.printStackTrace();
[45]                }
[46]            }
[47]        }
[48]    }
[49]    public String load() {
[50]        FileInputStream in = null;
[51]        BufferedReader reader = null;
[52]        StringBuilder content = new StringBuilder();
[53]        try {
```

```
[54]                in = openFileInput("data");
[55]                reader = new BufferedReader(new InputStreamReader(in));
[56]                String line = "";
[57]                while ((line = reader.readLine()) != null) {
[58]                    content.append(line);
[59]                }
[60]            } catch (IOException e) {
[61]                e.printStackTrace();
[62]            } finally {
[63]                if (reader != null) {
[64]                    try {
[65]                        reader.close();
[66]                    } catch (IOException e) {
[67]                        e.printStackTrace();
[68]                    }
[69]                }
[70]            }
[71]            return content.toString();
[72]        }
[73] }
```

上述代码中,第 15~29 行代码设置了两个按钮的监听事件。

第 30~48 行代码实现了保存信息到文件的方法 save()。

第 49~72 行代码实现了从文件中读取信息方法 load()。

(4)运行结果如图 11-2 所示。输入内容,点击存储按钮,显示"保存成功!"信息;然后点击读取按钮,则显示"读取成功!"信息,并且显示出保存到文件中的信息。

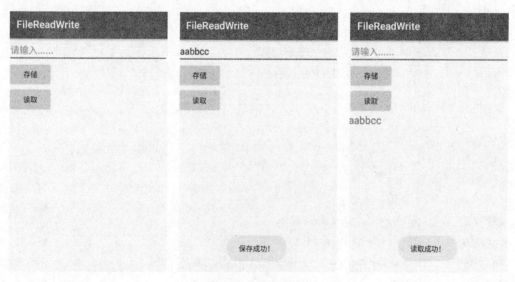

图 11-2　运行结果

11.2　SharedPreferences 存储

SharedPreferences 是 Android 平台上一个轻量级的存储类，存储的信息通常为简单的数据，主要用于存储软件的配置信息，例如：自动登录（记住密码）、小说 app（返回后再次进入还是原来看的页数）、按钮的状态。

SharedPreferences 保存数据的类型是键值（key-value）对，数据保存在/data/data/<package name>/shared_prefs 目录下，SharedPreferences 数据以 XML 格式保存，根元素是元素，该元素中每个子元素代表一个 key-value 对，当 value 是整数类型时，使用子元素；当 value 是字符串类型时，使用子元素。

SharedPreferences 是一个接口，通过 Context 提供的 getSharedPreferences(String name, int mode) 方法来获取 SharedPreferences 实例。SharedPreferences 通过其内部接口首先获取到 Editor 对象，通过 Editor 提供的方法向 SharedPreferences 写入数据，Editor 提供的方法如表 11-4 所示。

表 11-4　Editor 提供的方法

方　法	说　明
SharedPreferences.Editor clear()	清空 SharedPreferences 中所有的数据
SharedPreferences.Editor putXxx(String key,xxxvalue)	向 SharedPreferences 存入指定 key 对应的数据，xxx 是几种基本数据类型
SharedPreferences.Editor remove(String key)	删除 SharedPreferences 中指定 key 对应的数据
boolean commit()	当 Editor 编辑完成后，调用该方法提交

SharedPreferences 接口提供如表 11-5 所示方法访问 key-value 对，负责读取应用程序中的数据。

表 11-5　SharedPreferences 读取数据

方　法	说　明
boolean contains(String key)	判断 SharedPreferences 是否包含特定 key 的数据
abstract Map<String,?> getAll()	获取 SharedPreferences 数据里全部的 key-value 对
boolean getXxx(String key, xxx defValue)	获取 SharedPreferences 数据中指定 key 对应的 value

下面介绍 SharedPreferences 的使用。

1. 获取 SharedPreferences 对象

首先要获取 SharedPreferences 才能进行操作。获取 SharedPreferences 对象有下面两个方式：

（1）getSharedPreferences(String name, int mode)。

通过 Context 调用该方法获得对象。该方法中第一个参数 name 设置保存的 XML 文件名，第二个参数 mode 指定了操作的模式，支持如表 11-6 所示几个值。

表 11-6 设置 SharedPreferences 数据读写限制

值	说　明
Context.MODE_PRIVATE	指定该 SharedPreferences 数据只能被本程序读写
Context.MODE_WORLD_READABLE	指定该 SharedPreferences 数据能被其他程序读，但不能写
Context.MODE_WORLD_WRITEABLE	指定该 SharedPreferences 数据能被其他应用程序读写
Context.MODE_AppEND	检查文件是否存在，存在往文件追加内容，否则创建新文件

（2）getPreferences(int mode)。

通过 Activity 调用获得对象，它只有一个参数 mode 指定操作模式。这种方式获取的对象创建的文件属于 Activity，只能在该 Activity 中使用，且没有指定的文件名，文件名同 Activity 名字。

2. 写数据

（1）创建一个 SharedPreferences 对象。

SharedPreferences sharedPreferences= getSharedPreferences("data",Context.MODE_PRIVATE);

（2）实例化 SharedPreferences.Editor 对象。

SharedPreferences.Editor editor = sharedPreferences.edit();

（3）将获取过来的值放入文件。

editor.putString("name",“John”);

editor.putInt("age",28);

editor.putBoolean("marrid",false);

（4）提交。

editor.commit();

3. 读取数据

SharedPreferences sharedPreferences= getSharedPreferences("data",Context.MODE_PRIVATE);
String userName=sharedPreferences.getString("name","");

4. 删除指定数据

editor.remove("name");
editor.commit();

5. 清空数据

editor.clear();
editor.commit();

【案例 11-2】使用 SharedPreferences 存储方式实现信息的存储与读取：先让用户输入，然后写入文件，最后读出该文件。

（1）创建一个应用程序 SharedPreferences。

（2）主界面设计：与【案例 11-1】相同。

（3）主界面逻辑代码设计：在 MainActivity.java 中编写逻辑代码，实现信息的存储与读取。先获取 SharedPreferences 对象，然后写入用户输入的信息，最后读出该信息并显示出来。具体代码如下。

```
[1]   package cn.gxuwz.sharedpreferences;
[2]   import androidx.appcompat.app.AppCompatActivity;
[3]   import android.content.Context;
[4]   import android.content.SharedPreferences;
[5]   import android.os.Bundle;
[6]   import android.view.View;
[7]   import android.widget.Button;
[8]   import android.widget.EditText;
[9]   import android.widget.TextView;
[10]  import android.widget.Toast;
[11]  import java.util.HashMap;
[12]  import java.util.Map;
[13]  public class MainActivity extends AppCompatActivity {
[14]      Button btn_write, btn_read;
[15]      EditText edit;
[16]      private TextView textView;
[17]      @Override
[18]      protected void onCreate(Bundle savedInstanceState) {
[19]          super.onCreate(savedInstanceState);
[20]          setContentView(R.layout.activity_main);
[21]          btn_write = (Button) findViewById(R.id.btn_write);
[22]          btn_read = (Button) findViewById(R.id.btn_read);
[23]          edit = (EditText) findViewById(R.id.editText);
[24]          textView = findViewById(R.id.textView);
[25]          btn_write.setOnClickListener(new View.OnClickListener() {
[26]              public void onClick(View v) {
[27]                  String text = edit.getText().toString();
[28]                  saveInfo(MainActivity.this,text);
[29]                  Toast.makeText(MainActivity.this, "保存成功！", Toast.LENGTH_SHORT).
                         show();
[30]              }
[31]          });
[32]          btn_read.setOnClickListener(new View.OnClickListener() {
[33]              public void onClick(View v) {
[34]                  Map<String, String> info = getInfo(MainActivity.this);
```

SharedPreferences 源代码

```
[35]                    textView.setText(info.get("name"));
[36]                    Toast.makeText(MainActivity.this, "读取成功！", Toast.LENGTH_SHORT).
                        show();
[37]                }
[38]            });
[39]        }
[40]        public static boolean saveInfo(Context context,String text) {
[41]            SharedPreferences sp = context.getSharedPreferences("data", Context.MODE_
                PRIVATE);
[42]            SharedPreferences.Editor edit = sp.edit();
[43]            edit.putString("name",text);
[44]            edit.commit();
[45]            return true;
[46]        }
[47]        public static Map<String,String> getInfo(Context context) {
[48]            SharedPreferences sp = context.getSharedPreferences("data", Context.MODE_
                PRIVATE);
[49]            String name = sp.getString("name", null);
[50]            Map<String, String> stringHashMap = new HashMap<>();
[51]            stringHashMap.put("name",name);
[52]            return stringHashMap;
[53]        }
[54] }
```

上述代码中，第 40～46 行代码创建了一个 saveInfo()方法，实现保存输入的信息到 data.xml 文件中。

第 47～53 行代码创建了一个 getInfo()方法，用于从 data.xml 文件中获取存放的信息。

（4）运行结果如图 11-3 所示。输入内容，点击存储按钮，显示"保存成功！"信息；然后点击读取按钮，则显示"读取成功！"信息，并且显示出保存到文件中的信息。

图 11-3　运行结果

Device FileExplorer 视图中找到该程序的 shared_prefs 目录，找到 data.xml 文件双击，可以看到具体代码如下。

```
[1]    <?xml version='1.0' encoding='utf-8' standalone='yes' ?>
[2]    <map>
[3]        <string name="name">00998877ppoo</string>
[4]    </map>
```

11.3　SQLite 数据库存储

Android 系统集成了一个轻量级的数据库 SQLite，该数据库适用于资源有限的设备上适量数据的存取，是遵守 ACID（原子性、一致性、隔离性、持久性）的关联式数据库管理系统。SQLite 允许开发者使用 SQL 语句操作数据库中的数据。

11.3.1　SQLite 数据库的创建

Android 系统推荐使用 SQLiteOpenHelper 的子类创建数据库，因此需要创建一个类继承自 SQLiteOpenHelper，并重写该类的 onCreate()和 onUpgrade()方法。具体代码如下。

```
[1]    class DBHelper extends SQLiteOpenHelper{
[2]            public DBHelper(Context context){
[3]                super(context,"gxuwz.db",null,1);
[4]            }
[5]            @Override
[6]            public void onCreate(SQLiteDatabase db) {
[7]             db.execSQL("create table info(_id integer primary key autoincrement,"
[8]                        + "name varchar(20),password varchar(20))");
[9]            }
[10]           @Override
[11]           public void onUpgrade(SQLiteDatabase db, int oldVersion, int newVersion) {
[12]           }
[13] }
```

上述代码中，第 2 ~ 4 行代码为 DBHelper 类的构造方法，该方法中通过 super()方法调用父类 SQLiteOpenHelper 的构造方法，传入 4 个参数，分别表示上下文参数、数据库名字、游标工厂（通常是 null）、数据库版本。

第 5 ~ 8 行代码重写了 onCreate()方法，该方法是在数据库第 1 次创建时调用，用于初始化表结构。该方法创建了一个 info 表。

第 9 ~ 11 行代码重写了 onUpgrade()方法，该方法在数据库版本号增加时调用。

11.3.2 SQLite 数据库的基本操作

1. 新增数据

使用 insert()方法新增数据，语法格式为

insert(String table, String nullColumnHack, ContentValues values)

insert()方法返回类型为 long，包括 3 个参数，其中参数 1（table）为插入数据的表名；参数 2（nullColumnHack）是指如果 values 为空，则会添加一条除主键之外其他字段值都为 null 的记录；参数 3（values）是指插入一行记录的数据，该参数类型为 ContentValues，ContentValues 类似于 Map，提供了 put(String key, Xxx values)方法用于存入数据，getXxx(String key)方法用于取出数据。

具体代码如下。

```
[1]   public void insert(String name,String password){
[2]       //通过 DBHelper 类获取一个可写的 SQLiteDatabase 对象
[3]       SQLiteDatabase db=dbHelper.getWritableDatabase();
[4]       //创建 ContentValue 设置参数
[5]       ContentValues contentValues=new ContentValues();
[6]       contentValues.put("name",name);
[7]       contentValues.put("password",password);
[8]       long i=db.insert("info",null,contentValues);
[9]       //释放连接
[10]      db.close();
[11]  }
```

2. 删除数据

使用 delete()方法删除数据，语法格式为

delete(String table,String whereClause,String[] whereArgs)

delete()方法包含 3 个参数，其中参数 1(table)是要删除数据的表名；参数 2(whereClause)是删除数据时要满足的条件；参数 3（whereArgs）用于为 whereClause 传入参数。

```
[1]   public void delete(long id) {
[2]       SQLiteDatabase db = dbHelper.getWritableDatabase();
[3]       db.delete("info", "_id=?", new String[]{id + ""});
[4]       db.close();
[5]   }
```

3. 修改数据

使用 update()方法修改数据，语法格式为

update(String table, ContentValues values, String whereClause, String[] whereArgs)

update()方法返回 int 型数据，包含 4 个参数，参数 1（table）是更新数据的表名；参数 2（values）为要更新的数据；参数 3（whereClause）是指更新数据的条件；参数 4（whereArgs）为 whereClause 传入的参数。

```
[1]  public void update(String name,String password){
[2]      SQLiteDatabase db=dbHelper.getWritableDatabase();
[3]      ContentValues contentValues=new ContentValues();
[4]      contentValues.put("password",password);
[5]      db.update("user",contentValues,"name=?",new String[]{name});
[6]      db.close();
[7]  }
```

4．查询数据

使用 query()方法查询记录，语法格式为

query(String table, String[] columns, String selection, String[] selectionArgs, String groupBy, String having, String orderBy)

query()返回的是 Cursor 类型对象，方法包含 7 个参数，参数说明如下。

（1）table：执行查询数据的表名。

（2）columns：要查询的列名。

（3）selection：查询条件子句，在条件子句中允许使用占位符"?"。

（4）selectionArgs：对应于 selection 参数占位符的值。

（5）groupBy：用于控制分组。

（6）having：用于对分组进行过滤。

（7）orderBy：用于对记录进行排序。

```
[1]  public void query() {
[2]      SQLiteDatabase db=dbHelper.getWritableDatabase();
[3]      Cursor cursor = db.query("info", null, null, null, null, null, null);
[4]      //将游标移到开头
[5]      cursor.moveToFirst();
[6]      while (!cursor.isAfterLast()) { //游标只要不是在最后一行之后，就一直循环
[7]          int id=cursor.getInt(0);
[8]          String name=cursor.getString(1);
[9]          String password=cursor.getString(2);
[10]         //将游标移到下一行
[11]         cursor.moveToNext();
[12]     }
[13]     db.close();
[14] }
```

Cursor 移动指针的方法如表 11-7 所示。

表 11-7 Cursor 移动指针的方法

方　　法	说　　明
move(int offset)	将记录指针向上或向下移动指定的行数，offset 为正数就是向下移动，为负数就是向上移动
moveToFirst()	将记录移动到第一行，如果移动成功则返回 true
moveToLast()	将记录移动到最后一行，如果移动成功则返回 true
moveToNext()	将记录移动到下一行，如果移动成功则返回 true
moveToPosition(int position)	将记录移动到指定行，如果移动成功则返回 true
moveToPrevious()	将记录移动到上一行，如果移动成功则返回 true

将指针移动到指定行后，程序员就可通过调用 Cursor 的 getXxx()方法获取该行指定列的数据。

【案例 11-3】演示 SQLite 数据库在开发中的应用：输入账号和密码，可以添加到数据库 info 表中，并且可以对数据表中的记录进行查询、修改、删除。

（1）创建一个应用程序 MySQLite。

（2）主界面设计：在 activity_main.xml 文件中放置两个 EditText 控件，用于输入账号和密码；4 个 Button 控件，分别实现添加、查询、修改、删除功能；1 个 TextView 控件，用于显示从数据表中读取的信息；两个 TextView 控件，分别显示"账号："和"密码："。activity_main.xml 具体代码如下。

```
[1]    <?xml version="1.0" encoding="utf-8"?>
[2]    <LinearLayout xmlns:android="http://schemas.android.com/apk/res/android"
[3]        android:layout_width="match_parent"
[4]        android:layout_height="match_parent"
[5]        android:orientation="vertical">
[6]        <LinearLayout
[7]            android:layout_marginTop="100dp"
[8]            android:layout_width="match_parent"
[9]            android:layout_height="wrap_content">
[10]           <TextView
[11]               android:layout_width="wrap_content"
[12]               android:layout_height="wrap_content"
[13]               android:text="账号："
[14]               android:textSize="18sp" />
[15]           <EditText
[16]               android:id="@+id/et_name"
[17]               android:layout_width="match_parent"
[18]               android:layout_height="wrap_content"
[19]               android:hint="请输入账号"
```

```
[20]            android:textSize="16sp" />
[21]    </LinearLayout>
[22]    <LinearLayout
[23]        android:layout_width="match_parent"
[24]        android:layout_height="wrap_content"
[25]        >
[26]        <TextView
[27]            android:layout_width="wrap_content"
[28]            android:layout_height="wrap_content"
[29]            android:text="密码："
[30]            android:textSize="18sp" />
[31]        <EditText
[32]            android:id="@+id/et_password"
[33]            android:layout_width="match_parent"
[34]            android:layout_height="wrap_content"
[35]            android:hint="请输入密码"
[36]            android:textSize="16sp" />
[37]    </LinearLayout>
[38]    <LinearLayout
[39]        android:layout_width="match_parent"
[40]        android:layout_height="wrap_content">
[41]        <Button
[42]            android:id="@+id/btn_add"
[43]            android:layout_width="wrap_content"
[44]            android:layout_height="wrap_content"
[45]            android:layout_weight="1"
[46]            android:text="添加"
[47]            android:textSize="18sp" />
[48]        <Button
[49]            android:id="@+id/btn_query"
[50]            android:layout_width="wrap_content"
[51]            android:layout_height="wrap_content"
[52]            android:layout_weight="1"
[53]            android:text="查询"
[54]            android:textSize="18sp" />
[55]        <Button
[56]            android:id="@+id/btn_update"
[57]            android:layout_width="wrap_content"
[58]            android:layout_height="wrap_content"
```

```
[59]                  android:layout_weight="1"
[60]                  android:text="修改"
[61]                  android:textSize="18sp" />
[62]          <Button
[63]                  android:id="@+id/btn_delete"
[64]                  android:layout_width="wrap_content"
[65]                  android:layout_height="wrap_content"
[66]                  android:layout_weight="1"
[67]                  android:text="删除"
[68]                  android:textSize="18sp" />
[69]      </LinearLayout>
[70]      <TextView
[71]              android:id="@+id/tv_show"
[72]              android:layout_width="match_parent"
[73]              android:layout_height="wrap_content"
[74]              android:textSize="20sp" />
[75] </LinearLayout>
```

（3）数据库的创建：参见第 11.3.1 节，创建数据库 gxuwz.db，并且创建 info 表。

（4）主界面逻辑代码设计：在 MainActivity.java 中编写逻辑代码，实现对 info 数据表的增、删、改、查功能。具体代码如下。

```
[1]  package cn.gxuwz.mysqlite;
[2]  ……//省略导入包
[3]  public class MainActivity extends AppCompatActivity implements
[4]          View.OnClickListener {
[5]      DBHelper dbHelper;
[6]      SQLiteDatabase db;
[7]      public Cursor cursor;
[8]      private EditText mEtName;
[9]      private EditText mEtPassword;
[10]     private TextView mTvShow;
[11]     private Button mBtnAdd;
[12]     private Button mBtnQuery;
[13]     private Button mBtnUpdate;
[14]     private Button mBtnDelete;
[15]     @Override
[16]     protected void onCreate(Bundle savedInstanceState) {
[17]         super.onCreate(savedInstanceState);
[18]         setContentView(R.layout.activity_main);
[19]         dbHelper = new DBHelper(this);
```

```
[20]            init();
[21]        }
[22]    private void init() {
[23]            mEtName = (EditText) findViewById(R.id.et_name);
[24]            mEtPassword = (EditText) findViewById(R.id.et_password);
[25]            mTvShow = (TextView) findViewById(R.id.tv_show);
[26]            mBtnAdd = (Button) findViewById(R.id.btn_add);
[27]            mBtnQuery = (Button) findViewById(R.id.btn_query);
[28]            mBtnUpdate = (Button) findViewById(R.id.btn_update);
[29]            mBtnDelete = (Button) findViewById(R.id.btn_delete);
[30]            mBtnAdd.setOnClickListener(this);
[31]            mBtnQuery.setOnClickListener(this);
[32]            mBtnUpdate.setOnClickListener(this);
[33]            mBtnDelete.setOnClickListener(this);
[34]        }
[35]    @Override
[36]    public void onClick(View v) {
[37]        String name, password;
[38]        switch (v.getId()) {
[39]            case R.id.btn_add: //添加数据
[40]                name = mEtName.getText().toString();
[41]                password = mEtPassword.getText().toString();
[42]                insert(name, password);
[43]                Toast.makeText(this, "添加成功！", Toast.LENGTH_LONG).show();
[44]                break;
[45]            case R.id.btn_query: //查询数据
[46]                query();
[47]                break;
[48]            case R.id.btn_update: //修改数据
[49]                update();
[50]                break;
[51]            case R.id.btn_delete: //删除数据
[52]                delete();
[53]                break;
[54]        }
[55]    }
[56]    public void delete() {
[57]        db = dbHelper.getWritableDatabase();
[58]        db.delete("info", null, null);
```

```
[59]            Toast.makeText(this, "信息已删除", Toast.LENGTH_SHORT).show();
[60]            mTvShow.setText("");
[61]            db.close();
[62]        }
[63]    public void update() {
[64]            ContentValues values;
[65]            String password;
[66]            db = dbHelper.getWritableDatabase();
[67]            values = new ContentValues();
[68]            values.put("password", password = mEtPassword.getText().toString());
[69]            db.update("info", values, "name=?",
[70]                        new String[]{mEtName.getText().toString()});
[71]            Toast.makeText(this, "信息已修改", Toast.LENGTH_SHORT).show();
[72]            db.close();
[73]        }
[74]    public void query() {
[75]            db = dbHelper.getReadableDatabase();
[76]            Cursor cursor = db.query("info", null, null, null, null, null, null);
[77]            if (cursor.getCount() ==0) {
[78]                mTvShow.setText("");
[79]                Toast.makeText(this, "没有数据", Toast.LENGTH_SHORT).show();
[80]            } else {
[81]                cursor.moveToFirst();
[82]                mTvShow.setText("Name：    " + cursor.getString(1) +
[83]                        "；Password：    " + cursor.getString(2));
[84]            }
[85]            while (cursor.moveToNext()) {
[86]                mTvShow.append("\n" + "Name：    " + cursor.getString(1) +
[87]                        "；Password：    " + cursor.getString(2));
[88]            }
[89]            cursor.close();
[90]            db.close();
[91]        }
[92]    public void insert(String name, String password) {
[93]            db = dbHelper.getWritableDatabase();
[94]            ContentValues values = new ContentValues();
[95]            values.put("name", name);
[96]            values.put("password", password);
[97]            db.insert("info", null, values);
```

[98]	Toast.makeText(this, "信息已添加", Toast.LENGTH_SHORT).show();
[99]	db.close();
[100]	}
[101]	}

上述代码中，第 22～34 行代码创建了一个 init()方法，在该方法中初始化界面控件并通过 setOnClickListener()方法设置 4 个按钮的点击监听事件。

第 35～55 行通过重写 onClick()方法，分别实现了对数据表的增加、删除、修改、查询功能。

第 56～100 行代码为具体实现对数据表的"增""删""改""查" 4 个方法。详细可参看前面部分的讲解。

（5）运行结果如图 11-4 所示。

在图中，输入账号和密码，点击"添加"按钮，出现"添加成功!"信息提示，点击"查询"按钮，添加的信息在下方正确显示出来。

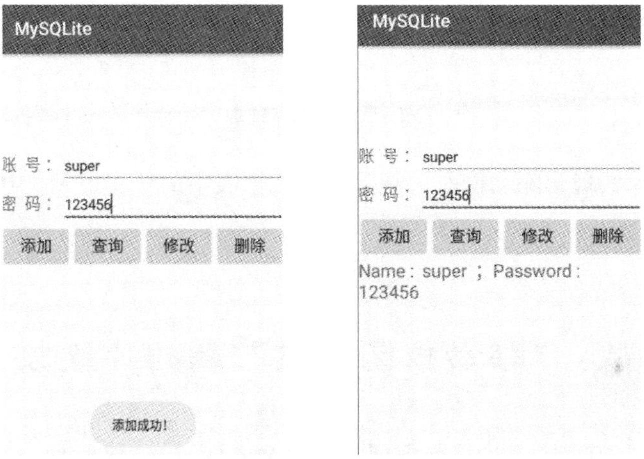

图 11-4　运行结果

在图 11-5 中，重新输入密码，点击"修改"按钮，再点击"查询"按钮，发现密码修改成功。

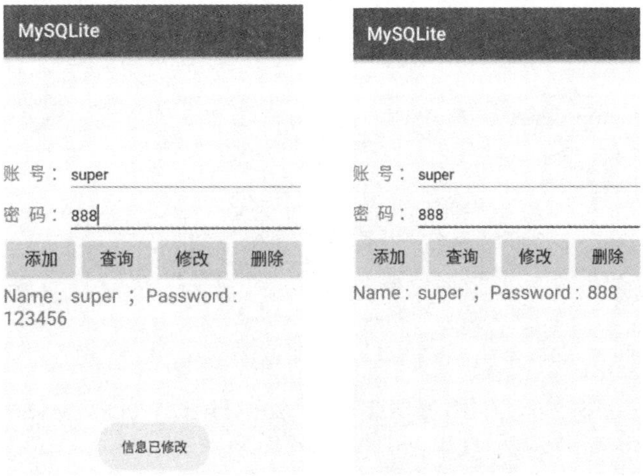

图 11-5　运行结果

在图 11-6 中，点击"删除"按钮，出现"信息已删除"提示；再点击"查询"按钮，出现"没有数据"提示，数据表中的数据都已被删除，下方没有信息显示。

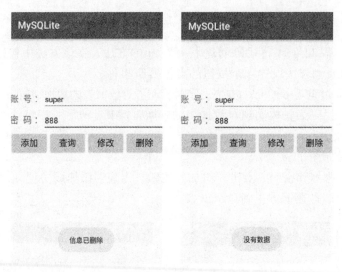

图 11-6　运行结果

注：本案例中，实现删除功能时，删除的是数据表中的所有记录。在此基础上，读者可以考虑实现条件删除。

11.4　项目实战："移动校园导航"数据库连接

"移动校园导航"项目需要连接数据库，使用 MySQL 内的数据时，需要创建一个用于应用与数据库之间的连接类 DBUtils，此为数据库的工具类，主要作为连接数据库使用、获取数据库内数据。

DBUtils.java 具体实现代码如下，由于篇幅限制，只列举了部分关键代码，详细代码可扫描第 13 章的二维码下载完整的项目源代码。关键语句做了详细的注释，读者可以参考注释理解代码的设计。

```
[1]   package com.app.demo.utils;
[2]   ……//省略导入包
[3]   /**
[4]    *数据库工具类：连接数据库用、获取数据库数据用
[5]    *相关操作数据库的方法均可写在该类
[6]    */
[7]   public class DBUtils {
[8]       private static String driver = "com.mysql.jdbc.Driver";// MySql 驱动
[9]       private static String user = "root";//用户名
[10]      private static String password = "tyz3686";//密码
```

```
[11]        private static String sjk = "112002-school";//数据库名称
[12]        private static String ip = "192.168.165.204";//ip 地址
[13]        public final static String tag = "--------------";
[14]        //连接数据库的函数
[15]        private static Connection getConn(String dbName) {
[16]            Connection connection = null;
[17]            try {
[18]                Class.forName(driver);//动态加载类
[19] //尝试建立给定数据库 URL 连接，格式：驱动名称+ip 地址+端口号+数据库名称+
     用户名+密码
[20]        connection = DriverManager.getConnection("jdbc:mysql://" + ip + ":3306/" + dbName,
            user, password);
[21]                Log.e("-------------", "连接成功");
[22]            } catch (Exception e) {
[23]                ToastUtil.showToast(MyApplication.getInstance(), "数据库链接失败");
[24]                Log.e("-------------", "连接失败");
[25]                e.printStackTrace();
[26]            }
[27]        return connection;
[28] }
```

思考与练习

一、选择题

（1）下列关于 SharedPreferences 存取文件的描述中，错误的是（　　　）。

　　A. 属于移动存储解决方式

　　B. SharedPreferences 处理的就是 key-value 对

　　C. 读取 xml 的路径是/sdcard/shared_prefs

　　D. 文本的保存格式是 xml

（2）下列选项中，不属于 getSharedPreferences 方法的文件操作模式参数是（　　　）。

　　A. Context.MODE_PRIVATE

　　B. Context.MODE_PUBLIC

　　C. Context.MODE_WORLD_READABLE

　　D. Context.MODE_WORLD_WRITEABLE

（3）（　　　）不是持久化的存储方式。

　　A. 共享参数　　　　　B. 数据库　　　　　C. 文件　　　　　D. 全局变量

（4）调用（　　）方法会返回结果集的 Cursor 对象。

  A. Update   B. insert   C. query   D. rawQuery

（5）下列属于 SharedPreferences 使用步骤的是（　　）（多选）。

  A. getSharedPreferences   B. Editor

  C. 向 getSharedPreferencesEditor 中添加数据   D. editor.commit()

二、简答题

（1）简述数据库事物的 4 个基本要素。

（2）简述 Android 数据存储的方式。

（3）简述 Android 中常用的数据存储方式。怎样去实现这些存储方式？

（4）请简要描述共享参数与数据库两种存储方式的主要区别。

三、编程题

利用 SQLiteOpenHelper 打开自建的数据库并将数据显示到界面中。

第 12 章　网络编程

【教学目的与要求】

（1）掌握 HTTP 协议的操作流程；

（2）掌握 JSON 数据解析；

（3）掌握 Handler 消息机制的工作流程和相关方法。

【思维导图】

Android 网络编程主要是在手机端使用 HTTP 协议和服务器端进行网络交互，并对服务器返回的数据进行解析。Android 与互联网交互有 3 种方式：（1）数据上传，即上传图片、文本、XML、JSON 数据、音视频文件，调用 WebService 数据，使用 Get/Post 方式上传数据、使用 Socket 上传大文件等。（2）数据下载，即下载网络中的数据，包括图片、代码文本、XML、JSON 数据、音视频文件，WebService 的调用。（3）数据浏览，即通过 WebView 浏览网页。本章内容如图 12-1 所示。

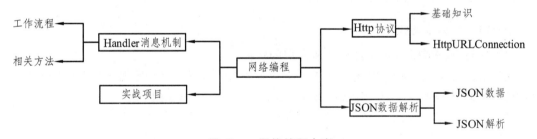

图 12-1　网络编程内容

12.1 HTTP 协议

实际开发中 Android 手机端和服务端通信一般用的都是 HTTP 协议，所以学好 HTTP 协议非常重要。

12.1.1 HTTP 协议基础知识

HTTP 协议（Hypertext Transfer Protocol）：超文本传输协议，为 TCP/IP 协议的一个应用层协议，用于定义 WEB 浏览器与 WEB 服务器之间交换数据的过程。客户端连上 WEB 服务器后，若想获得 WEB 服务器中的某个 WEB 资源，需遵守一定的通信格式，HTTP 协议用于定义客户端与 WEB 服务器通信的格式。

1. HTTP 操作流程

（1）用户点击浏览器上的超链接，WEB 浏览器与 WEB 服务器建立连接。

（2）建立连接后，客户端发送请求给服务器，请求的格式：统一资源标识符（URL）+协议版本号（一般是 1.1）+ MIME 信息（多个消息头）+一个空行。

（3）服务端收到请求后，给予相应的返回信息，返回格式：协议版本号+状态行（处理结果）+多个信息头+空行+实体内容（比如返回的 HTML）。

（4）客户端接收服务端返回信息，通过浏览器显示出来，然后与服务端断开连接；如果中途发生错误，则错误信息会返回到客户端，并显示。

2. HTTP 的请求方式

（1）Get：请求获取 Request-URI 所标识的资源。

在请求的 URL 地址后以?的形式带上交给服务器的数据，多个数据之间以&进行分隔，但数据容量通常不能超过 2K，比如：http://xxx?username=…&pwd=…。

（2）POST：在 Request-URI 所标识的资源后附加新的数据。

可以在请求的实体内容中向服务器发送数据，传输没有数量限制。

3. HTTP 协议的特点

（1）支持客户/服务器模式。

（2）简单快速：客户向服务器请求服务时，只需传送请求方法和路径。请求方法常用的有 GET、HEAD、POST。每种方法规定了客户与服务器联系的类型不同。由于 HTTP 协议简单，使得 HTTP 服务器的程序规模小，因而通信速度很快。

（3）灵活：HTTP 允许传输任意类型的数据对象。正在传输的类型由 Content-Type 加以标记。

（4）无连接：无连接的含义是限制每次连接只处理一个请求。服务器处理完客户的请求，并收到客户的应答后，即断开连接。采用这种方式可以节省传输时间。

（5）无状态：HTTP 协议是无状态协议。无状态是指协议对于事务处理没有记忆能力。

缺少状态意味着如果后续处理需要前面的信息，则它必须重传，这样可能导致每次连接传送的数据量增大。另一方面，在服务器不需要先前信息时它的应答就较快。

12.1.2　HttpURLConnection

HttpURLConnection 是一种多用途、轻量级的 HTTP 客户端，是 Android 提供的 HTTP 请求方式之一。使用它来进行 HTTP 操作可以适用于大多数的应用程序。HttpURLConnection 继承自 URLConnection，抽象类，无法直接实例化对象。程序员通过调用 openCollection()方法获得对象实例。

HttpURLConnection 的使用步骤如下。

（1）创建一个 URL 对象：

```
URL url = new URL(https://www.baidu.com);
```

（2）调用 URL 对象的 openConnection()来获取 HttpURLConnection 对象实例：

```
HttpURLConnection conn = (HttpURLConnection) url.openConnection();
```

（3）设置 HTTP 请求使用的方法为 GET、POST 或其他请求方式：

```
conn.setRequestMethod("GET");
```

（4）设置连接超时、读取超时的毫秒数：

```
conn.setConnectTimeout(6*1000);
conn.setReadTimeout(6*1000);
```

（5）调用 getInputStream()方法获得服务器返回的输入流：

```
InputStream in = conn.getInputStream();
```

（6）最后调用 disconnect()方法将 HTTP 连接关掉：

```
conn.disconnect();
```

12.2　WebView 控件

Android 内置 webkit 内核的高性能浏览器，而 WebView（网页视图）则是在这个基础上进行封装后的一个用于显示网页的控件，是可以嵌套到界面上的一个浏览器控件。

WebView 的优点：

（1）可以直接显示和渲染 web 页面，直接显示网页。

（2）可以直接用 html 文件（网络上或本地 assets 中）作布局。

（3）和 JavaScript 交互调用。

1. WebView 的几种加载方式

（1）方式 1：加载一个网页，系统默认通过手机中的浏览器打开网页

```
webView.loadUrl("http://www.baidu.com/");
```

如果设置为通过 WebView 显示网页，则增加语句。

webView.setWebViewClient(new WebViewClient());

（2）方式2：加载 apk 包中的 html 页面。

webView.loadUrl("file:///android_asset/test.html");

（3）方式3：加载手机本地的 html 页面。

webView.loadUrl("content://cn.gxuwz/test.html");

2. Settings 的常见设置

WebSettings settings=webView.getSettings();

（1）webview 启用 javascript 支持，用于访问页面中的 javascript：

settings.setJavaScriptEnabled(true);

（2）WebView 支持缩放：

settings.setSupportZoom(true);

（3）启用 WebView 内置缩放功能：

settings.setBuiltInZoomControls(true);

（4）让 WebView 支持可任意比例缩放：

settings.setUseWideViewPort(true);

【案例 12-1】使用 WebView 控件浏览网页。

（1）创建一个应用程序 WebView。

（2）界面设计：在 activity_main.xml 布局文件中，放置一个 WebView 控件用于浏览网页，具体代码如下。

```
[1]   <RelativeLayout xmlns:android="http://schemas.android.com/apk/res/android"
[2]       xmlns:tools="http://schemas.android.com/tools"
[3]       android:layout_width="match_parent"
[4]       android:layout_height="match_parent"
[5]       tools:context=".MainActivity" >
[6]       <WebView
[7]           android:id="@+id/webview"
[8]           android:layout_width="match_parent"
[9]           android:layout_height="match_parent" />
[10] </RelativeLayout>
```

（3）在 MainActivity 中实现 WebView 控件浏览网页的功能。具体代码如下。

```
[1]   package cn.gxuwz.webview;
[2]   import androidx.appcompat.app.AppCompatActivity;
[3]   import android.os.Bundle;
[4]   import android.webkit.WebView;
[5]   import android.webkit.WebViewClient;
[6]   public class MainActivity extends AppCompatActivity {
[7]       @Override
[8]       protected void onCreate(Bundle savedInstanceState) {
```

```
[9]             super.onCreate(savedInstanceState);
[10]            setContentView(R.layout.activity_main);
[11]            WebView webView = (WebView)findViewById(R.id.webview);
[12]            webView.loadUrl("http://www.baidu.com");
[13]            webView.setWebViewClient(new WebViewClient());
[14]            webView.getSettings().setSupportZoom(true);
[15]            webView.getSettings().setBuiltInZoomControls(true);
[16]        }
[17] }
```

上述代码中，第 11 行代码实现获取界面上的 WebView 控件。

第 12 行代码通过 WebView 控件的 loadUrl()方法加载指定的网页。

第 13 行代码实现通过 WebView 控件显示网页。

第 14 ~ 15 行代码使 WebView 控件具备放大和缩小网页的功能。

（4）由于上述代码运行时，需要访问网络资源，需在 AndroidManifest.xml 清单文件的 <manifest>标签中添加允许访问网络资源的权限，具体代码如下：

```
<uses-permission android:name="android.permission.INTERNET"/>
```

（5）运行程序。测试结果如图 12-2 所示。

图 12-2　运行结果

12.3　JSON 数据解析

Android 应用界面上的数据信息大部分是通过网络请求从服务器上获取，获取到的数据类型很多时候是 JSON 类型。JSON 格式的数据不能直接显示到程序的界面上，需要将该数据解析为一个集合或对象的形式才可以显示到界面上。

12.3.1　JSON 数据

JSON(JavaScript Object Notation）是一种轻量级的数据交换格式，采用完全独立于编程语言的文本格式来存储和表示数据，简洁和清晰的层次结构使得 JSON 成为理想的数据交换语言，易于人阅读和编写，同时也易于机器解析和生成，并有效地提升网络传输效率。JSON 数据有两种表示结构，分别是对象结构和数组结构。

1. 对象结构

（1）语法结构。

```
{ "name":"gxuwz", "postcode":543002, "site":null }
```

JSON 对象在大括号{}中书写。对象可以包含多个 key/value（键/值）对；key 必须是字符串，value 可以是合法的 JSON 数据类型（字符串、数字、对象、数组、布尔值或 null）；key 和 value 中使用冒号"："分割；每个 key/value 对使用逗号"，"分割。

（2）访问对象值。

使用点号"."或中括号"[]"访问对象的值。举例如下：

```
var myObj, x, y;
myObj = { "name":"runoob", "alexa":10000, "site":null };
x = myObj.name;
y = myObj["site"];
```

2. 数组结构

（1）语法结构。

```
[ value1, value2,…]
```

JSON 数组在中括号中书写。JSON 中数组值必须是合法的 JSON 数据类型（字符串、数字、对象、数组、布尔值或 null）。

（2）访问数组。

使用索引值来访问数组。举例如下：

```
var myObj, x;
myObj = [1,2, "3", {"a":4}];
x = myObj[0];
```

12.3.2　JSON 解析

如果 JSON 文件中的数据要显示到 Android 程序的界面上，则 JSON 数据首先需要解析出来。

假设现有两条 JSON 数据，其中 json1 是对象结构的数据，json2 是数组结构的数据，示例代码如下：

json1：

```
{ "name":"zhaoyun", "age":25}
```

json2：

```
[{ "name":"guanyu", "age":27}, { "name":"zhangfei", "age":26}]
```

为了解析 JSON 数据，Google 提供了一个 Gson 库，该库中定义了 fromJson()方法来解析 JSON 数据。如果需要这个库，则其将添加到项目中，然后库中提供的方法才可以调用。

参见【案例 7-12】添加 Gson 库 com.google.code.gson:gson:2.8.5 到项目中。

下面使用 Gson 库解析这两种格式的 JSON 数据。

首先创建 JSON 数据对应的实体类，实体类中的成员名称必须与 JSON 数据中的 key 值一致，数据 json1 对应的实体类 Person1，数据 json2 对应的实体类 Person2，具体代码如下。

```
[1]   package cn.gxuwz.gson;
[2]   public class Person1{
[3]       private String name;
[4]       private int age;
[5]       public String getName() {
[6]           return name;
[7]       }
[8]       public void setName(String name) {
[9]           this.name = name;
[10]      }
[11]      public int getAge() {
[12]          return age;
[13]      }
[14]      public void setAge(int age) {
[15]          this.age = age;
[16]      }
[17] }
```

实体类 Person2 中的代码与 Person1 相同。

1. 用 Gson 解析 JSON 对象

示例代码如下：

```
Gson gson = new Gson();
Person1 person1= gson.fromJson(json1,Person1.class);
```

2. 用 Gson 解析 JSON 数组

示例代码如下：

```
Gson gson = new Gson();
```

```
Type listType = new TypeToken<List<Person2>>(){}.getType();
List<Person2> person2= gson.fromJson(json2,listType);
```

【案例 12-2】通过解析 JSON 数据实现天气预报功能。

（1）创建一个应用程序 JsonParseWeather。

（2）界面设计：在 activity_main.xml 布局文件中，放置 5 个 TextView 控件用于显示城市、天气、温度、风力、PM 值信息，3 个 Button 控件分别用于显示 3 个不同的城市，具体代码如下。

JsonParseWeather 源代码

```
[1]   <?xml version="1.0" encoding="utf-8"?>
[2]   <RelativeLayout xmlns:android="http://schemas.android.com/apk/res/android"
[3]       android:layout_width="match_parent"
[4]       android:layout_height="match_parent">
[5]       <LinearLayout
[6]           android:layout_width="wrap_content"
[7]           android:layout_height="wrap_content"
[8]           android:layout_marginLeft="10dp"
[9]           android:orientation="vertical">
[10]          <TextView
[11]              android:id="@+id/tv_city"
[12]              android:layout_width="wrap_content"
[13]              android:layout_height="wrap_content"
[14]              android:textSize="30sp" />
[15]          <TextView
[16]              android:id="@+id/tv_weather"
[17]              android:layout_width="wrap_content"
[18]              android:layout_height="wrap_content"
[19]              android:textSize="28sp" />
[20]          <TextView
[21]              android:id="@+id/tv_temp"
[22]              android:layout_width="wrap_content"
[23]              android:layout_height="wrap_content"
[24]              android:textSize="28sp" />
[25]          <TextView
[26]              android:id="@+id/tv_wind"
[27]              android:layout_width="wrap_content"
[28]              android:layout_height="wrap_content"
[29]              android:textSize="28sp" />
[30]          <TextView
[31]              android:id="@+id/tv_pm"
[32]              android:layout_width="wrap_content"
```

```
[33]            android:layout_height="wrap_content"
[34]            android:textSize="28sp" />
[35]       </LinearLayout>
[36]       <LinearLayout
[37]            android:layout_width="wrap_content"
[38]            android:layout_height="wrap_content"
[39]            android:layout_alignParentBottom="true"
[40]            android:layout_centerHorizontal="true"
[41]            android:orientation="horizontal">
[42]            <Button
[43]                android:id="@+id/btn_hle"
[44]                android:layout_width="wrap_content"
[45]                android:layout_height="wrap_content"
[46]                android:text="海拉尔" />
[47]            <Button
[48]                android:id="@+id/btn_hrb"
[49]                android:layout_width="wrap_content"
[50]                android:layout_height="wrap_content"
[51]                android:text="哈尔滨" />
[52]            <Button
[53]                android:id="@+id/btn_wz"
[54]                android:layout_width="wrap_content"
[55]                android:layout_height="wrap_content"
[56]                android:text="梧州" />
[57]       </LinearLayout>
[58] </RelativeLayout>
```

（3）添加 GSON 库：参照前面讲解的内容，添加 Gson 库 com.google.code.gson:gson:2.8.5 到项目中。

（4）创建 assets 文件夹：在 "Project" 选项下，选中 app/src/main 文件夹，右击选择【New】→【Folder】→【Assets Folder】选项，创建一个 assets 文件夹。

（5）创建 weather.json 文件：选择 assets 文件夹，右键选择【New】→【File】选项，弹出一个 New File 窗口，在该窗口中输入文件名称 weather.json。该文件内容如下。

```
[1]  [
[2]      {"temp":"19℃/26℃","weather":"晴","city":"哈尔滨","pm":"2.5","wind":"1 级"},
[3]      {"temp":"5℃/15℃","weather":"晴转多云","city":"海拉尔","pm":"2","wind":"3 级"},
[4]      {"temp":"26℃/32℃","weather":"多云","city":"梧州","pm":"1","wind":"2 级"}
[5]  ]
```

该内容为数组结构的 JSON 数据。

（6）创建 WeatherBean 类：天气预报信息包含城市、天气、温度、风力和 PM 值等属性，需要创建一个 WeatherBean 类来存放这些属性。具体代码如下。

```
[1]   package cn.gxuwz.jsonparseweather;
[2]   public class WeatherBean {
[3]       private String temp;          //温度
[4]       private String weather;       //天气
[5]       private String city;          //城市
[6]       private String pm;            //pm 值
[7]       private String wind;          //风力
[8]       public String getTemp() {
[9]           return temp;
[10]      }
[11]      public void setTemp(String temp) {
[12]          this.temp = temp;
[13]      }
[14]      public String getWeather() {
[15]          return weather;
[16]      }
[17]      public void setWeather(String weather) {
[18]          this.weather = weather;
[19]      }
[20]      public String getCity() {
[21]          return city;
[22]      }
[23]      public void setCity(String city) {
[24]          this.city = city;
[25]      }
[26]      public String getPm() {
[27]          return pm;
[28]      }
[29]      public void setPm(String pm) {
[30]          this.pm = pm;
[31]      }
[32]      public String getWind() {
[33]          return wind;
[34]      }
[35]      public void setWind(String wind) {
[36]          this.wind = wind;
[37]      }
[38] }
```

（7）创建 JsonParse 类：因为天气预报信息是 JSON 格式的，所以需要创建一个 JsonParse 类用于解析获取的 JSON 数据。在 cn.gxuwz.jsonparseweather 包中创建一个 JsonParse 类，具体代码如下。

```
[1]  package cn.gxuwz.jsonparseweather;
[2]  import android.content.Context;
[3]  import com.google.gson.Gson;
[4]  import com.google.gson.reflect.TypeToken;
[5]  import java.io.BufferedReader;
[6]  import java.io.IOException;
[7]  import java.io.InputStream;
[8]  import java.io.InputStreamReader;
[9]  import java.lang.reflect.Type;
[10] import java.util.ArrayList;
[11] import java.util.List;
[12] public class JsonParse {
[13]     private static JsonParse instance;
[14]     private JsonParse() {
[15]     }
[16]     public static JsonParse getInstance() {
[17]         if (instance == null) {
[18]             instance = new JsonParse();
[19]         }
[20]         return instance;
[21]     }
[22]     private String read(InputStream in) {
[23]         BufferedReader reader = null;
[24]         StringBuilder sb = null;
[25]         String line = null;
[26]         try {
[27]             sb = new StringBuilder();   //实例化一个 StringBuilder 对象
[28]             //用 InputStreamReader 把 in 这个字节流转换成字符流 BufferedReader
[29]             reader = new BufferedReader(new InputStreamReader(in));
[30]             //判断从 reader 中读取的行内容是否为空
[31]             while ((line = reader.readLine()) != null) {
[32]                 sb.append(line);
[33]                 sb.append("\n");
[34]             }
[35]         } catch (IOException e) {
[36]             e.printStackTrace();
```

```
[37]              return "";
[38]          } finally {
[39]              try {
[40]                  if (in != null) in.close();
[41]                  if (reader != null) reader.close();
[42]              } catch (IOException e) {
[43]                  e.printStackTrace();
[44]              }
[45]          }
[46]          return sb.toString();
[47]      }
[48]      public List<WeatherBean> getInfosFromJson(Context context) {
[49]          List<WeatherBean> weatherBeans = new ArrayList<>();
[50]          InputStream is = null;
[51]          try {
[52]              //从项目中的 assets 文件夹中获取 json 文件
[53]              is = context.getResources().getAssets().open("weather.json");
[54]              String json = read(is);    //获取 json 数据
[55]              Gson gson = new Gson();        //创建 Gson 对象
[56]              //创建一个 TypeToken 的匿名子类对象，并调用该对象的 getType()方法
[57]              Type listType = new TypeToken<List<WeatherBean>>() {
[58]              }.getType();
[59]              //把获取到的信息集合存到 infoList 中
[60]              List<WeatherBean> infoList = gson.fromJson(json, listType);
[61]              return infoList;
[62]          } catch (Exception e) {
[63]          }
[64]          return weatherBeans;
[65]      }
[66] }
```

上述代码中，第 22～47 行代码创建 read()方法，完成从 assets 文件夹中获取的数据流转化为 JSON 数据的功能。

第 48～65 行代码创建 getInfosFromJson()方法，用于解析获取的 JSON 数据。

（8）编写界面逻辑代码如下。

```
[1]  package cn.gxuwz.jsonparseweather;
[2]  import android.os.Bundle;
[3]  import android.view.View;
[4]  import android.widget.TextView;
[5]  import androidx.appcompat.app.AppCompatActivity;
```

```
[6]    import java.util.List;
[7]    public class MainActivity extends AppCompatActivity implements View.OnClickListener {
[8]        private TextView tvCity, tvWeather, tvTemp, tvWind, tvPm;
[9]        private List<WeatherBean> infoList;
[10]       @Override
[11]       protected void onCreate(Bundle savedInstanceState) {
[12]           super.onCreate(savedInstanceState);
[13]           setContentView(R.layout.activity_main);
[14]           infoList = JsonParse.getInstance().getInfosFromJson(MainActivity.this);
[15]           initView();
[16]           getCityData("哈尔滨");
[17]       }
[18]       private void initView() {
[19]           tvCity = (TextView) findViewById(R.id.tv_city);
[20]           tvWeather = (TextView) findViewById(R.id.tv_weather);
[21]           tvTemp = (TextView) findViewById(R.id.tv_temp);
[22]           tvWind = (TextView) findViewById(R.id.tv_wind);
[23]           tvPm = (TextView) findViewById(R.id.tv_pm);
[24]           findViewById(R.id.btn_hle).setOnClickListener(this);
[25]           findViewById(R.id.btn_hrb).setOnClickListener(this);
[26]           findViewById(R.id.btn_wz).setOnClickListener(this);
[27]       }
[28]       private void setData(WeatherBean info) {
[29]           if (info == null) return;
[30]           tvCity.setText(info.getCity());
[31]           tvWeather.setText("天气：" + info.getWeather());
[32]           tvTemp.setText("温度：" + info.getTemp());
[33]           tvWind.setText("风力：" + info.getWind());
[34]           tvPm.setText("PM：" + info.getPm());
[35]       }
[36]       private void getCityData(String city) {
[37]           for (WeatherBean info : infoList) {
[38]               if (info.getCity().equals(city)) {
[39]                   setData(info);
[40]               }
[41]           }
[42]       }
[43]       @Override
[44]       public void onClick(View v) {
```

```
[45]          switch (v.getId()) {
[46]               case R.id.btn_hle:
[47]                    getCityData("海拉尔");
[48]                    break;
[49]               case R.id.btn_hrb:
[50]                    getCityData("哈尔滨");
[51]                    break;
[52]               case R.id.btn_wz:
[53]                    getCityData("梧州");
[54]                    break;
[55]          }
[56]     }
[57] }
```

上述代码中，第 18～27 行代码创建了 initView()方法，通过 findViewById()方法获取界面上的控件，通过 setOnClickListener()方法设置界面上 3 个按钮的点击监听事件。

第 28～35 行代码创建了 setData()方法，用于将获取的天气数据显示到界面控件上。

第 43～56 行代码重写 onClick()方法，实现界面上 3 个按钮的点击事件。

（9）运行程序。分别点击界面下端 3 个城市的按钮，界面上将展示对应城市的天气信息，运行结果如图 12-3 所示。

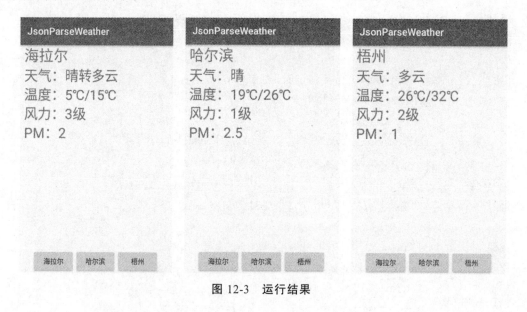

图 12-3　运行结果

12.4　Handler 消息机制

Handler 是 Android 提供的一套消息处理机制，可以用来发送和处理消息。Android 开发中经常遇到需要在不同线程之间切换的需要，比如网络请求（Android 为了防止出现 ANR 异常，规定在 Main Thread 中不能进行网络请求，且最好不要进行耗时操作）、子线程通信等。此外，Android 在设计之初，为了安全和用户体验考虑，规定了只允许在 Main Thread 里面进行 UI 更新，而不能在子线程里面进行，否则会抛出异常。这个时候，就需要用到 Android 的消息传递机制 Handler。

Handler 机制主要包括 4 个关键对象，分别是 Message、Handler、MessageQueue、Looper。

1. Message（消息）

Handler 接收与处理的消息对象。

2. Handler（消息处理器）

负责发送并处理消息，面向开发者提供 API，并隐藏背后实现的细节。

3. MessageQueue（消息队列）

负责消息的存储与管理，负责管理由 Handler 发送过来的 Message。读取会自动删除消息，单向链表维护，插入和删除上有优势。其 next()方法中会无限循环，不断判断是否有消息，有就返回消息并移除。

4. Looper（消息循环器）

负责关联线程以及消息的分发，在该线程下从 MessageQueue 获取 Message，分发给 Handler，Looper 创建的时候会创建一个 MessageQueue，调用 loop()方法的时候消息循环开始，其中会不断调用 messageQueue 的 next()方法，当有消息就处理，否则阻塞在 messageQueue 的 next()方法中。当 Looper 的 quit()被调用的时候 messageQueue 的 quit()会调用，此时 next() 会返回 null，然后 loop()方法跟着退出。

Android 系统中对应实现了
（1）接收消息的"消息队列"——MessageQueue；
（2）阻塞式地从消息队列中接收消息并进行处理的"线程"——Thread+Looper；
（3）可发送的"消息的格式"——Message；
（4）"消息发送函数"——Handler 的 post()和 sendMessage()。

Handler 发送的消息由 MessageQueue 存储管理，并由 Loopler 负责回调消息到 handleMessage()。线程的转换由 Looper 完成，handleMessage()所在线程由 Looper.loop()调用者所在线程决定。

12.4.1　Handler 工作流程

第一步：Handler 通过 sendMessage()等系列发送消息 Message 到消息队列 MessageQueue。
第二步：Looper 通过 loop()不断提取触发条件的 Message，并将 Message 交给对应的 target，也就是 handler 来处理。
第三步：对应 target 调用自身的 handleMessage()方法来处理 Message。

12.4.2 Handler 相关方法

（1）void handleMessage(Message msg)：处理消息的方法，通常是用于被重写。

（2）sendEmptyMessage(int what)：发送空消息。

（3）sendEmptyMessageDelayed(int what,long delayMillis)：指定延时多少毫秒后发送空信息。

（4）sendMessage(Message msg)：立即发送信息。

（5）sendMessageDelayed(Message msg)：指定延时多少毫秒后发送信息。

（6）final boolean hasMessage(int what)：检查消息队列中是否包含 what 属性为指定值的消息。如果是参数为（int what,Object object），除了判断 what 属性，还需要判断 Object 属性是否为指定对象的消息。

12.5 项目实战："移动校园导航"导航功能

本小节针对"移动校园导航"项目中的导航功能，做设计前的准备工作，重点讲解如何将百度地图配置到设计项目中。

12.5.1 百度地图简介

百度地图是 Beijing Baidu Netcom Technology Co., Ltd.于 2005 年开发和推出的新一代 AI 地图；搭载顶尖 AI 技术，实时获取精准定位；秉承"科技让出行更健康"的理念，为用户提供许多技术服务，如路线规划和导航、旅游推荐、地点查询等。目前百度地图覆盖 POI 点已达到一亿多，在国际化地图上已覆盖全世界两百多万个国家地区，拥有着丰富的地图资源数据。

"移动校园导航"项目立足于精确校园定位，实现校园实时导航，百度地图能更好地在校园内实现定位导航、平面显示。百度地图开放平台是百度公司向大众提供 API 支持的平台，百度为开发者提供了开发地图的 7 大功能服务：

（1）智能定位服务基于 GPS、基站、Wi-Fi 解决开发者获取实时定位的诉求；

（2）地图服务可为开发人员提供 3D 地图、全景地图、实时交通地图和静态地图等服务，并 DIY 个性化地图，打造风格独特的专属地图；

（3）鹰眼轨迹服务为开发者提供了 1 000 多万终端轨迹追踪服务；

（4）路线规划服务根据 AI 技术实时规划精准可靠的路线选择，支持多种出行方式，丰富用户生活使用；

（5）导航服务提供准确路面信息，更具细节化；

（6）路况服务提供分钟级实时更新，道路情况及时告知，实时规划安全路线；

（7）位置数据搜索服务：拥有强大的搜索引擎，快速更新精准地理位置，提供智能搜索多服务。

百度地图开放平台为 Android 系统开发提供了 Android 地图 SDK、Android 定位 SDK、Android 鹰眼轨迹 SDK、Android 导航 SDK、Android 全景 SDK、Android AR 识别 SDK、

Android 司乘同显 SDK 这 7 种开发服务。开发者可以根据需求下载合适的 SDK 安装到程序包中获取实时地图服务与定位服务。开发者在获取 AK（服务密钥）前须有 Baidu 的账号。并且能进入网页请求获取开发权限，通过创建应用，填写相关信息获取 AK。如图 12-4 所示为百度地图密钥 AK 申请界面。

（a）

（b）

图 12-4　百度地图开发密钥申请

12.5.2　百度地图的配置流程

开发者在 Android 应用上配置百度地图方法如下。

（1）开发人员根据需要将 Android 地图 SDK JAR 格式的开发包从百度地图开发人员平台下载解压。下载后的开发包如图 12-5 所示，后面需将整个包放入到项目中。

名称	修改日期	类型	大小
arm64-v8a	2021/11/25 16:47	文件夹	
armeabi	2021/11/25 16:47	文件夹	
armeabi-v7a	2021/11/25 16:47	文件夹	
x86	2021/11/25 16:47	文件夹	
x86_64	2021/11/25 16:47	文件夹	
BaiduLBS_Android	2021/11/25 16:46	Executable Jar File	3,104 KB

图 12-5　百度地图 API 开发包

（2）将百度地图 API 开发包中的.jar 文件放置在项目中 libs 下，在项目 main 下新建 jniLibs 文件夹，将解压开发包所得的其余文件复制到项目文件夹 jniLib 下，经编译后无问题，则百度地图 SDK 安装成功。如图 12-6 所示为工程文件夹结构。

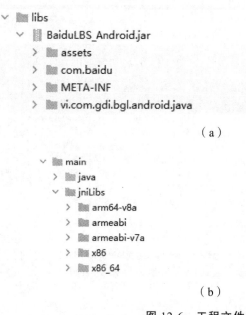

（a）

（b）

图 12-6　工程文件夹结构

（3）进行 AK 的配置，在 value 后粘贴创建引用时获取的 AK，只有配置了才能使用百度的服务，根据百度地图开发文档的要求，如图 12-7 所示。

```
<meta-data
    android:name="com.baidu.lbsapi.API_KEY"
    android:value="SxzQdoR8efLIqHvotQVMoVyI5Xx05cAC" />
```

图 12-7　AndroidManifest.xml 文件中 AK 配置

（4）百度地图获取实时定位需要获取到 Android 手机的内部权限，必须经过用户同意才行，对于高版本的 Android 系统需要配置动态权限，如图 12-8 所示为应用获取用户权限配置。

```
<!-- 访问网络，进行地图相关业务数据请求，包括地图数据，路线规划，POI检索等 -->
<uses-permission android:name="android.permission.INTERNET" />
<!-- 获取网络状态，根据网络状态切换进行数据请求网络转换 -->
<uses-permission android:name="android.permission.ACCESS_NETWORK_STATE" />

<!-- 读取外置存储，如果开发者使用了so动态加载功能并且把so文件放在了外置存储区域，则需要申请该权限，否则不需要 -->
<uses-permission android:name="android.permission.READ_EXTERNAL_STORAGE" />
<!-- 写外置存储，如果开发者使用了离线地图，并且数据写在外置存储区域，则需要申请该权限 -->
<uses-permission android:name="android.permission.WRITE_EXTERNAL_STORAGE" />

<!-- 这个权限用于进行网络定位 -->
<uses-permission android:name="android.permission.ACCESS_COARSE_LOCATION" />
<!-- 这个权限用于访问GPS定位 -->
<uses-permission android:name="android.permission.ACCESS_FINE_LOCATION" />


<uses-permission android:name="com.android.launcher.permission.READ_SETTINGS" />
<uses-permission android:name="android.permission.WAKE_LOCK" />
<uses-permission android:name="android.permission.CHANGE_WIFI_STATE" />
<uses-permission android:name="android.permission.ACCESS_WIFI_STATE" />

<uses-permission android:name="android.permission.VIBRATE" />
<uses-permission android:name="android.permission.CAMERA" />
```

图 12-8　百度地图获取用户权限配置

（5）执行应用程序，运行无误，则百度地图 SDK 及相关环境配置完成。

思 考 与 练 习

一、填空题

（1）HttpURLConnection 继承自_____类。

（2）Android 系统默认提供的内置浏览器使用的是_____引擎。

（3）Android 中解析 JSON 数据的 org.json 包中，最重要的两个类是_____和 JSONArray。

（4）为了方便开发者处理 JSON 串，谷歌公司提供了第三方支持库名为_____。

二、选择题

（1）Android 针对 HTTP 实现网络通信的方式主要包括（　　）。（多选）
　　A. 使用 HttpURLConnection 实现　　　B. 使用 ServiceConnection 实现
　　C. 使用 HttpClient 实现　　　　　　　D. 使用 HttpConnection 实现

（2）Android 中的 HttpURLConnection 中的输入/输出流操作被统一封装成了（　　　）。（多选）

    A. HttpGet　　　　　　B. HttpPost　　　　　　C. HttpRequest　　　　D. HttpResponse

（3）从 JSON 串中获取数组对象，应当调用（　　）方法。

    A. getJSONObject　　B. getString　　　　　C. Boolean　　　　　　D. getJSONArray

（4）Android 定位功能支持的卫星导航系统包括（　　　）。

    A. 北斗　　　　　　　B. 格洛纳斯　　　　　C. GPS　　　　　　　　D. 伽利略

（5）下列不属于消息传递机制中使用到的 3 大类的一项是（　　　）。

    A. Handler　　　　　　B. MessageQueue　　　C. Looper　　　　　　　D. handleMessage

三、简答题

（1）简述使用 HttpURLConnection 访问网络的步骤。

（2）列举 JSON 和 XML 的不同以及各自的优缺点。

实　战　篇

实战篇从项目的需求分析、界面设计、数据库设计、功能实现角度完整地讲解 Android 项目的开发流程。

第13章 实战项目——移动校园导航设计

教育事业是国家发展的重中之重，近几年科技数字化的发展推动着教育事业"互联网+校园"的变革，各大高校纷纷提出智慧校园这一理念。在此背景下，以梧州学院校园为例研究开发一款"移动校园导航"应用，帮助新生及在校学生熟悉校园环境、获取校园信息、方便校内学习生活。

13.1　项目简介

本项目是一个基于 Android 的移动校园导航应用。根据项目整体的需求分析，以 Android Studio 作为项目的开发环境，Android 手机自带的 GPS 定位作为硬件支持，通过使用百度地图 API 接口提供的位置服务，和开源数据库 MySQL 信息交互，实现了适用于梧州学院的地图导航应用。

本应用能根据用户的地理位置实时定位显示在地图上，可以搜索目的地择优导航，也能根据主页的新闻信息获取需要的信息，实现自定义 POI（Point of Information）点从而依靠经纬度显示在地图上进行导航，从而解决了地图信息更新慢的缺陷。用户可根据需求修改账户基本数据，增强了用户交互体验。应用整体占用小，极大地方便学生出行，减少人力物力，对高校落实智慧化校园具有重要的意义。

13.2　业务需求分析

应用程序需求性分析是软件开发过程中首要考虑的问题，此环节决定着应用功能设计是否实用。通过对用户调研，开发者总结用户需求，进行合理性开发设计，完善需求，确定应用整体开发方向、总体架构等，从而完善应用的功能，提高应用开发进度。本项目旨在开发移动校园导航，校园信息版块能展示一些校园内信息，方便解决师生的一些疑惑，在导航定位服务时能更好地满足同学们获取信息，丰富内容等，相比较其他地图软件更具校园特色。

本项目基于用户需求进行分析，决定将校园信息与校园导航相结合，使得在传统导航的基础上内容更加丰富，增加了信息的可读性、实用性，从而方便用户获取信息。移动校园导航是基于百度地图 API 基础上进行自定义校园地理信息，功能上主要实现实时定位、位置查询、地图操作、线路导航、标志位置显示。

（1）实时定位功能：本项目是基于校园的导航，当用户打开应用地图之后，便会及时获取当前定位，显示用户所处的位置在地图页面，还可以查看附近位置信息，当用户移动，位置服务也会实时更新呈现在地图上。

（2）位置查询功能：用户可以通过使用路线导航的搜索框输入位置信息，待服务器执行算法结束，便会把路径信息及所在地点在地图上标注。

（3）线路导航功能：本项目的核心功能，根据用户想去的位置地点查询、确认路线规划，引导用户到达目的地。

（4）标志位置显示功能：由于目前百度地图致力于城市位置服务，学校内位置数据未完善，因此需添加用户可自由编辑经纬度、位置名称，以实现梧州学院位置信息显示。

（5）地图交互功能：用户可对 MapView 进行手动拉取地图尺寸、位置移动、位置回调等，更加灵活方便。

整个系统权限分为普通用户级别和管理员级别。普通用户可以使用导航、浏览校园信息、注册账号、登录账号、退出账号、编辑地图 POI 点、修改密码等；管理员可以修改校园信息、对用户注册信息管理等操作，主要在 MySQL 中进行。如图 13-1 所示为移动校园导航的系统架构。

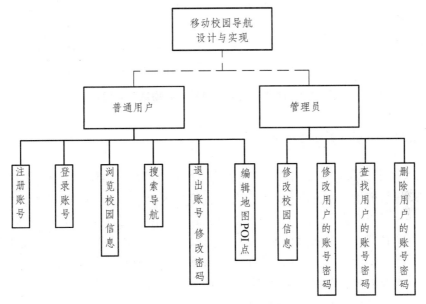

图 13-1　移动校园导航的系统架构

13.3　系统设计

13.3.1　系统物理架构设计

"移动校园导航"应用的物理架构分为客户端、网络层、服务端、数据存储端，接入百度地图 API 实现地图显示定位导航等操作，软件的定位服务依靠手机的 GPS 服务获取并反馈到应用中。为了符合校园环境主页特别添加了校园信息导览，展示梧州学院介绍信息。如图 13-2 所示为移动校园导航应用系统物理架构设计。

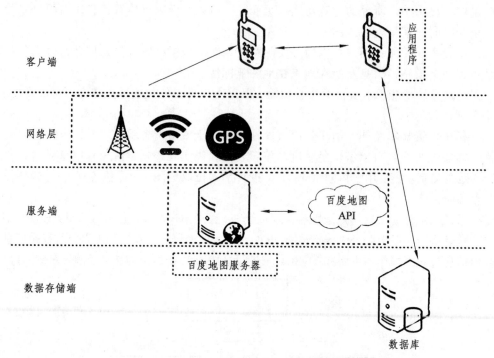

图 13-2　移动校园导航应用系统物理架构设计

13.3.2　系统功能模块设计

如图 13-3 所示为移动校园导航设计功能模块图。包括欢迎模块、注册登录模块、校园信息模块、校园导航模块、个人中心。校园信息提供校内信息汇总，便于用户及时了解学校的关键性信息，为用户提供了一个了解学校的平台，在使用上更具校园特色。校园信息由管理员进行推送编辑管理，实时展示在首页上，用户打开应用便可及时获取，大致为校园内主要新闻、入学引导、学校介绍等内容，轮播图主要展示校园内各具季节特色的风景及代表性建筑。新闻条目带有标题、作者及发布时间等，用户可以点击展开查看内容详情，所有信息数据都被保存在 MySQL 数据库中，方便管理。

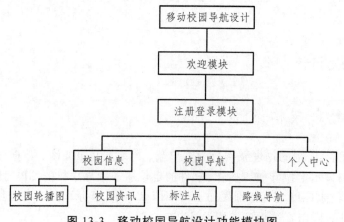

图 13-3　移动校园导航设计功能模块图

13.3.3　数据库表格设计

数据库是整个应用程序存储交互信息的核心，作为系统的数据支撑，表内数据构造需要提前进行设计。针对不同模块的功能进行数据划分，注册模块需在 MySQL 中建立一个表格用于存储注册信息；登录模块需要一个包含所有用户的数据表；新闻信息模块根据要显示的内容将数据表分为图、标题、内容等信息的结构。由此可见，数据库由每个模块的数据表共同组成，数据库中的数据可以交互。如图 13-4 所示为移动校园导航应用所包含的数据表结构。

图 13-4　数据库表结构设计

下面对每个数据表的设计结构作简要说明。

各个数据表的作用如表 13-1 所示。

表 13-1　数据表结构设计

数据表	简要说明
bannerbean	保存轮播图的图片和点击链接
newsbean	保存新闻资讯页的标题、网址、内容
pointbean	保存 POI 点的名称、经纬度
userbean	保存用户的注册信息

轮播图数据表 bannerbean 提供了轮播图图片数据的保存，通过点击轮播图可以跳转相应的链接。表结构如表 13-2 所示。

表 13-2　bannerbean

字段名称	中文名称	字段类型	长度
id	编号	varchar	50
pic	图片	varchar	500
url	网址	varchar	500

新闻资讯数据表 newsbean 用于保存每个新闻列表的标题，内容介绍和具体网址链接，通过点击新闻列表可跳转至相应网页进行内容查看。表结构如表 13-3 所示。

表 13-3　newsbean

字段名称	中文名称	字段类型	长度
id	编号	varchar	50
title	标题	varchar	500
url	网址	varchar	500
intro	内容	varchar	500

POI 点信息表是储存用户自定义 POI 点名称、经纬度的存储表，用于显示地图位置和导航，可自由编辑增添数据。表结构如表 13-4 所示。

表 13-4　pointbean

字段名称	中文名称	字段类型	长度
id	编号	varchar	50
name	名称	varchar	500
lat	纬度	varchar	50
lon	经度	varchar	50

注册信息数据表储存用户的账号密码和头像，主要用于注册登录页面数据交互，用户可自由修改头像、昵称、密码。表结构如表 13-5 所示。

表 13-5　userbean

字段名称	中文名称	字段类型	长度
id	编号	varchar	50
user_id	用户名	varchar	50
name	昵称	varchar	50
password	密码	varchar	50
photo	头像	varchar	500

13.3.4　应用页面设计

1. 登录注册界面设计

为方便管理用户，在应用初次使用前设置了登录注册模块，新用户登录应用须先进行注册，经过注册便可回转至登录界面输入账号信息进行登录操作，如数据库识别到正确的账户密码便会自动跳转到功能界面，用户需要退出账户也可在个人中心进行退出。

2. 新闻信息界面设计

此界面作为进入应用的首个界面，优先展示学校介绍信息，由轮播图和 ListView 和多个

ImageView、TextView 控件组成，轮播图仅用于展示校内环境，新闻列表展示图片、作者名称、官网信息、题目等内容，可通过点击列表查看完整的内容，该界面的所有数据图片均来自数据库 MySQL 进行编辑操作。

3. 地图导航界面设计

此界面为应用开发的核心所在，该界面主要以地图显示位置，由两个 Button 组件构成，点击跳转不同的功能。POI 位置列表界面可以实现 POI 点的编辑和添加、删除，需要引入目标地点的经纬度值，通过点击 POI 位置跳转地图显示。地图依靠百度地图接口调用数据显示，可以根据 3 个 Button 自定义选择对 POI 点"步行导航""骑行导航"和"位置切换"；

图 13-5　欢迎界面

搜索路线 button 为用户提供始发地导航查询，界面由 4 个 TextView 构成，可以自行输入地点，两个 Button 分别为用户提供步行、骑行选择。

13.4　移动校园导航应用实现

13.4.1　欢迎界面

欢迎界面是用户使用移动校园导航应用的首个可视化界面，主要是给后台数据响应、网络获取提供缓冲时间，丰富用户视觉体验，用户可以通过自己的需求选择是否跳过欢迎页。SplashActivity 界面利用 CountDownTimer 实现倒计时，停留 4 s 跳转到登录页面功能。如图 13-5 所示为应用欢迎界面。

因篇幅所限，关于本章的具体代码实现只说明相应的文件名称，实战项目完整代码可以扫描二维码下载，并且在代码中做了详细的注释说明，读者可以自行下载学习。

代码实现：

欢迎界面的布局代码文件为 activity_welcome.xml；欢迎界面的逻辑代码文件为 SplashActivity.java。

13.4.2　登录注册功能

"登录界面"的布局设计见第 7 章的第 7.5 节，逻辑代码设计见第 8 章的第 8.5 节。
"注册界面"的布局设计和逻辑代码设计见第 8 章的第 8.5 节。

13.4.3　新闻资讯功能

用户完成账号登录之后便会自动跳转到新闻资讯界面，在主界面上可以看到校内信息以及校园简要介绍，上部分的轮播图设置了自动滑动功能，用户也可以自行手动滑动配图，通过点击新闻列表查看详细的校内信息，轮播图和新闻列表数据均保留在 MySQL 数据库中进行数据调用，如图 13-6 所示为应用新闻资讯界面展示，底部的导航栏可以跳转到其他功能页面。

图 13-6　新闻资讯界面

代码实现：

HomeFragment.java 通过调用数据库工具类 DBUtils 中的方法获取数据库表中数据实现轮播图图片的显示以及跳转相应网址的功能。

NewsListAdapter 为新闻界面的新闻列表栏，利用 ListView 配合 NewsListAdapter 完成多条数据列表显示，用于显示新闻列表的标题、内容简介的功能。

13.4.4　自定义 POI 功能

百度地图在显示定位上具有优势，能通过自定义 POI 点完善校园地图。

用户可以通过点击底部导部栏中的导航按钮选择标注点增删，从而实现自定义 POI 功能，POI 值的增添主要依靠坐标的经纬度实时显示在地图页面，对于校园内没有的点，用户可以依靠坐标增加，方便下一次地图导航，如图 13-7 所示为标注点界面展示。

图 13-7　标注点界面

点击已标注的点会自动跳转到该地点的位置显示，可以进行标注点的导航，也能切换地图显示，本功能主要依托覆盖物和经纬度显示。

代码实现：

PointEditActivity 可对自定义 POI 地点进行内容的编辑保存操作。

DataListActivity 对已存在的 POI 点实现增加、删除、修改的功能，并同步更新到数据库中，可根据地点编辑输入位置点的经纬度信息、位置名称。

PointListAdapter 为 POI 点数据列表显示，对已添加的 POI 点名称、经纬度点信息进行列表显示。

13.4.5　导航功能实现

1. 搜索导航功能

本应用没有依赖传统的地图搜索框，而是选择新建页面编辑搜索显示内容，用户在路线导航界面可以输入出发点和目标点，同时选择步行、骑行进行位置导航，用户输入的位置信息会被转换成位置坐标，通过百度地图数据库查询显示在地图上，通过 onRoutePlanStart 执行算法逻辑，如图 13-8 所示。

图 13-8　搜索导航界面

代码实现：

LineActivity 对输入的起始点位置信息进行坐标转换，转为对应的经纬度信息，对城市、详细地点进行信息检索、综合算路，引擎初始化成功之后，发起导航算路。算路成功后，在回调函数中设置跳转至诱导页面。

WNaviGuideActivity 创建导航页面，设置导航状态监听，主要包括导航开始、结束、导航过程中偏航、偏航结束、诱导信息（包含诱导默认图标、诱导类型、诱导信息、剩余距离、时间、振动回调等）。步行导航页面对应的 activity 生命周期方法中可分别调用 WalkNavigateHelper 类中的对应生命周期方法。

2. 实时定位功能

地图通过 LocationClient 发起用户当前位置定位，用户通过点击切换按钮可回调至当前位置，在进行位置获取前，需获取用户位置服务授权，通过 Manifest 配置定位服务，如图 13-9 所示为定位功能展示。

代码实现：

MapActivity 获取 GPS 定位权限，获取当前位置信息并显示在地图上，进行 POI 点和起始位置算路导航，可切换地图，监控后台位置的功能。

13.4.6　个人信息管理实现

个人信息管理可实现对用户信息的交互修改管理，此页面可以修改注册的昵称、密码，也可对用户默认头像进行修改，密码修改数据库也会进行同步删改，通过点击退出按钮回退到登录注册页面，如图 13-10 所示为个人信息管理界面。

图 13-9　定位功能界面　　　　　图 13-10　个人信息管理界面

代码实现：

SelfActivity.java 为个人资料页信息更改，对已登录账号的头像图片进行修改储存到数据库中，对图片进行圆形裁剪，需要访问相机权限。

ModifyNameActivity.java 用于修改用户信息中的昵称显示的功能。

PassWordActivity.java 用于使用者对已登录账号的密码进行修改验证的功能。

MineFragment 实现对所登录账号"退出登录"的功能。

13.4.7　数据库连接实现

连接数据库的工具类 DBUtils.java，详细实现见第 11 章的第 11.4 节。

"移动校园导航"项目完整源代码　　　　　"移动校园导航"项目演示视频

参考文献

[1] 明日科技. Java 从入门到精通[M]. 6 版. 北京：清华大学出版社，2021.

[2] 张晓博. Java 学习笔记：从入门到实战[M]. 北京：中国铁道出版社，2019.

[3] 郭现杰. 从零开始学 Java[M]. 3 版. 北京：电子工业出版社，2017.

[4] 王征，李晓波. Java 从入门到精通[M]. 北京：中国铁道出版社，2020.

[5] 赵军，吴灿铭. Java 程序设计与计算思维[M]. 北京：机械工业出版社，2019.

[6] 明日科技. Java 项目开发全程实录[M]. 4 版. 北京：清华大学出版社，2018.

[7] 李刚. 疯狂 Java 讲义[M]. 5 版. 北京：电子工业出版社，2019.

[8] 明日科技. Java 项目开发全程实录[M]. 4 版. 北京：清华大学出版社，2018.

[9] 李兴华. Java 从入门到项目实战[M]. 北京：水利水电出版社，2019.

[10] 黑马程序员. Android 移动应用基础教程[M]. 2 版. 北京：中国铁道出版社有限公司，2019.

[11] 郭霖. 第一行代码 Android[M]. 2 版. 北京：人民邮电出版社，2016.

[12] 黑马程序员. Android 移动开发基础案例教程[M]. 2 版. 北京：人民邮电出版社，2021.

[13] 胡敏，黄宏程，等. Android 移动应用设计与开发——基于 Android Studio 开发环境[M]. 2 版. 北京：人民邮电出版社，2017.

[14] 李刚. 疯狂 Android 讲义[M]. 4 版. 北京：电子工业出版社，2019.

[15] 欧阳燊. Android App 开发入门与项目实战[M]. 北京：清华大学出版社，2020.

[16] 付丽梅，彭志豪，等. Android 项目开发基础[M]. 北京：清华大学出版社，2020.

[17] 千锋教育高教产品研发部. Android 从入门到精通[M]. 北京：清华大学出版社，2019.